防水工程系列丛书

防水工程施工

储劲松　主　编

潘　红　副主编

中国建筑工业出版社

图书在版编目（CIP）数据

防水工程施工/储劲松主编. —北京：中国建筑工业
出版社，2018.8
（防水工程系列丛书）
ISBN 978-7-112-22256-8

Ⅰ.①防…　Ⅱ.①储…　Ⅲ.①建筑防水-工程施工
Ⅳ.①TU761.1

中国版本图书馆 CIP 数据核字（2018）第 106507 号

　　本书共 8 章，包括概述；屋面防水工程；厕浴、厨房防水工程；建筑外墙
防水工程；地下工程防水施工；隧道防水工程施工；路桥工程防水施工；垃圾
填埋场防水施工。
　　本书可作为从事材料研究、土建施工和管理的技术人员的参考书，也可供
相关专业大中专院校师生使用。

责任编辑：张　磊　范业庶
责任设计：李志立
责任校对：张　颖

防水工程系列丛书
防水工程施工
储劲松　主　编
潘　红　副主编

*

中国建筑工业出版社出版、发行（北京海淀三里河路 9 号）
各地新华书店、建筑书店经销
北京佳捷真科技发展有限公司制版
北京同文印刷有限责任公司印刷

*

开本：787×1092 毫米　1/16　印张：13　字数：320 千字
2018 年 9 月第一版　　2018 年 9 月第一次印刷
定价：**38.00** 元
ISBN 978-7-112-22256-8
（32112）

前　　言

进入 21 世纪以来，我国土木工程防水工程领域发展跨入产品品种和应用多元化的时期。在产品方面，新型防水材料发展迅速，已形成多类别、多品种、多样化、系列化的格局。在建筑防水领域，随着房屋建筑使用功能标准的提高而扩大，从最早的屋面和地下室，进而到卫生间、厨房，及至外墙面、楼地面，扩展到广场、绿地工程的地下空间等，都对防水与防护提出了要求。与此同时，工程防水领域不断扩大，已从建筑工程扩大到市政工程、基础设施建设，从单一的分项工程扩大到分部工程。随着市政基础设施、地铁和高速公路、高速铁路的快速发展，以及污水处理厂、垃圾填埋场等工程的建设，都对防水工程技术提出新的要求，给行业注入了生机和活力。本书正是适应防水施工发展的需要，系统地介绍了防水施工的材料要求、施工工艺流程、施工方法等方面的规律。

本书的编写注重理论联系实际，加强施工技能的可操作性，重在实践能力的培养并力求做到文字通畅、图表兼备、内容精练、叙述清楚、深入浅出，重点介绍了屋面防水工程，厕浴、厨房防水工程，地下防水工程，针对隧道防水工程也作了特别介绍，因为篇幅有限，针对道路桥梁防水、垃圾填埋场介绍不够详细，但是本书力求全面，可作为从事材料研究、土建施工和管理的技术人员的参考书。

参加本次修订编写工作的人员有：湖北工业大学王绪民（第 2 章屋面防水工程），湖北工业大学潘红（第 3 章厕浴、厨房防水工程，第 7 章路桥工程防水施工），湖北工业大学陈晓红（第 4 章建筑外墙防水工程），湖北工业大学储劲松（第 1 章概述，第 5 章地下工程防水施工，第 6 章隧道防水工程施工，第 8 章垃圾填埋场防水施工），全书由湖北工业大学储劲松主编，湖北工业大学潘红任副主编。

本书在编写过程中，湖北工业大学 13 防水专业 1、2 班高大伟和张金玉两位同学前期参与部分资料收集工作，在此表示感谢。另外本书参考并引用了许多文献资料和有关施工技术的经验，在此向文献资料的作者和有关施工技术经验的创造者表示诚挚的感谢。

由于我们的编写时间仓促和水平有限，书中难免有不妥之处，望广大读者及同行专家不吝赐教，提出宝贵意见。

目　录

第1章 概　　述

1.1　防水发展历史

1.1.1　古代防水

人类很早以前从穴居开始，并试图利用植物的根茎、叶子搭建棚子；后以土为墙，在植物的枝干或者天然石板上铺上草叶、夯土盖建成房子。自秦汉以后，我国开始使用砖瓦，利用坡度将水排走，主要是以排为主、以防为辅的方式，受到当时经济条件的限制，老百姓住房大多是南方多雨地区以草屋、瓦屋面为主。至元宋代以后宫殿庙宇的建筑，则大部采用琉璃瓦防水。目前尚存的故宫，青砖墙，用石灰加糯米汁或杨桃汁调制，磨砖对缝砌筑，有了相当好的防水功能，屋顶则采用五道（层）以上防水层。首先在木望板上铺薄砖，上又铺贴桐油浸渍的油纸，上铺拍灰泥层，将石灰加上糯米汁等拌和铺抹一层，后将麻丝均匀地拍入，它是一层具有一定强度、很大韧性、致密不会开裂的防水层。灰泥上铺一层金属的锡合金，用焊锡连接成整体，它是一层耐腐蚀的惰性金属。上又铺一层灰泥加麻丝，最后坐浆铺琉璃瓦勾缝。像故宫太和殿，历时三百年未曾大修，不但用材考究做工精心，每道工序的工艺相当严格，每道防水层均具可靠防水能力，是综合治理的典范，是中国建筑防水史上辉煌的一页，值得我们后人骄傲和借鉴。

古代地下工程以墓穴为著称，十三陵地下宫殿发掘，展示了我国古代防水技术的精湛，地下宫殿以石砌墙、石铺地，同样采用灰泥中加入糯米汁和杨桃汁，而且在地下和墙外面有一公尺厚的灰土层。灰土防水能力很强，具有极大强度和韧性，因此十三陵地下宫殿经历几百年地震、大水诸多自然灾害，依然完好无损，它就是防水的典范。古代的大型储水池很多也是采用灰土来防水。

1.1.2　近代防水

近代防水应从天然沥青作为防水材料开始，后又使用炼油厂的渣子——石油沥青为原料制成油毛毡，延续使用了上百年。近百年人们习惯采用单一的沥青卷材叠层做法，即所谓三毡四油、二毡三油。新中国成立前，国内大多数建筑仍采用坡瓦屋面。新中国成立后，主要在平屋面上采用了三毡四油或二毡三油的做法，当时少量的地下建筑也采用热沥青和油毡防水。20世纪80年代，为防治出现的质量事故，在技术上采取措施，如增加保护层等之外，并开始考虑严格工艺和操作规程，加强施工管理等可以提高防水工程质量。

20世纪50年代末使用采用水泥砂浆和水泥浆交替多层涂抹形成刚性水泥砂浆防水层防水堵漏法，这是刚性防水最早、最有效的工艺，开始考虑为操作者提供良好的工作环境并赢得了广泛推崇。另外在湖南等地，推出塑料油膏、聚氯乙烯胶泥等产品，也有广泛的

1

应用，这是由热施工工艺改为冷作工艺的变革，影响深远。这个阶段，防水工程施工均在土建公司进行施工，新型涂料则由厂家自行组织施工。

建国初期，防水工程技术标准是翻译苏联 20 世纪 50 年代的技术标准作为东北地区的技术规范，20 世纪六七十年代经修订成为我国自己的《屋面与地下防水工程施工及验收规范》。而后逐渐制订了全国和地方的标准、大样图。到 20 世纪 70 年代逐渐形成了防水专业的标准工艺，对提高防水工程质量和技术进步起到很大作用。

1.1.3 现代防水

我国现代防水应从 20 世纪 80 年代初开始。建筑业急速兴起，各种形式建筑，尤其是高层、深埋地下的大型建筑的建造，大大地推动了建筑防水技术的提高和发展，引进国外先进的防水材料和生产技术、设备，大大推动了我国防水事业的发展。

20 世纪 80 年代初，从日本、意大利等引进防水卷材生产线，较大地提高了我国防水材料的生产能力，施工方法也开始使用冷粘结施工；自行研制开发的各种涂料，形成了完整的涂料体系，配套的密封材料也有了长足的进步，它们和卷材配套复合使用或单独应用都已经成熟。地下工程的刚性混凝土防水体系发展已很成熟，开始使用聚合物防水砂浆解决外墙和地下工程背面防水的难题。

20 世纪 90 年代以来，开发了新型防水材料，解决了潮湿基面可立即施工的难题，可采取热熔施工、自粘贴施工、机械固定焊接施工、涂卷复合施工等新型材料和施工工艺。同时，成立了全国性的防水协会，每年组织全国性防水材料会议，增进了交流，推动了防水技术的进步与发展。对工人进行培训并颁发施工资质证书，建立工人持证上岗制度等都有效地提高防水工程质量。

20 世纪 80 年代初开始，多次修订与防水相关的国家标准和图集，部分地区还制订了地方标准，规范了产品的生产、规格、性能指标和试验方法，无疑对防水工程质量有一定的积极作用。

1.2 防水施工的重要性与特点

1.2.1 防水施工的重要性

防水工程的质量直接影响房屋建筑的使用功能和寿命，关系到人民生活和生产能否正常进行。防水工程的功能，就是使建（构）筑物，在设计耐久年限内，防止雨水及生产、生活用水的渗漏和地下水的侵蚀，确保建（构）筑物结构、室内设施不受损害，为人们提供一个舒适、安全的生活和生产的空间环境。

防水工程尽管是一个分项工程，但它又是一项系统工程，涉及材料、设计、施工、管理等各个方面。防水工程的任务就是综合上述诸方面的因素，进行全方位的材料评价、选择，完善设计、精心组织、精心施工，确保工程的质量和技术水平，以满足建（构）筑物的防水耐用年限和使用功能，并有良好的技术经济效益。因此，防水工程的质量优劣与防水材料、防水设计、防水施工以及维修管理等密切相关，其中防水工程施工质量是关键。这是因为，防水工程最终是通过施工来实现的，而目前我国的防水施工操作仍多以手工作业为主，操作人员的技术水平、心理素质、责任心、工艺繁简难易程度以及施工队伍的管理水平等还存在许多问题，稍有疏忽便可能出现渗漏，国内有关工程渗漏的多次调查结果都证明了这一点。

2014 年 7 月 4 日，中国建筑防水协会与北京零点市场调查与分析公司联合发布《2013全国建筑渗漏状况调查项目报告》：本次抽样调查涉及全国 28 个城市、8501 个社区，共计勘查 2849 栋楼房，访问 3674 名住户。抽样调查了建筑屋面样本 2849 个，建筑屋面 2716个出现不同程度渗漏，渗漏率高达 95.33%，几乎全部漏水，地下建筑抽查样本 1777 个，有 1022 个出现不同程度渗漏，渗漏率达到了 57.51%，抽查住户样本 3674 个，有 1377 个出现不同程度的渗漏，渗漏率高达 37.48%，几乎每 3 家就有一家渗漏。

20 世纪 80 年代对渗漏工程的调查报告统计分析表明：造成渗漏的原因是多方面的，其中最主要因素为：材料、设计、施工、管理维护四个方面；四个主要原因材料占 20%，设计占 26%，施工占 48%，管理维护占 6%；20 世纪 90 年代曾出现房屋渗漏严重的局面；随后，全国积极开展"质量、品种、效益年活动"等多项措施，防水质量才有所改观。可见施工质量低劣造成的工程渗漏是最主要的原因，因此，防水施工在防水工程中是非常重要的环节，起着关键性的作用。

1.2.2　防水工程施工的特点

根据防水功能要求和防水层所处的工作环境条件，防水工程具有自己的特点。防水功能要求高，要求做到滴水不漏，不能有针孔般大的孔洞，发丝般细的裂纹。而且要求在设计耐用年限内都不能出现这些现象。虽然这个要求很高，但它是防水功能所必需的，因此对施工质量就提出了很高的要求。

防水层所处的工作环境条件差，施工位置可能在地下、地上、室内；施工的部位可能是地下的构筑物、屋面、墙面、楼地面。因此，其质量不但受防水材料、设计、施工部位等的影响，还受大气自然环境、自身结构变形和相邻层次质量等条件的影响。

材料品种多，随着科学技术的不断发展，防水材料日益丰富，不同的材料有各自的性能特点，施工时应根据不同的质量要求选择不同的材料。

施工工期长，由于防水工程施工工艺复杂、工程量大、质量要求高，施工时间一般较长。

成品保护难，一般情况下，防水工程和其他工程交叉施工，防水工程材料强度相对比较低，容易破坏，成品保护难度大。

薄弱部位多，施工缝、变形缝、后浇带、穿墙管、螺栓、预埋件、预留洞、阴阳角等节点防水薄弱部位，施工操作复杂，节点处理难度大，需要采取不同的防水措施，才能达到防水的目的。

管理难度大，由于防水工程施工工艺的复杂性，加上施工的流动性和单件性，受自然条件影响大、高处作业、立体交叉作业、地下作业和临时用工量大，协作配合关系较复杂，决定了施工组织与管理的复杂性。

造价高，防水工程一般有合理的耐久年限，选择质量好的材料，合理的设计和施工方法是保证防水质量的关键，实践证明，工程一旦发生渗漏，治理的费用及损失十分昂贵，地下工程，仅治理费用可达到原来防水费用的 5~10 倍。

在实际防水工程施工过程中，政策措施未执行到位，假冒伪劣材料猖獗、防水设计不规范，施工质量难以提高等最终都会制约防水质量，造成渗漏。

1.3　防水施工质量影响因素

1. 人

防水施工队伍和管理人员的素质直接影响到防水施工质量，选择专业的防水施工队伍和优秀的管理人员，并根据施工要求合理地配备防水施工小组成员，严禁使用非防水专业人员；施工前积极准备，编制并优化防水施工组织设计，防水施工的技术人员和工人明确施工任务、技术要求、施工工艺、操作规程、节点处理的方法和要求等注意事项；施工过程中严格按照施工组织设计施工，加强监督检查，发现问题及时处理；另外，提高建筑师和监理工程师的防水技术水平，强化全社会对防水工程的重要性的认识，增加建设单位对防水工程的投入，一定能保证防水工程的质量。

2. 防水材料

防水材料是防水工程的基础。目前国内的防水材料的品种、规格较多，性能、产品质量各异，施工方法和要求也有较大的差别，随着新型防水材料不断地出现，选择耐候性好、寿命长、绿色环保、施工方便、经济的防水材料必将是防水施工的关键。而目前国内的防水材料市场又比较混乱，不少劣质防水材料充斥市场，如将不合格的防水材料使用到防水工程上，必将严重降低防水工程质量。

3. 环境

防水工程的施工，大部分是露天作业，必然受到外界环境影响。施工期间的雨、雪、霜、雾以及高温、低温、大风等天气情况，对防水层的施工作业和防水层的质量都会造成不同程度的影响，不同防水材料适应外界环境的能力不一样，因此外界环境条件限制了防水材料的使用，对防水施工方法也进行了某种程度上的制约；为了保证施工顺利进行和施工质量，施工前必须提前根据季节做好时间安排，尽量避开冬雨期施工，否则要采取相应的季节施工措施；防水层施工期间，必须掌握好天气预报，根据天气的变化作好调整，确保防水施工质量。

（1）温度

由于防水材料性能各异，工艺不同，对气温的要求略有不同，防水施工一般宜在 5～35℃的气温条件下施工，最适宜在 20～25℃施工，这时工人施工最方便，工程质量最易保证。熔卷材和溶剂型涂料可在 －10℃以上的气温条件下施工，高聚物改性沥青卷材、合成高分子卷材、沥青卷材不宜在 0℃以下施工；沥青基涂料、高聚物水乳型涂料及刚性防水层等不宜在 5℃以下施工，这些材料低温时或不易开卷，或不易涂刷，或在硬化过程中易受冻而破坏；气温超过 35℃时，所有防水材料均不宜施工，因为温度过高不仅工作操作不方便，涂料涂刷后干燥过快，要求施工速度过快而工人操作跟不上而影响施工。

（2）风

五级大风以上的天气防水层严禁施工。大风天气易将尘土及砂粒等刮起，粘附在基层上，影响防水层与基层的粘结，涂料、胶粘剂等材料本身也会被风吹散，影响涂刷的均匀和厚度；卷材易被风掀起而拉裂甚至拉断影响工程顺利进行，再者大风直接影响到工人操作和安全。

（3）水

水通常会以积水、流水、飞溅、结冰等形式对建筑物的不同部位带来不利影响，不同部位受到水的影响有所差别，如屋面工程、阳台、走廊、公共通道、外墙、运动看台通常受到雨水的影响；地下工程则受到雨水、地下水和结露的影响；室内工程及水池等受到生产、生活用水和结露的影响。水对地下工程防水层的施工影响最大，在有地下水的情况下，一般必须降低地下水位降至防水层 300mm 以下，直至防水层、保护层以及土方回填完成后。

4. 机具

施工机具是提高防水施工技术和工程质量的重要手段。过去，在沥青油毡的施工中，玛琋脂均在现场砌临时炉灶用大铁锅熬制，用油壶送到屋面上后采用人工摊铺，熬制和摊铺温度、摊铺厚度等都不易控制，对施工操作技术要求较高，而且在沥青熬制和摊铺时挥发有害气体污染环境。因此有人研制开发出密封性较好的电热玛琋脂摊铺机械，提高了施工机械化程度。冷玛琋脂的出现改变了沥青油毡的施工方法，高聚物改性沥青卷材和合成高分子卷材也多采用冷粘贴施工法，这种方法给施工带来了很大的方便，改善了施工作业条件，减少了环境污染，是一种比较理想的卷材铺贴方法。自粘贴施工法是冷粘贴施工法的发展，即在卷材生产过程中就在其底面涂上一层高性能胶粘剂，胶粘剂表面敷隔离纸后成卷，施工时只要剥去隔离纸，就可以直接铺贴。随着热熔卷材的研制成功，热熔粘贴施工法出现，该方法采用火焰烘烤卷材底面热熔胶后粘贴，粘结性能可靠，施工时受气候影响较少，在较低气温下仍能铺贴，因此逐渐成为高聚物改性沥青卷材主要的施工方法。另外，由于塑性卷材的问世，焊接工艺和各种热风焊接机械也相应出现并逐渐成熟。

多年来防水涂料一直采用手工涂刷或刮涂，施工方法简单，但施工速度慢、涂膜的厚薄均匀程度难以控制，随着热熔改性沥青涂料和高固含量水性沥青材料的引进和开发，涂料喷涂机械也已开始在国内出现，并在实际工程中使用。

5. 管理

防水工程施工质量与施工条件的具备、准备工作的成熟、管理制度的健全、检验的及时、相关层次的质量、施工工艺的水平、操作人员的技术和认真负责的态度以及成品保护工作的完善等方面有关。只有认真做好施工过程中各环节相关方面的工作，把好施工的每道关，才能确保施工质量。

（1）准备充分

防水施工之前，必须经过严格的设计，并制定合理的施工方案，经过单位技术负责人审查批准后报监理工程师同意后方可实施；根据施工方案的安排成立防水施工项目部，组织相关成员学习讨论施工中的技术、质量、安全、用料、工期要求及与土建工种的协作配合问题，同时明确施工任务、技术要求、施工工艺、安全等注意事项并做好安全技术交底工作；对于新材料、新工艺、新技术或者施工技术要求较高或工程量较大或对影响到工人健康等施工之前要编制专项方案组织并专家论证获得通过后方可实施。

防水工程施工准备工作包括技术准备、物资准备和现场条件准备等内容。

所谓技术准备是指施工技术管理人员对设计图纸应有充分的了解和学习，并进行图纸会审，编制和下达施工方案及技术措施，必要时还应对施工人员进行调整和培训，并且建立起质量检验和质量保证体系。

物资准备包括防水材料的进场和抽检，配套材料准备，机具进场、试运转等。

现场条件准备包括材料堆放场所和每天运到屋面上的施工材料临时堆放场地的准备、运输机具的准备以及现场工作面清理工作。

（2）工作面及其相关层次质量合理

防水层是依附于基层的，基层质量好坏，将直接影响防水层的质量，所以基层质量就成了保证防水层施工质量的基础。基层的质量指结构层的整体刚度、找平层的刚度、平整度、强度、表面完善程度（无起砂、起皮及裂缝），以及基层的含水率等。如果找平层强度高，表面完整，无疑也对防水能力起提高作用；相反，如果找平层质量差，凹凸不平、坡度不准、起砂、起皮、开裂，不但本身无防水能力，而且会直接损害防水层。防水工程中，除防水层施工外，还要交叉进行与防水层相关层次的施工，如找平层、隔汽层、保温层、隔离层、保护层等。这些相关层次的施工质量对防水层的质量有很大影响，甚至直接影响到整个防水工程的成败。因此，对这些相关层次的施工质量必须加以控制和保证。

（3）严格的过程控制

防水工程施工应建立各道工序的自检、交接检和专职人员检查的"三检"制度，并有完整的检查记录，即操作人员和班组长在施工过程中应经常检查已完成部分的质量情况，工序完成后，仔细检查本道工序的质量情况，对存在的施工缺陷及时进行修补，自检合格后，由专职质量员对该工序质量进行检查，并填写检查验收记录，还应经监理单位（或建设单位）检查验收，合格后方可进行下道工序的施工；下道工序的操作人员在施工前应对前道工序的质量进行检查，在确保前道工序合格的前提下，才可继续施工，以免出现前道工序遭到损坏仍继续施工的现象。在防水工程施工前，应事先提出相应的检验内容、工具和要求，施工过程中加强中间检验和工序检验，只有对质量缺陷在施工过程中及早发现，立即补救，消除隐患，才能确保防水层的质量。

（4）竣工后的保养

防水工程竣工验收后，在长期的使用过程中常常由于材料的逐渐老化、各种变形对它的反复影响、风雨冰冻的作用、雨水的冲刷、使用时人为的损坏，以及垃圾尘土堆积堵塞排水通道等，均可能使防水层遭到损坏。这种渐变现象，平时很少被人们注意，无人问津，直到防水层严重破损，发生了渗漏，才会被人们发现和引起注意，但这时破损已严重，修复难度和费用都大大增加。因此，在防水层使用过程中，必须建立一个完整的保养制度，控制微小、局部损坏的扩大，排除对防水层有害的各种因素，及时地进行保养和维修，以延长防水层的使用寿命，节省返修费用，提高全面经济效益。

1.4　防水施工的分类

1.4.1　按防水材料形态划分

1. 刚性防水材料施工

刚性防水材料包括防水砂浆或防水混凝土，刚性防水材料施工是通过合理调整水泥砂浆、混凝土的配合比，减少或抑制孔隙率，改善孔隙结构特性，增加各材料界面间的密实性等方法配制而成的具有一定抗渗能力的水泥砂浆、混凝土的施工过程。

2. 涂膜防水材料施工

防水涂料（也称涂膜防水材料）是一种流态或半流态物质，涂刷在基层表面，经溶剂或水分挥发，或各组分间的化学反应，形成有一定弹性的薄膜，使表面与水隔绝，起到防水、防潮作用。

涂膜防水施工按涂膜厚度划分为薄质涂料施工和厚质涂料施工，薄质涂料常采用涂刷法或喷涂法施工，厚质涂料常采用抹压法或刮涂法施工。

3. 防水卷材施工

防水卷材是建筑防水材料用量最多的重要品种。通常可分为以沥青为基本原料的沥青防水卷材、以高聚物改性沥青为基本原料的高聚物改性沥青防水卷材和以合成高分子材料为基本原料的合成高分子防水卷材三大类，不同种类的卷材施工方法不一样。

4. 金属板（片）材防水施工

金属板（片）材防水主要用于采用金属板材作为屋盖材料，将结构层和防水层合二为一的防水系统。金属板材的种类很多，有锌板、镀铝锌板、铝合金板、铝镁合金板、钛合金板、铜板、不锈钢板等。板的施工方式不同，有的板在工厂加工好后现场组装，有的根据屋面工程的需要在现场加工。

5. 密封材料防水施工

建筑上所用的密封材料是指填充于建筑物的接缝、裂缝、门窗框、玻璃用边以及管道接头或与其他结构的连接处起水密、气密作用的材料。

常用的密封材料主要有改性沥青密封防水材料和合成高分子密封防水材料两大类，它们的性能差异较大，施工方法应根据具体材料而定，常用的施工方法有冷嵌法和热灌法两类。

6. 灌浆堵漏材料施工

灌浆堵漏材料施工一般是指将由化学材料配制的浆液，通过钻孔埋设在注浆设备，使用压力将其注入结构裂缝中，经其扩散、凝固，达到防水、堵漏、补强、加固的目的。

1.4.2 按施工时是否采用加热操作划分

1. 热熔法施工

热熔法施工是指高聚物改性沥青热熔卷材的铺贴方法。热熔卷材是一种在工厂生产过程中底面即涂有一层软化点较高的改性沥青热熔胶的卷材，施工时用火焰烘烤热熔胶后直接与基层粘贴。

2. 冷粘法施工

冷粘贴施工通常针对高聚物改性沥青防水卷材，尤其是合成高分子防水卷材，施工时不需加热，在基层均匀地刷上一层胶结材料，然后粘结卷材。

采用冷粘结施工，不需要加热，因此给施工带来了很大的方便，减少了环境污染，改善了施工人员的劳动条件。

3. 自粘法施工

自粘贴卷材施工是指自粘型卷材的铺贴方法。自粘型卷材在工厂生产时，在改性沥青卷材、合成高分子卷材、PE膜等底面涂上一层压敏胶或胶粘剂，并在表面敷有一层隔离纸。施工时只要剥去隔离纸，即可直接铺贴。自粘法施工施工工艺简单，工人操作方便。

4. 焊接法施工

合成高分子卷材一般采用焊接法施工，卷材的铺设与一般高分子卷材的铺设方法相同，其搭接缝采用焊接方法进行。焊接方法有两种：一种为热熔焊接，即通过升温使卷材熔化达到焊接熔合；另一种是溶剂焊，即采用溶剂进行接合。

合金金属卷材也采用焊接法施工，即采用电加热使焊锡或焊条受热熔化后均匀覆盖于焊缝表面，冷却将金属卷材连接在一起。

1.4.3 按施工时的防水材料的摊铺方法划分

1. 喷涂施工

涂料喷涂施工是将黏度较小的防水涂料放置于密闭的容器中，通过泵，将涂料从容器中压出，通过输送管至喷枪处，将涂料均匀喷涂于基面，形成一层均匀致密的防水膜。

2. 刷涂施工

薄质涂料可采用棕刷、长柄刷、圆滚刷等进行人工涂刷涂布。涂布时应先涂立面，后涂平面，涂刷应均匀一致。

3. 刮涂施工

厚质涂料宜采用刮涂施工。刮涂施工时，一般先将涂料直接分散倒在基层上，用铁抹子或胶皮板来回刮涂，然后待其干燥。流平性差的涂料待表面收水尚未结膜时，用铁抹子压实抹光。抹压时间应适当，过早抹压，起不到作用；过晚抹压，会使涂料粘住抹子，出现月牙形抹痕。

4. 嵌填施工

嵌填施工主要指密封材料的施工。密封材料的嵌填操作可分为热灌法和冷嵌法施工。改性沥青密封材料常用热灌法施工，而合成高分子密封材料常用冷嵌法施工。

1.4.4 按防水工程部位划分

1. 屋面防水工程

屋面防水是指防止雨水从屋面侵入室内。现在对屋面还有综合利用的要求，如作活动场所、停车场、屋顶花园、蓄水隔热、种植屋面等，这些屋面对防水层的要求更高。

2. 卫生间及楼地面防水工程

卫生间及楼地面防水是防止生活、生产用水和生活、生产污水渗漏到楼下，或通过隔墙渗入其他房间。卫生间和某些生产车间管道多、设备多，用水量集中，飞溅严重，酸碱液体也很多，有时不但要求防止渗漏，还要防止酸碱液体的侵蚀。

3. 外墙防水工程

外墙防水是指防止雨水或外墙面清洗用水等渗入室内。相比于屋面、卫生间等部位，其渗漏量和因渗漏带来的影响要小一些，但随着人们对生产、生活环境要求的提高，外墙防水的重要性日见显现。

4. 地下防水工程

地下工程是指工业与民用建筑地下工程、防护工程、市政隧道、山岭及水底隧道、洞库、地下铁道等建筑物和构筑物。地下工程防水是对地下工程进行防水设计、防水施工和维护管理等各项技术工作。地下工程由于结构复杂，施工方法特殊，受地表水、地下水、毛细管水等的渗透和侵蚀作用，以及由于人为因素引起的附近水文地质改变的影响，其防水设防、防水施工、维护管理的难度和要求更高。

5. 储水池及水中构筑物防水工程

储水池、储液池防水是防止水或液体往外渗漏，设在地下的还要防止地下水往里渗透。所以除储水（液）池结构本身具有防水（液）能力外，一般将防水层设在内部，且要求使用的防水材料不会污染水质（液体）或不被储液所腐蚀，多数采用无机类材料，如聚合物砂浆及水泥基类防水材料等。

6. 道路桥梁防水工程

近几年来，全国各地交通设施迅猛发展，道路桥梁防水作用日益凸显，不做防水或采用的防水材料不当造成桥梁出现渗水，使钢筋锈蚀，铺装层剥落，碱骨料反应，由钢筋锈蚀而引起的混凝土膨胀开裂等严重损坏问题，严重影响了桥梁的坚固性和使用寿命，以及行车的舒适性和安全性。

国外发达国家，例如美国、日本、西欧诸国对桥梁均设置专门的防水层。从桥梁结构类型、面层材料、防水技术、防水方法、使用性能、维修费用等方面都作了详细的规定。

第 2 章　屋面防水工程

2.1　卷材防水屋面

卷材防水屋面是最常见的一种防水屋面，和刚性防水屋面不同，卷材防水屋面，有沥青卷材防水屋面、高聚物改性沥青卷材防水屋面、合成高分子卷材防水屋面三种类型，适合于Ⅰ～Ⅳ级屋面防水等级的建筑物和构筑物的防水。

2.1.1　卷材防水屋面构造层次

卷材防水屋面是指利用胶结材料采用各种形式粘贴卷材进行防水的屋面，其常见构造层次如图 2-1 所示，具体施工有哪些层次，根据设计要求而定。

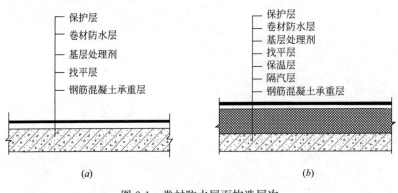

图 2-1　卷材防水屋面构造层次
（a）不保温卷材屋面；（b）保温卷材屋面

2.1.2　卷材防水屋面基本规定

1. 结构层处理

结构层的作用主要承受施工荷载，常见的形式有现浇钢筋混凝土屋面、预制屋面，预制的屋面结构要经过处理后方可进行其他层次的施工：坐浆要平，搁置稳妥，不得翘动；相邻屋面板高低差不大于 10mm；上口宽不小于 20mm，用 C20 以上细石混凝土嵌实并捣实；灌缝细石混凝土宜掺微膨胀剂；当缝宽大于 40mm 时，在板下吊模板，并补放钢筋，再浇筑细石混凝土；屋面板不能三边支承；如板下有隔墙，隔墙顶和板底间有 20mm 左右的空隙，在抹灰时用疏松材料填充，避免隔墙处硬顶而使屋面板反翘。对于预制的屋面结构板要求表面要清理干净，现浇混凝土结构屋面板宜连续浇捣，不留施工缝，应振捣密实，表面平整。现浇的钢筋混凝土屋面结构因为整体性好而利于防水的优点，实际工程用得较多，施工过程中通常在混凝土浇筑完成后，在表面先用木抹子抹压平实后，再用铁抹子抹压，可以使混凝土表面起到一定的防水作用。

2. 找平层施工

（1）找平层的一般做法

1）找平层种类

找平层是铺贴卷材防水层的基层，主要有水泥砂浆找平层、沥青砂浆找平层、细石混凝土找平层。

①沥青砂浆找平层适合于冬期、雨期施工用水泥砂浆有困难和抢工期时采用。

②水泥砂浆找平层中宜掺膨胀剂。

③细石混凝土找平层尤其适用于松散保温层上，以增加找平层的刚度和强度。

2）分格缝的留设

为了避免或减少找平层开裂，找平层宜留设分格缝，缝宽为 20mm 左右，并嵌填密封材料或空铺卷材条。分格缝兼作排汽屋面时，可适当加宽，并应与保温层相通。

分格缝应留设在板端缝处，其纵横缝的最大间距为：找平层采用水泥砂浆或细石混凝土时，不宜大于 6m；找平层采用沥青砂浆时，不宜大于 4m。基层与突出屋面结构的连接处以及基层的转角处，均应做成圆弧；找平层表面平整度的允许偏差为 5mm。

3）找平层的厚度和技术要求

找平层的厚度和技术要求应遵守表 2-1 的规定。

找平层的厚度和技术要求　　　　　　　　　　　　　表 2-1

类别	基层种类	厚度（mm）	技术要求
水泥砂浆找平层	整体混凝土	15～20	1：2.5～1：3.0水泥：砂（体积比），水泥强度等级不低于32.5级
	整体或板状保温层	20～25	
	装配式混凝土板、松散材料保温层	20～30	
细石混凝土找平层	松散材料保温层	30～35	混凝土强度等级应不低于C20，宜加钢筋网片
	装配式混凝土板		
沥青砂浆找平层	整体混凝土	15～20	1：8沥青：砂（质量比）
	装配式混凝土板，整体或板状材料保温层	20～25	

4）找平层的强度、平整度和坡度要求

找平层的强度、坡度和平整度对卷材防水层施工质量影响很大，要求坚固、平整、干净、干燥，平整度用 2m 的靠尺和楔形塞尺检查，最大的空隙不应超过 5mm，且每米不多于 1 处，并且变化平缓；水泥砂浆找平层抹平后表面要进行二次压光，养护充分，表面不得有酥松、起砂、起皮和开裂现象。要确保找平层的坡度准确，排水顺利，平屋面防水主要是以防为主，防、排结合，要确保屋面雨水能够立即排走，一般情况下屋面找平层的排水坡度要求见表 2-2。

找平层的坡度要求　　　　　　　　　　　　　表 2-2

项目	平屋面		天沟、檐沟		水落口周边直径
	结构找坡	建筑找坡	纵向	沟底水落差	
坡度要求	≥3%	≥2%	≥1%	200mm	≥5%

（2）水泥砂浆找平层施工

1）施工准备

①技术准备：施工前应根据施工图纸和施工组织设计要求，结合实际情况编制防水施工方案或措施，考虑防水设计的细部构造，搭设高空作业防护设施；组织管理人员和操作人员培训后，经过安全技术交底后，方可进入现场施工。

②材料准备：

水泥砂浆：水泥宜采用硅酸盐水泥、普通硅酸盐水泥，强度要求不低于32.5级，不同品种的水泥不能混用，进场之前应严格对品种、强度等级、出厂日期进行检查，并对强度、安定性等性能指标抽样复验，水泥出厂超过3个月或者怀疑水泥质量时应复验。

砂：宜用中砂和粗砂，含泥量必须控制在一定范围内。

水：拌合用水宜采用饮用水。

细石混凝土：水泥：普通硅酸盐水泥；砂：宜用中砂，含泥量≤3%，级配良好；石：最大粒径≤15mm，含泥量不超过设计规定。

③机具准备：砂浆搅拌机、平板振动器、手推车、台秤、筛子、水桶、铁锹、钢丝刷、扫帚、靠尺、木线板、水平尺、粉线包、木抹子、水刷、手铁板、托灰板、胶皮管等。

2）水泥砂浆找平层施工工艺流程及质量控制要点

①水泥砂浆找平层施工工艺流程

基层处理──→洒水湿润──→贴饼、冲筋──→铺装水泥砂浆──→养护。

②水泥砂浆找平层操作要点

基层处理。清扫结构层、保温层上面的灰尘，清理杂物，对于基层上面凸起的灰渣铲平、钢筋头用电焊机或切割机割除；对于伸出屋面板的管根、变形缝、阴阳角等部位处理好。

洒水湿润。水泥砂浆施工前，适量洒水湿润基层，其目的是利于基层与找平层的粘结，注意不能过量洒水，以防施工后降低水泥砂浆的强度，甚至产生空鼓等现象。

贴饼、冲筋。根据坡度的要求，拉线找坡，每隔1m左右贴一个灰饼，铺抹找平砂浆时，先按流水方向以间距1~2m冲筋，并设置找平层分格缝，缝宽20mm，分格缝最大间距6m。

铺装水泥砂浆。按配合比1:3，稠度7cm的水泥砂浆分隔装入、铺平、刮平，找坡后用木抹子搓平，铁抹子压光，待收水后，再用铁抹子压第二遍即可成活。砂浆铺设应按由远到近、由高到低的程序进行，每分格内宜一次连续铺成，严格掌握坡度，可用2m左右长的方尺找平。天沟一般先用轻质混凝土找平。

养护。找平层抹平、压实后12h内洒水养护，一般要求养护一周以上，干燥后即可铺设防水层。

③质量要求

水泥砂浆找平层的要求：表面平整、不起砂、不起皮、无裂缝，并与基础粘结牢固、无松动、空鼓现象，而且坡度符合设计要求。

（3）细石混凝土找平层施工

1）细石混凝土找平层施工工艺流程

基础处理──→贴饼──→搅拌、运输──→浇筑、振捣──→找平──→养护。

2）细石混凝土找平层施工操作要点

①基层处理

清理基层的浮浆、落地灰，保证基层干净、整洁，不得有油污等。

②贴饼

根据水平标准线和设计厚度，在屋面的墙、柱上弹出找平层的标高控制线，按线拉水平线贴灰饼，考虑坡度的影响，一般灰饼的间距 1m 左右为宜。

③混凝土浇筑、运输

混凝土的配合比应根据设计要求通过实验确定，并严格控制混凝土的各组成材料的质量，保证混凝土施工配合比的精度，搅拌均匀；采用合适的运输设备运送混凝土，保证混凝土在初凝之前浇筑完毕。

④混凝土浇筑、振捣

浇筑混凝土之前，将基层用水冲洗并保持湿润，铺倒混凝土后，立即用机械振捣密实。

⑤找平

以墙柱上的水平控制线和铁饼的高度为标志，用水平刮尺刮平，再用木抹子搓平，严格控制找平层的标高，不足的补平，高的铲除。

⑥养护

混凝土浇筑完毕后 12h 左右洒水或覆盖养护，并严禁上人、堆放材料，一般养护不少于 1 周。

（4）沥青砂浆找平层施工

基层干燥后，满铺冷底子油 1～2 道，涂刷要薄而均匀，不得有气泡和空白，涂刷后表面保持清洁；冷底子油干燥后，铺设沥青砂浆，其虚铺厚度约为压实厚度的 1.3～1.4倍；施工时沥青砂浆的温度要求见表 2-3。

沥青砂浆施工温度　　　　　　表 2-3

室外温度（℃）	沥青砂浆温度（℃）		
	拌制	铺设	液压完毕
≥+5	140～170	90～120	60
−10～+5	160～180	100～130	40

待砂浆刮平后，用火滚进行滚压至平整、密实、表面没有蜂窝和压痕为止。滚筒应保持清洁，表面可涂刷柴油，压不到之处，可用烙铁烫压平整；沥青砂浆铺设后，最好在当天铺第一层卷材，否则要用卷材卷好，防止雨水、露水浸入。

3. 隔汽层施工

隔汽层可采用气密性好的单层卷材或防水涂料，钢筋混凝土板面应抹 1∶3 水泥砂浆后刷冷底子油一道，然后做二道热沥青或铺设一毡二油卷材为隔汽层。采用卷材时，可采取满涂满铺法或空铺法，其搭接宽度不得小于 70mm。在屋面与墙面连接处，隔汽层应沿墙面向上连续铺设，高出保温层上表面不得小于 150mm。

4. 保护层施工

卷材铺设完毕，经检查合格后，应立即进行保护层的施工，及时保护防水层免受损伤。保护层的施工质量对延长防水层使用年限有很大影响，必须认真施工。

（1）绿豆砂保护层

用绿豆砂做保护层时，应在卷材表面涂刷最后一道沥青玛琋脂（厚2～3mm）时，趁热撒铺一层粒径为3～5mm的绿豆砂，绿豆砂应铺均匀，全部嵌入沥青玛琋脂中，绿豆砂应事先经过筛选，颗粒均匀，并用水冲洗干净。使用时应在钢板上预热至130～150℃。

铺绿豆砂时，一人涂刷玛琋脂，另一人趁热撒砂子，第三人用扫帚扫平或用刮板刮平。撒时要均匀，扫时要铺平，不能有重叠堆积现象，扫过后马上用软辊轻滚一遍，使砂粒一半嵌入玛琋脂内。铺绿豆砂应沿屋脊方向，顺卷材的连续接缝向前推进。

（2）细砂、云母及蛭石保护层

用砂、云母或蛭石做保护层时，应筛去粉料。铺设时，应边涂刷边撒布，同时用软质的胶辊在其上反复轻轻滚压。撒布应均匀，不得露底，涂层干燥后，扫除未粘的材料。

（3）其他

1）浅色反射涂料保护层

涂刷浅色反射涂料应等防水层养护完毕后进行，一般卷材防水层应养护2d以上，涂膜防水层应养护一周以上。涂刷前，应清楚基层表面上的浮灰，浮灰用柔软、干净的棉布擦干净，涂刷应均匀，避免漏刷，第二遍涂刷时，第二遍涂刷的方向应与第一遍垂直。

2）水泥砂浆保护层

保护层施工前，应根据结构情况每隔4～6m用木模设置纵横分格缝。铺设水泥砂浆时，应随铺随拍实，并用刮尺找平，随即用直径为8～10mm的钢筋或麻绳压出表面分格缝。终凝前用铁袜子抹平压光。

3）细石混凝土保护层

细石混凝土整浇保护层施工前，应在防水层上铺设一层隔离层，按设计要求用木模设置分格缝，分格面积不大于36m²，分格缝宽度为20mm。一个分格缝内混凝土尽可能连续浇筑。振捣宜采用铁辊滚压或人工拍实，不宜采用机械振捣。振实后即用刮尺按排水坡度刮平，并在初凝前用木抹子提浆抹平，初凝后及时取出分格缝木模，终凝前用铁抹子压光，养护时间不应少于7d，养护结束后，将分格缝清理干净，嵌填密封材料。

4）预制板块保护层

预制板块保护层、结合层采用砂或水泥砂浆，在砂结合层上铺砌块体时，砂结合层应洒水压实，再用刮尺刮平。块体应对接铺砌，缝隙宽度为10mm左右。块板铺设完成后再适当洒水并轻轻拍平压实。板缝先用砂填至一半高度，然后用1：2水泥砂浆勾成凹缝。

在保护层四周10mm范围内，应改用低强度等级水泥砂浆做结合层。

采用水泥砂浆做结合层时，先在防水层上做隔离层。块体应先浸水湿润并阴干。如板块尺寸较大，可采用铺灰法铺砌；当板块尺寸较小，可将水泥砂浆刮在板块连接面上，再进行摆砌。每块块体摆铺完后应立即挤压密实、平整。铺砌工作应在水泥砂浆凝结前完成，块体间预留10mm的缝隙，砌完1～2d后用1：2水泥砂浆勾成凹缝。

块体保护层每100m²以内应留设分格缝，缝宽20mm，缝内嵌填密实材料。

卷材防水层完工并经验收合格后，应做好成品保护。保护层的施工应符合下列规定：

绿豆砂应清洁、预热、铺撒均匀，并使其与沥青玛琋脂粘结牢固；云母或蛭石保护层不得有粉料，撒铺应均匀，不得露底，多余的云母或蛭石必须清除干净；水泥砂浆保护层的表面应抹平压光，并设表面分格缝，分格面积宜为 1m²；砌体材料保护层应留设分格缝，分格面积≤100m²，分格缝宽度不宜小于 20mm；细石混凝土保护层，混凝土应密实，表面抹平压光，并留设分格缝；浅色涂料保护层应与卷材粘结牢固，厚薄均匀，不得漏掉；水泥砂浆、块材或细石混凝土保护层与防水层之间应设置隔离层；刚性保护层与女儿墙、山墙之间应预留宽度为 30mm 的缝隙，并用密封材料嵌填严密。

2.1.3　防水层施工

1. 一般要求

（1）卷材防水施工工艺流程

卷材防水施工工艺流程为：基层处理，涂刷基层处理剂，节点附加增强处理，定位、弹线、试铺，铺贴卷材，收头处理、节点密封，清理、检查、修整。

（2）涂刷基层处理剂

涂刷前，首先检查找平层的质量和干燥程度，干燥程度的简易方法，铺 1m² 卷材在找平层上，静置 3～4h 后打开检查，找平层覆盖部位与卷材上未见水印即可铺设。在大面积涂刷前，必须对屋面节点、周边、拐角部位等防水薄弱部位进行增强处理。

（3）卷材铺设方向

当屋面坡度小于 3％时，卷材宜平行于屋脊铺贴，屋面坡度在 3％～15％时，卷材可平行或垂直于屋面铺贴；屋面坡度＞15％或受震动时，沥青卷材应垂直于屋脊铺贴，高聚物改性沥青卷材和合成高分子卷材还要根据防水层的敷设方式、粘结强度、是否机械固定等因素综合考虑采用平行或垂直屋脊铺贴。上下层卷材不得相互垂直铺贴。

（4）施工顺序

防水层施工时，应先做好节点、附加层和屋面排水比较集中部位的处理，然后由屋面最低标高处向上施工。铺贴多跨和有高低跨屋面时，应按先高后低、先远后近的顺序进行。

（5）搭接方式和宽度要求

铺贴卷材采用搭接方法。相邻两幅卷材短边接缝应错开不小于 500mm，上下两层卷材其长边接缝应错开 1/3 或 1/2 幅宽。平行于屋脊的搭接缝应顺流水方向搭接；垂直于屋脊的搭接缝应顺主导风向搭接，如图 2-2 和图 2-3 所示。垂直屋脊铺贴时，每幅卷材都应铺过屋脊不小于 200mm，屋脊处不得留设短边搭接缝。

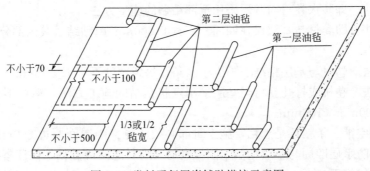

图 2-2　卷材平行屋脊铺贴搭接示意图

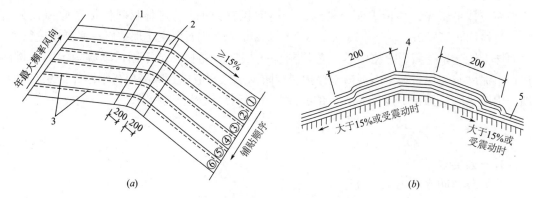

图 2-3　卷材垂直屋脊铺贴搭接示意图

（a）平面；（b）剖面

1—卷材；2—屋脊；3—顺风接槎；4—卷材；5—找平层

叠层铺设的各层卷材，在天沟与屋面连接处采用叉接法搭接。搭接缝应错开，接缝宜留在屋面或天沟侧面，不宜留在沟底。

高聚物改性沥青卷材和合成高分子卷材的搭接缝，宜用与它材性相容的密封材料封严，搭接宽度应符合表 2-4 的要求。

卷材搭接宽度（mm）　　　　　　　　　　　　　　　　表 2-4

卷材种类	铺贴方法	铺贴方法			
		短边搭接		长边搭接	
		满贴法	空铺、点粘、条粘法	满粘法	空铺、点粘、条粘法
沥青防水卷材		100	150	70	100
高聚物改性沥青防水卷材		80	100	80	100
合成高分子防水卷材	胶粘剂	80	100	80	100
	胶粘剂	50	60	50	60
	单缝焊	60，有效焊接宽度应≥25			
	双缝焊	80，有效焊接宽度应≥10×2＋空腔宽			

（6）卷材与基层的粘贴方法

卷材与基层的粘贴方法分为满粘法、点粘法、条粘法和空铺法等形式。

1）满粘法。即防水卷材与基层采用全部粘贴的施工方法。

2）空铺法。即卷材与基层仅在四周一定宽度 800mm 内粘结，其余部分不粘结的施工方法。

3）条粘法。卷材与基层粘结面不少于两条，每条宽度不小于 150mm。

4）点粘法。卷材或打孔卷材与基层采用点状粘结的施工方法，粘结不少于 5 点/m²，每点面积为 100mm×100mm。

无论采用空铺、条粘还是点粘，施工时都必须注意：距屋面周边 800mm 内的防水层应满粘，保证防水层四周与基层粘贴牢固；卷材与卷材之间应满粘，保证搭接严密。

2. 沥青卷材施工

卷材的粘贴分为热沥青胶结料粘贴和冷沥青胶结料粘贴两种方式，铺贴的顺序为：浇油、粘贴、收边铺压。

（1）热沥青胶结料粘贴油毡施工

1）浇涂玛琋脂

①浇油法。浇油法是采用有嘴油壶将玛琋脂左右来回在油毡前浇油。其宽度比油毡每边少约 10～20mm，速度不宜太快，浇洒量以油毡铺贴后，中间满粘玛琋脂，并使两边少有挤出为宜。

②涂刷法。该法一般用长柄棕刷（或滚刷等）将玛琋脂均匀涂刷，宽度比油毡稍宽，不宜在同一地方反复多次涂刷，以免玛琋脂很快冷却而影响粘结质量。

③浇涂厚度控制。每层玛琋脂厚度宜控制在 1.0～1.5mm，面层玛琋脂厚度宜为 2～3mm。

2）铺贴油毡

铺贴时两手按住油毡，均匀地用力将卷材向前推滚，使油毡与下层紧密结合，避免铺斜、扭曲和出现未粘结玛琋脂之处。

3）收边滚压

在推铺油毡时，操作的其他人员应将毡边挤出的玛琋脂及时擦去，并将毡边压紧粘住，刮平，赶出气泡。如出现粘结不良的地方，可用小刀将油毡划破，再用玛琋脂粘紧，封死，赶平，最后在上面加贴一块油毡将缝盖住。

（2）冷沥青胶结料粘贴油毡施工

冷玛琋脂粘贴油毡施工方法和要求与热玛琋脂粘贴油毡基本相同，不同之处在于：冷玛琋脂使用时应搅拌均匀，当稠度太大时可加入少量溶剂稀释并拌匀；涂布冷玛琋脂时，每层玛琋脂厚度宜控制在 0.5～1.0mm，面层玛琋脂厚度宜为 1.0～1.5mm。

3. 高聚物改性沥青防水卷材的施工

根据高聚物改性沥青防水卷材的特性，其施工方法有热熔法、冷粘法和自粘法。目前，使用最多的是热熔法。

（1）热熔法施工

热熔法施工是指高聚物改性沥青热熔型防水卷材的铺贴方法。铺贴时不需涂刷胶粘剂，而用火焰烘烤后直接与基层粘贴。热熔卷材可采用滚铺法和展铺法铺贴。

1）滚铺法

这是一种不展开卷材而边加热烘烤边滚动卷材铺贴的方法，始端卷材的铺贴，将卷材置于起始位置，对好长短方向搭接缝，滚展卷材 1000mm 左右，掀开已展开的部分。开启喷枪点火，喷枪头与卷材保持 50～100mm 距离，与基层呈 30°～45°将火焰对准卷材与基层交接处，同时加热卷材底面热熔胶面和基层，至热熔胶层出现黑色光泽、发亮至稍有微泡出现，慢慢放下卷材平铺于基层。然后进行排气滚压，当起始端铺贴至剩下 300mm 左右时，将其翻放在隔热板上，如图 2-4 所示，用火焰加热余下起始端基层后，再加热卷材起始端余下部分，然后将其粘贴于基层。

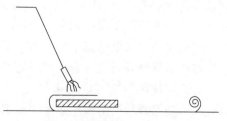

图 2-4　加热端部剩余部分

卷材起始端铺贴完成后即可进行大面积滚铺。持枪人位于卷材滚铺的前方，按上述方法同时加热卷材和基层，条粘时只需加热两侧。加热宽度各为150mm左右，推滚卷材人蹲在已铺好的卷材起始端上面，等卷材充分加热后缓缓推压卷材，并随时注意卷材的平整度和搭接宽度。其后紧跟一个人用棉纱团等从中间向两边抹压卷材，赶出气泡，并用刮刀将溢出的热熔胶抹压接边缝，另一人用压辊压实卷材，使之与基层粘贴密实，如图2-5所示。

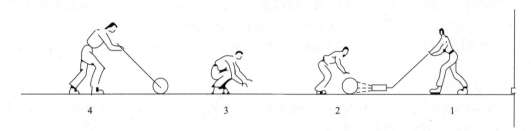

图2-5　滚铺法铺贴热熔卷材
1—加热；2—滚铺；3—排气、收边；4—压实

2）展铺法

展铺法是先将卷材平铺于基层，再沿边掀起卷材予以加热粘贴。此法适用于条粘法铺贴卷材，其施工方法如下：

①先将卷材平铺于基层，对好搭接缝，按该铺法的要求铺贴好起始端卷材。

②拉直整幅卷材，使其无皱折、无波纹、能平坦地与基层相贴，并对准长边搭接缝，然后对末端做临时固定，防止卷材回缩，可采用站人等方法。

③从起始端开始熔贴卷材，掀起卷材边缘约200mm高，将喷枪头伸入侧边卷材底下，加热卷材边宽约200mm的底面热熔胶和基层，边加热边向后退，然后另一人用棉纱团等由卷材中间向两边赶出气泡，并抹压平整。再由紧随的操作人员持辊压实两侧边卷材，并用刮刀将溢出的热熔胶刮压平整。

④铺贴到距末端1m左右时，撤去临时固定，按前述滚铺法铺贴末端卷材。

3）搭接缝施工

热熔卷材表面一般有层防粘隔离纸，因此在热熔粘结接缝之前，应先将下层卷材表面的隔离纸烧掉。

操作时，由持枪人手持烫板（隔火板）柄，将烫板沿搭接粉线后退，喷枪火焰随烫板移动，喷枪应离卷材50～100mm，贴紧烫板。移动速度要控制合适，以刚好熔去隔离纸为限，烫板和喷枪要密切配合，以免烧损卷材。排气和滚压方法与前述相同。

当整个防水层熔贴完毕后，所有搭接缝均用密封材料涂封严密。

热熔法铺贴卷材应符合下列规定：

①火焰加热器加热卷材应均匀，不得过分加热或烧穿卷材；厚度小于3mm的高聚物改性沥青防水卷材严禁采用热熔法施工。

②卷材表面热熔后应立即滚铺卷材，卷材下面的空气应排尽，不得空鼓。

③卷材接缝部位必须溢出热熔的改性沥青胶。

④铺贴的卷材应平整顺直，搭接尺寸准确，不得扭曲、皱折。

（2）冷粘法施工

冷粘法是采用胶粘剂或玛琦脂进行卷材与基层、卷材与卷材的粘结，而不需要加热施工的方法。采用冷粘法施工，应控制好胶粘剂涂刷与卷材铺贴的间隔时间，一般要求是层及卷材上涂刷的胶粘剂达到表干程度，其间隔时间与胶粘剂性能及气温、湿度、风力等因素有关，通常为 10～30min 左右，施工时可凭经验确定，用指触不粘手时即开始粘贴卷材。控制间隔时间是冷粘贴施工的难点，平面上铺贴卷材时，可采用抬铺法和滚铺法。

1）抬铺法

在涂布好胶粘剂的卷材两端各安排一人，拉直卷材，中间根据卷材长度安排 1～4 人，同时将卷材沿长向对折，使涂布胶粘剂的一面向外，抬起卷材，将一边对准搭接缝处的粉线，再翻开上半部卷材铺在基层上，同时拉开卷材使之平顺。操作过程中，对折、抬起卷材对粉线、翻平卷材等工序，几个人均应同时进行。

2）滚铺法

将涂布完胶粘剂并达到要求干燥度的卷材应用直径 50～100mm 的塑料管或原来用来装运卷材的纸筒；重新成卷，使涂布胶粘剂的一面朝外，成卷时两端要平整，不应出现褶皱，注意防止砂子、灰尘等杂物粘在卷材表面。成卷后面一根直径 50mm、长度 1500mm 的钢管穿入中心的塑料管或纸筒芯内，由两人分别持钢管两端，抬起卷材的端头，对准粉线，固定于已铺好的选材顶端搭接部位或基层面上，抬卷材两人同时匀速向前，展开卷材，并随时注意将卷材边缘对准粉线，同时应使卷材铺贴平整，直到铺完一幅卷材，每铺完一幅卷材，应立即用干净而松软的长柄压辊从卷材一端顺卷材横向顺序滚压一遍、彻底排除卷材和粘结层间空气。

排除空气后，平面部位卷材可用外包塑胶的大压辊滚压（一般滚重 30～48kg），滚压应从中间向两侧边移动。

平立面交接处，则先贴好平面，经过转角，由下往上粘贴卷材，粘贴时切勿拉紧，要轻轻沿转角压紧压实，再往上粘贴，同时排出空气，最后用手持压辊从上往下滚压密实。

3）搭接缝的粘结

卷材表面涂刷胶粘剂时，注意在搭接缝部位不得涂刷胶粘剂。卷材铺好压实后，应将搭接部位的粘合面清除干净，可以用棉纱蘸少量汽油擦洗，然后采用油漆刷均匀涂刷接缝胶粘剂，待胶粘剂表面干燥后（指触不粘）即可进行粘合，粘合时应从一端开始，边压合边排空气，不许有气泡和皱折现象，然后用手持压辊顺边仔细滚压一遍，三层重叠处要用密封材料预先加以填封，高聚物改性沥青卷材也可采用热熔法接缝。

搭接缝全部粘贴后，缝口要用密封材料封严，密封时用刮刀沿缝刮净，不能留有缺口，密封宽不应小于 10mm，如图 2-6 所示。

（3）自粘法施工

自粘法是采用带有自粘胶的防水卷材，不用热施工，也不需涂刷胶结材料而进行粘结的施工方法。铺贴时，基层表面应均匀涂刷基层处理剂。干燥后应及时铺贴卷材，可采用滚铺法或抬铺法进行。

1）滚铺法

当铺贴面积大，隔离纸容易掀剥时，采用该铺法，即掀剥隔离纸与铺贴卷材同时进行。施工时不需打开整卷卷材，用一根钢管插入成筒卷材中心的纸芯筒，然后由两人各持钢管一端抬至待铺位置的起始端，并将卷材向前展出约 500mm，由另一人掀剥此部分卷材的隔离纸，并将其卷到已用过的包装纸芯筒上，将已剥去隔离纸的卷材对准已弹好的粉线轻轻平铺，再加以压实，起始端铺贴完成后，一人缓缓掀剥隔离纸卷入上述纸芯筒上，并向前移动，抬着卷材的两人同时沿基准粉线向前滚铺卷材，滚铺时要稍紧一些，不能太松弛。铺完一幅卷材后，用长柄滚刷，由起始端开始，彻底排除卷材下面的空气。然后用大压辊或手持轻便振动器将卷材压实，粘贴牢固。

2）抬铺法

抬铺法是先将待铺卷材剪好，反铺于基层上，并剥去卷材的全部隔离纸后再铺贴卷材的方法。适合于较复杂的铺贴部位，或隔离纸不易掀剥的场合，施工时按下述方法进行。

首先根据基层形状裁剪卷材，然后将剪好的卷材仔细地剥除隔离纸，实在无法剥离时，应用密封材料加以涂盖。全部隔离纸剥离完毕后，将卷材带胶面朝外，沿长向对折卷材，然后抬起并翻转卷材，使搭接边转向搭接粉线。当卷材较长时，在中间安排数人配合。从短边搭接开始沿长向铺放好搭接缝侧半幅卷材，然后再铺放另半幅。铺贴的松紧度与滚铺法相同。铺放完毕后再进行排汽、液压。在立面或大坡面上施工时，宜用手持汽油喷灯将卷材底面的胶粘剂适当加热后再进行粘贴、排汽和滚压。

3）搭接经粘贴

自粘型卷材上表面常带有防粘层，在铺贴卷材前，应将相邻卷材待搭接部位上表面的防粘层先熔化掉，操作时，用手持汽油喷灯沿搭接粉线进行。粘结搭接缝时，应掀开搭接部位卷材，宜用扁头热风枪加热卷材底面胶粘剂，加热后随即粘贴、排汽、滚压、溢出的白粘胶随即刮平封口，所有接缝门均应用密封材料封严，宽度不应小于 10mm。

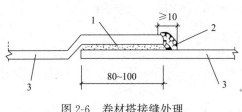

图 2-6　卷材搭接缝处理
1—卷材胶粘剂；2—密封材料；3—防水卷材

自粘法铺贴卷应符合下面规定：

铺贴卷材前基层表面应均匀涂刷基层处理剂，干燥后应及时铺贴卷材；铺贴卷材时，应将自粘胶底面的隔离纸全部撕净；搭接缝全部粘贴后，缝口要用密封材料密封，密封时用刮刀沿缝刮净，不能留有缺口，密封宽度不应小于 10mm，如图 2-6 所示。

4. 合成高分子卷材施工

合成高分子卷材在立面或大坡面铺贴时，应采用满粘法，并应减少短边搭接。立面卷材收头的端部应裁齐，并用压条或垫片钉压固定，最大钉距不应大于 900mm，上口应用密封材料封固。铺贴方法有冷贴法、自粘法和热风焊接法。

（1）冷贴法施工

冷贴法施工，基层胶粘剂可涂刷在基层表面或卷材底面。涂刷应均匀，不露底，不堆积；排汽屋面采用空铺法、条粘法、点粘法时，应按规定位置与面积涂刷；铺设的其他要求与高聚物改性沥青防水卷材冷粘法施工相同。

（2）自粘法施工

自粘法施工要求与高聚物改性沥青防水卷材基本相同则尽量保持其自然松弛状态，但不能有皱折。

（3）热风焊接法施工

热风焊接法是利用热熔焊枪进行防水卷材搭接裁合的方法。其施工要点如下：

焊接前卷材的铺放应平整顺直，不得有皱折现象。搭接尺寸应准确，搭接宽度小于 50mm；焊接面应无水滴、露珠，无油污及附着物；焊接顺序应先焊长边搭接缝，后焊短边搭接缝；控制热风加热温度和时间，焊接处不得有漏焊、跳焊、焊焦或焊接不牢现象；焊接时不得损害非焊接部位的卷材。

5. 排汽屋面施工

当屋面保温层、找平层因施工时含水率过大或因雨水浸泡不能及时干燥，而又要立即铺设柔性防水层时，必须将屋面做成排汽屋面。

排汽屋面可通过在保温层中设置排汽通道实现，其施工要求如下：

排汽道应纵横贯通，不得堵塞，并同与大气连通的排汽孔相连。排汽道间距宜为 6m 纵横设置，屋面面积每 36m² 宜设置一个排汽孔，在保温层中预留槽作排汽道时，其宽度一般为 20～40mm，在保温层中埋置打孔钢管（塑料管或镀锌钢管）作排汽道时，管径为 25mm。排汽道应与找平层分格缝相重合。

为避免排汽孔与基层接触处发生渗漏，应做防水处理，如图 2-7 所示。

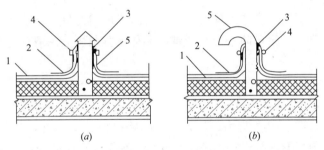

图 2-7　排汽孔做法

1—防水层；2—附件防水层；3—密封材料；4—金属箍；5—排汽管

排汽屋面防水层施工前，应检查排汽通道是否堵塞，并加以清洗。然后宜在排汽道上粘贴一层隔离纸或塑料薄膜，宽约 200mm，对中排汽道贴好，完成后才可铺贴防水卷材（或涂刷防水涂料）。防水层施工时不得刺破隔离纸，以免胶粘剂（或涂料）流入排汽道，造成堵塞或排汽不畅。

排汽屋面还利用空铺、条粘、点粘第一层为打孔卷材铺贴防水层的方法使其下面形成连通排汽通道，再在一定范围内设置排汽孔实现。这种方法比较适合非保温屋面的找平层不能干燥的情形。同时，在檐口、屋脊和屋面转角处及突出屋面的连接处，卷材应满涂胶粘剂粘结，其宽度不得小于 800mm。当采用热玛瑞脂时，应涂刷冷底子油。

2.2　涂膜防水屋面

2.2.1　涂膜防水屋面构造层次

涂膜防水屋面是在屋面基层上涂刷防水涂料，经固化后形成一层有一定厚度和弹性的整体涂膜从而达到防水目的的一种防水屋面形式。具体做法视屋面构造和涂料本身性能要求而定。其典型的构造层次如图 2-8 所示，具体施工应根据设计要求确定。

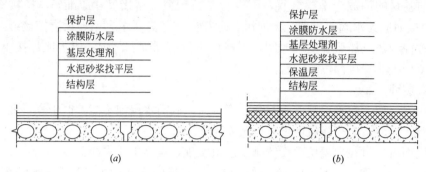

图 2-8 涂膜防水屋面构造示意图

（a）无保温层涂膜屋面；（b）有保温层涂膜屋面

2.2.2 施工工艺流程及要求

1. 施工工艺流程

涂膜防水屋面主要施工工艺流程为：基层表面清理与修理──→喷涂基层处理剂──→特殊部位附加增强处理──→涂布防水涂料或铺贴胎体增强材料──→清理与检查修理──→保护层施工。

2. 基层要求

（1）找平层质量要求

找平层应设分格缝，缝宽宜为 20mm，并应留在板的支承处，其间距不宜大于 6m，基层转角处应抹成圆弧形，其半径不小于 50mm；涂膜防水层的找平层应有足够的平整度和强度。通常采用掺膨胀剂的细石混凝土强度等级不低于 C15，厚度不低于 30mm，宜为 40mm。

（2）分格缝处理

分格缝应在浇筑找平层时预留，要求分格缝符合设计要求，并应与板端缝对齐，均匀顺直，对其消扫后嵌填密封材料。分格缝处应铺设带胎体增强材料的空铺附加层，其宽度为 200～300mm。

3. 一般要求

（1）涂膜防水的施工顺序

涂膜防水的施工顺序应按"先高后低，先远后近"的原则进行。遇高低跨屋面时，一般先涂布高跨屋面，后涂布低跨屋面；相同高度屋面上，要合理安排施工段，先涂布距上料点远的部位，后涂布近处；同一屋面上先涂布排水集中的部位，再进行大面积涂布。

（2）铺设方向和搭接要求

需铺设胎体增强材料，当坡度小于 15％时可平行屋脊铺设；坡度大于 15％时，应垂直屋脊铺设，并由屋面最低处向高处施工。

胎体增强材料长边搭接宽度不得小于 50mm，短边搭接宽度不得小于 70mm。采用二层胎体增强材料时，上下层不得互相垂直铺设，搭接缝应错开，其间距不应小于幅宽的 1/3。

（3）涂膜防水层的厚度

涂膜厚度选用应符合表2-5的规定。

涂膜厚度选用表（mm） 表 2-5

屋面防水等级	设防道数	高聚物改性沥青防水涂料	合成高分子防水涂料
Ⅰ	≥三道设防	—	≥1.5
Ⅱ	二道设防	≥3	≥1.5
Ⅲ	一道设防	≥3	≥2
Ⅳ	一道设防	≥2	—

2.2.3 涂膜防水层施工

1. 沥青基涂料施工

（1）涂刷基层处理剂

基层处理剂一般采用冷底子油，涂刷时应做到均匀一致，覆盖完全。石灰乳化沥青防水涂料，夏季可采用石灰乳化沥青稀释后作为冷底子油刷一道；春秋季宜采用汽油沥青冷底子油涂刷一道；膨润土、石棉乳化沥青防水涂料涂布前可不涂刷基层处理剂。

（2）涂布

涂布时，一般先将涂料直接分散倒在屋面基层上，用胶皮刮板来回刮涂，使它厚薄均匀一致，不存在气泡，然后待其干燥。

流平性差的涂料刮平待表面收水尚未结膜时，用铁抹子压实抹光。抹压时间应适当，过早抹压，起不到作用；过晚抹压，会使涂料粘住抹子，出现月牙形抹痕。为了便于抹压，加快施工进度，可以分条间隔施工（图2-9）。分条宽度一般为0.8～1.0m，以便于抹压操作，并与胎体增强材料宽度相一致。涂膜应分层分遍涂布。待前一遍涂层干燥成膜后，并检查表面合格后才能进行后一遍涂层的涂布，否则应进行修补。第一遍的涂刮方向应与前一遍相垂直，立面部位涂层应在平面涂刮前进行。

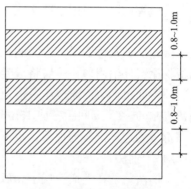

图2-9　涂料分条间隔施工

（3）胎体增强材料的铺设

胎体增强材料的铺设方法有湿铺法和干铺法两种，但宜用湿铺法。

1）湿铺法

在头遍涂层表面刮平后，立即铺贴胎体增强材料，铺贴应平整、不起皱，但也不能拉伸过紧，铺贴后用刮板或抹子轻轻刮压或抹压，使布网眼中（或毡面上）充满涂料，待干燥后继续进行第二遍涂料施工。

2）干铺法

待第一遍涂料干燥后，用稀释材料将胎体增强材料先粘在第一遍涂料上面，再将涂料倒在上面进行第二遍刮涂，第一层涂层刮涂时，要用力刮涂，使网眼中填满涂料，但注意勿使胎体增强材料刮皱，然后将表面刮平或抹压平整。

无论是湿铺法，还是干铺法，收头部位胎体增强材料应裁齐，并用密封材料封压，立面收头待墙面抹灰时用水泥砂浆压封严密。

2. 高聚物改性沥青涂料的施工

（1）涂刷基层处理剂

基层处理剂的种类有水乳型防水涂料、溶剂型防水涂料和冷底子油三种。

涂刷基层处理剂时，应用刷子用力薄涂，使涂料尽量刷进基层表面的毛细孔中，基层可能留下来的少量灰尘等无机杂质，像填充料一样混入基层处理剂中，使之与基层牢固结合。

（2）涂刷防水涂料

涂刷涂料可采用棕刷、长柄刷、胶皮板、圆滚刷等进行人工涂布，也可采用机械喷涂。用刷子涂刷，一般采用蘸刷法，也可以边倒涂料边用刷子刷匀，涂布时先涂立面，后涂平面。倒料时要注意控制涂料的均匀倒洒，不可在一处倒得过多，否则涂料难以刷开、刷匀，涂刷时不能将气泡裹进涂层中，如遇起泡应立即消除。涂刷遍数必须按事先试验确定的遍数进行，涂层厚度应按规定进行，切不可一遍涂刷过厚。同时，前一遍涂刷层干燥后应将涂层上的灰尘、杂质清理干净后再进行后一遍涂层的涂刷。各道涂层之间的涂刷方向相互垂直。涂层间的接槎，在每遍涂刷对应退槎 50～100mm，接槎时也应超过 50～100mm，避免在搭接处发生渗漏。

（3）胎体增强材料铺设

在涂料第二遍涂刷时，或第三遍涂刷前，即可加铺胎体增强材料，胎体增强材料应尽量平行屋脊铺贴。采用湿铺法或干铺法铺贴。

1）湿铺法

湿铺法就是边倒料、边涂刷、边铺贴的操作方法。施工时，先在已干燥的涂层上，用刮板将涂料仔细刷匀，然后将成卷的胎体增强材料平放在屋面上，逐渐推滚铺贴于刚刷上涂料的屋面上，用滚筒滚压一遍，使布网眼浸满涂料。铺贴胎体增强材料时，应将布幅两边每隔 1.5～2.0m 间距各剪 15mm 的小口，以利铺贴平整。铺贴好的胎体增强材料不得有皱折、翘边、空鼓等现象，也不得有露白现象。

2）干铺法

干铺法就是在上道涂层干燥后，边干铺胎体增强材料，边在已展平的表面上用橡皮刮板均匀满刮一遍涂料。也可将胎体增强材料按要求在已干燥的涂层上展开后，先在边缘部位用涂料点粘固定，然后再在上面满刮一道涂料，使涂料浸入网眼渗透到已固化的涂膜。当表面有露白现象时，即表明涂料用量不足，应立即补刷。

当渗透性较差的涂料和比较密实的胎体增强材料配套使用时，不宜采用干铺法。胎体增强材料可以是单一品种，也可采用玻纤布和聚酯毡混合使用。混合使用时，一般下层采用聚酯毡，上层采用玻纤布。铺布时，切忌拉伸过紧，也不能太松。

收头处的胎体增强材料应裁剪整齐，为防止收头部位出现翘边现象，所有收头均应用密封材料压边，压边宽度不得小于 10mm。

3. 合成高分子涂料施工

合成高分子防水涂料是现有各类防水涂料中综合性能指标最好，质量较为可靠，值得提倡推广应用的一类防水涂料，其施工方法与高聚物改性沥青涂料基本相同。

2.2.4　涂膜保护层施工

涂膜保护层的施工可参见卷材保护层的施工要求。此外还应注意：

采用细砂等粒料做保护层时，应在刮涂最后一遍涂料时，边涂边撒布粒料，使细砂等粒料与防水层粘结牢固，并要求撒布均匀，不露底、不堆积。待涂膜干燥后，将多余的细砂等粒料及时清除掉；在水乳型防水涂料防水层上用细砂等粒料做保护层时，撒布后应进行滚压；采用浅色涂料做保护层时，应在涂膜固化后才能进行保护层涂刷；保护层材料的选择应根据设计要求及所用防水涂料的特性而确定，一般薄质涂料可用浅色涂料或粒料做保护层，厚质涂料可用粉料或粒料做保护层，水泥砂浆、细石混凝土或板块保护层对这两类涂料均适用。

2.2.5　涂膜防水层施工的质量控制

防水涂膜施工应符合下列规定：

涂膜应根据防水涂料的品种分层分遍涂布，不得一次涂成；应待先涂的涂层干燥成膜后，方可涂后一遍涂料；需铺设胎体增强材料时，屋面坡度＜15％时可平行屋脊铺设，屋面坡度＞15％时应垂直于屋脊铺设；胎体长边搭接宽度必须≥50mm，短边搭接宽度必须≥70mm；采用二层胎体增强材料时，上下层不得相互垂直铺设，搭接缝应错开，其间距不应小于幅度的1/3。

2.3　刚性防水屋面

2.3.1　刚性防水屋面构造层次

刚性防水屋面是指利用刚性防水材料做防水层的屋面。主要有普通细石混凝土防水面、补偿收缩混凝土防水屋面、块体刚性防水屋面、顶应力混凝土防水屋面以及近年来发展起来的钢纤维混凝土防水屋面，普通细石混凝土防水屋面、补偿收缩混凝土防水屋面应用最为广泛，刚性防水屋面的一般构造形式如图 2-10 所示。

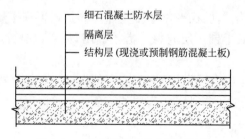

图 2-10　细石混凝土防水屋面构造

2.3.2　基本规定

细石混凝土不得使用火山灰质水泥。当采用矿渣硅酸盐水泥时，应采用减少泌水性的措施。粗骨料含泥量必须≤1％，细骨料含泥量应≤2％；混凝土水灰比应≤0.55 每立方米混凝土。

水泥用量不得少于 330 kg，含砂率宜为 35%～40%，灰砂比宜为 1∶2.0～1∶2.5，混凝土强度等级不应低于 C20。

混凝土中接加膨胀剂、减水剂、防水剂等外加剂时，应按配合比准确计量，投料顺序得当，并应用机械搅拌、振捣。

刚性防水屋面的结构层宜为整体现浇钢筋混凝土。当采用预制混凝土屋面板时，应用细石混凝土灌缝，其强度等级不应小于 C20，并宜掺膨胀剂。当屋面板板缝宽度大于40mm 或上窄下宽时，板结内应设置构造钢筋，灌缝宽度与板面平齐，板端缝应进行密封处理。

细石混凝土防水层与基层之间宜设置隔离层，隔离层可采用纸筋灰、麻刀灰、低强度等级砂浆、干铺卷材等。

普通细石混凝土和补偿收缩混凝土防水层应设置分格缝，其纵横间距不宜大于 6m，分格缝内应嵌填密封材料。

刚性防水屋面的坡度应为 2%～3%，并应采用结构找坡。细石混凝土防水层的厚度应超过 40mm，并应配置直径为 4～6mm、间距为 100～200mm 的双向钢筋网片（宜采用冷拔低碳钢丝）。钢筋网片在分格缝处应断开，其保护层厚度必须超过 30mm。

2.3.3 隔离层施工

刚性防水屋面在结构层与防水层之间设置隔离层，以减少防水层产生拉应力而导致刚性防水层开裂。

1. 石灰砂浆隔离层施工

预制板嵌填细石混凝土后应将板面清扫干净，洒水湿润，且不得积水。将按石灰膏∶砂＝1∶4 配合的材料拌合均匀，砂浆以干稠为宜，铺抹的厚度约 10～20mm，要求表面平整、压实、抹光、待砂浆基本干燥后，方可进行下道工序施工。

2. 黏土砂浆隔离层施工

施工方法同石灰砂浆隔离层施工，砂浆配合比为石灰膏∶砂∶黏土＝1∶2.4∶3.6。

3. 卷材隔离层施工

用 1∶3 水泥砂浆将结构层找平，并压实抹光养护，再在干燥的找平层上铺一层 3～8mm 干细砂滑动层，在其上铺一层卷材，搭接缝用热沥青玛瑞脂胶结，也可以在找平层上直接铺一层塑料薄膜。

做好隔离层后继续施工时，要注意对隔离层的保护，不能直接在隔离层表面运输混凝土，应设垫板。绑扎钢筋时不得扎破隔离层的表面，浇筑混凝土时更不能振酥隔离层。

2.3.4 刚性防水层施工

1. 普通细石混凝土防水层施工

（1）分格缝留置与钢筋网片施工

1）分格缝留置

分格缝留置是为了减少防水层因温差、混凝土干缩、徐变等变形造成防水层开裂。分格缝部位应按设计要求设置，如设计无规定时，可按下述原则设置分格缝：分格缝应设置在结构预制板的支承端、屋面转折处、防水层与突出屋面结构的交接处，并应与板缝对齐，纵横分格缝间距一般应≤6m，分格面积应≤36m² 为宜；现浇板与预制板交接处，按结构要求留有伸缩缝、变形缝的部位；分格缝宽宜为 10～20mm。

2）钢筋网施工

一般设置 $\phi4～\phi8$，间距 100～200mm 双向钢丝网片；网片采用绑扎和焊接均可，位置以居中偏上为宜，保护层厚度应≥10mm；钢筋施工质量必须符合规范要求，绑扎钢丝的搭接长度必须＞250mm，焊接搭接长度≥25 倍直径，在同一网片的同一断面内接头不允许超过断面积的 1/4；分格缝处钢丝必须断开。

（2）浇捣细石混凝土防水层

浇捣混凝土前，应清除隔离层表面浮渣、杂物；检查隔离层质量；支好分格缝模板，标出混凝土浇捣厚度，厚度宜≥40mm；混凝土搅拌必须采用机械搅拌，搅拌时间应≥2min，混凝土运输过程中要采取措施防止漏浆和离析；一个分格缝范围内的混凝土必须一次浇筑完成，不得留施工缝；机械振捣、泛浆后用铁抹子压实抹平；混凝土施工时必须严格保证钢筋间距及位置的正确；混凝土初凝后，及时取出分格缝隔板，用铁抹子第二次压实抹光，并及时修补分格缝的缺损部分；待混凝土终凝前进行第三次压实抹光，要求做到表面平整光滑，不起砂、不起层、无抹板压痕为止，抹压时不得洒干水泥或干水泥砂浆；混凝土浇筑 12～24h 后（终凝后）应进行养护，养护时间不应少于 14d，养护初期屋面不得走人、堆放材料或设备等。

2. 补偿收缩混凝土防水层施工

补偿收缩混凝土防水层是在细石混凝土中掺入膨胀剂拌制而成，硬化后的混凝土产生微膨胀，以补偿普通混凝土的收缩，它在配筋情况下，由于钢筋限制其膨胀，从而使混凝土产生自应力，起到致密混凝土、提高混凝土抗裂性和抗渗性的作用。当铺设 $\phi4～\phi8$，间距 100～200mm 双向钢筋时，补偿收缩混凝土的自由膨胀率应为 0.05%～0.10%，膨胀剂掺量一般为 10%～14%；膨胀剂的掺量应严格按照设计要求控制；搅拌投料时，膨胀剂应与水泥同时加入，混凝土连续搅拌时间不应少于 3min。

3. 小块体细石混凝土施工

小块体细石混凝土防水层是在混凝土中掺入密实剂，以减少混凝土的收缩，避免产生裂缝，混凝土中不配置钢筋，而实施除板端缝外，特大块体划分为不大于 1.5m×1.5m 的分格块体的一种防水层。

设计和施工要求与普通细石混凝土要求基本相同，不同点只是在 1.5～3.0m 范围内留置一条较宽的完全分格缝，宽度宜为 20～30mm，分格缝中应填嵌高分子密封材料。

4. 块体刚性防水施工

块体刚性防水层是由底层防水砂浆、块体材料（如熟土砖）和面层防水砂浆组成，防水砂浆中应掺入一定量的防水剂。掺量应准确，并应用机械搅拌均匀，随拌随用。

（1）铺砌砖块体

铺砌前应浇水湿润结构板面或找平层，但不得积水。块材为黏土砖时，使用前浇水湿润或提前 1d 浸水 5min 后取出晾干。

铺砌砖块体时，应先进行试铺并做出标准点，然后根据标准点挂线，顺线采取挤浆法铺砌、使砖铺砌顺直。铺设形式宜为直行平砌，并与结构板缝垂直。严禁采用人字形铺设，砖四周缝宽均为 12～15mm。

结合层砂浆一股用 2:3 的水泥砂浆，厚度应不小于 20～25mm。随铺随砌，挤浆高度宜为 1/3～1/2 砖厚，应及时刮去砖缝中过高、过满的砂浆。砌第二排砖时，要与第一排砖嵌缝 1/2 砖。

铺砌砖应连续进行，中途不宜间断，必须间断时，接缝处继续施工前应将块体侧面的残浆清除干净。

铺设块材后，在铺砌砂浆终凝前不得上人踩踏。

（2）抹水泥砂浆面层

待铺完块材 24h 后，就可以铺抹水泥砂浆面层，面层砂浆配合比 1:2，厚度应不小于 12mm，铺抹时砖面要适当喷水湿润，先将砂浆刮填入砖缝，然后抹面层，用刮尺刮平，再用木抹子抹实抹平，并用铁抹子紧跟抹压头遍。当水泥砂浆开始初凝，即上人踩踏有印但不塌陷时，即可开始用铁抹子抹压第二遍，抹压时应压实、压光、不漏压，并要消除表面气泡、砂眼。在水泥砂浆终凝前，再用铁抹子压第三遍，抹压时用力要大些，并把第二遍抹压留下的抹纹和毛织孔压平、压光；抹压面层时，严禁在已铺砌的砖上走车和整车倒灰。

（3）养护

面层压光后，可视气温和水泥品种，一般在 12～14h 后即可进行浇水或覆盖砂、草帘等养护，有条件时应尽量采取蓄水养护，养护时间不少于 7d，养护初期屋面不得上人。

2.3.5　分格缝处理

分格缝应采用嵌填密封材料并加贴防水卷材的方法进行处理，以增加防水的可靠性；嵌缝工作应于混凝土浇水和洒水养护完毕后，用水冲洗干净且达到干燥（含水率不大于 30%）时进行，雾天、混凝土表面有冻结或有霜露时不得施工；所有分格缝应纵横相互贯通，如有间隔应凿通，缝边如有缺边掉角须修补完整，达到平整、密实，不得有蜂窝、露筋、起皮、松动现象；处理之前，必须将分格缝清理干净，缝壁和缝外两侧 50～100mm 内的水泥浮浆、残余砂浆和杂物，可用刷缝机或钢丝刷刷涂，并用吹尘机具吹净；嵌填密封材料处的混凝土表面应涂刷基层处理剂，不得漏涂，一旦涂刷基层处理剂的分格缝必须当天嵌填密封材料，不宜隔天嵌填。

2.4　屋面渗漏及防治方法

2.4.1　屋面防水常见的质量问题及处理方法

1. 卷材屋面开裂

（1）现象：卷材屋面开裂一般有两种情况：一种是装配式结构屋面上出现的有规则横向裂缝。当屋面无保温层时，这种横向裂缝往往是通长和笔直的，位置正对屋面板支座的上端；当屋面有保温层时，裂缝往往是断续的、弯曲的，位于屋面板支座两边 10～50cm 的范围内。这种有规则裂缝一般在屋面完成后 1～4 年的冬季出现，开始细如发丝，以后逐渐加剧，一直发展到 1～2mm 以至更宽。另一种是无规则裂缝，其位置、形状、长度各不相同，出现的时间也无规律，一般修补后不再裂开。

（2）原因

1）产生有规则横向裂缝的主要原因是：温度变化，屋面板产生胀缩，引起板端角变。此外，卷材质量低、老化或在低温条件下产生冷脆，降低了其韧性和延伸度等原因也会产生横向裂缝。

2）产生无规则裂缝的原因是：卷材搭接太小，卷材收缩后接头开裂、翘起，卷材老化龟裂、鼓泡破裂或外伤等。此外，找平层的分格缝设置不当或处理不好，以及水泥砂浆不规则开裂等，也会引起卷材的无规则开裂。

（3）治理：对于基层未开裂的无规则裂缝（老化龟裂除外），一般在开裂处补贴卷材即可。有规则横向裂缝在屋面完工后的几年内，正处于发生和发展阶段，只有逐年治理方能收效。治理方法如下：

1）用盖缝条补缝：盖缝条用卷材或镀锌薄钢板制成。补缝时，按修补范围清理屋面，在裂缝处先嵌入防水油膏或浇灌热沥青。卷材盖缝条应用玛琋脂粘贴，周边要压实刮平。镀锌薄钢板盖缝条应用钉子钉在找平层上，其间距为200mm左右，两边再附贴一层宽200mm的卷材条。用盖缝条补缝，能适应屋面基层伸缩变形，避免防水层被拉裂，但盖缝条易被踩坏，故不适用于积灰严重、扫灰频繁的屋面。

2）用干铺卷材做延伸层补缝：在裂缝处铺一层250～400mm宽的卷材条做延伸层。干铺卷材的两侧20mm处应用玛琋脂粘贴。

3）用防水油膏补缝：补缝用的油膏，目前采用的有聚氯乙烯胶泥和焦油麻丝两种。用聚氯乙烯胶泥时，应先切除裂缝两边宽各50mm的卷材和找平层，保证深为30mm。然后清理基层，热灌胶泥至高出屋面5mm以上。用焦油麻丝嵌缝时，先清理裂缝两边宽各50mm的绿豆砂保护层，再灌上油膏即可。

2. 卷材屋面流淌

（1）现象

1）严重流淌：流淌面积占屋面50%以上，大部分流淌距离超过卷材搭接长度。卷材大多折皱成团，垂直面卷材拉开脱空，卷材横向搭接有严重错动，在一些脱空和拉断处，产生漏水。

2）中等流淌：流淌面积占屋面20%～50%，大部分流淌距离在卷材搭接长度范围之内，屋面有轻微折皱，垂直面卷材被拉开100mm左右，只有天沟卷材脱空耸肩。

3）轻微流淌：流淌面积占屋面20%以下，流淌长度仅2～3cm，在屋架端坡处有轻微折皱。

（2）原因

1）胶结料耐热度偏低。胶结材料较低的耐热度在较高的温度下，产生变形，发生移动。

2）胶结料粘结层过厚。如果胶粘料涂层太厚，在温度较高或较大的压力作用下，发生蠕动。

3）屋面坡度过陡或者屋面振动较大，而采用平行屋脊铺贴卷材；或采用垂直屋脊铺贴卷材，在半坡进行短边搭接。

（3）治理：严重流淌的卷材防水层可考虑拆除重铺。轻微流淌如不发生渗漏，一般可不予治理。中等流淌可采用下列方法治理。

1) 切割法：对于天沟卷材耸肩脱空等部位，可先清除保护层，切开将脱空的卷材，刮除卷材底下积存的旧胶结料，待内部冷凝水晒干后，将下部已脱开的卷材用胶结料粘贴好，加铺一层卷材，再将上部卷材盖上。

2) 局部切除重铺：对于天沟处折皱成团的卷材，先予以切除，仅保存原有卷材较为平整的部分，使之沿天沟纵向成直线（也可用喷灯烘烤胶结料后，将卷材剥离）；新旧卷材的搭接应按接槎法或搭槎法进行。

①接槎法：先将旧卷材槎口切齐，并铲除槎口边缘 200mm 处的保护层。新旧卷材按槎口分层对接，最后将表面一层新卷材搭入旧卷材 150mm 并压平，上做一油一砂。

②搭槎法：将旧卷材切成台阶形槎口，每阶宽大于 80～150mm。用喷灯将旧胶结料烤软后，分层掀起 80～150mm，把旧胶结料除净，卷材下面的水汽晒干。最后把新铺卷材分层压入旧卷材下面。

3) 钉钉子法：当施工后不久，卷材有下滑趋势时，可在卷材的上部离屋脊 300～450mm 范围内钉三排 50mm 长圆钉，钉眼上灌胶结料。卷材流淌后，横向搭接若有错动应清除边缘翘起处的旧胶结料，重新浇灌胶结料，并压实刮平。

3.屋面卷材起鼓

（1）现象：卷材起鼓一般在施工后不久产生。在高温季节，有时上午施工下午就起鼓；鼓泡一般由小到大，逐渐发展，大的直径可达 200～300mm，小的数十毫米，大小鼓泡还可能成片串连。起鼓一般从底层卷材开始，其内还有冷凝水珠。

（2）原因：在卷材防水层中粘结不实的部位，窝有水分和气体；当其受到太阳照射或人工热源影响后，体积膨胀，造成鼓泡。

（3）治理

1) 直径 100mm 以下的中、小鼓泡可用抽气灌胶法治理，并压上重物，几天后再将重物移去即成。

2) 直径 100～300mm 的鼓泡可先铲除鼓泡处的保护层，再用刀将鼓泡按斜十字形割开，放出鼓泡内气体，擦干水，清除旧胶结料，用喷灯把卷材内部吹干。随后按顺序把旧卷材分片重新粘贴好，再新贴一块方形卷材（其边长比开刀范围大 100mm），压入卷材下；最后，粘贴覆盖好卷材，四边搭接好，并重做保护层。上述分片铺贴顺序是按屋面流水方向先下再左右后上。

3) 直径更大的鼓泡用割补法治理。先用刀把鼓泡卷材割除，按上一做法进行基层清理，再用喷灯烘烤旧卷材槎口，并分层剥开，除去旧胶结料后，依次粘贴好旧卷材，上铺一层新卷材（四周与旧卷材搭接应≥100mm），然后贴上旧卷材。再依次粘贴旧卷材，上面覆盖第二层新卷材，最后粘贴卷材，周边压实刮平，重做保护层。

4.山墙、女儿墙部位漏水

（1）现象：在山墙、女儿墙部位漏水。

（2）原因

1) 卷材收口处张口，固定不牢；封口砂浆开裂、剥落，压条脱落。

2) 压顶板滴水线破损，雨水沿墙进入卷材。

3) 山墙或女儿墙与屋面板缺乏牢固拉结，转角处没有做成钝角，垂直面卷材与屋面卷材没有分层搭槎，基层松动（如墙外倾斜或不均匀沉陷）。

4）垂直面保护层因施工困难而被省略。

（3）治理

1）清除卷材张口脱落处的旧胶结料，烤干基层，重新钉上压条，将旧卷材贴紧钉牢，再覆盖一层新卷材，收口处用防水油膏封口。

2）凿除开裂和剥落的压顶砂浆，重抹 1∶2～1∶2.5 水泥砂浆，并做好滴水线。

3）将转角处开裂的卷材割开，旧卷材烘烤后分层剥离，清除旧胶结料，将新卷材分层压入旧卷材下，并搭接粘贴牢固。再在裂缝表面增加一层卷材，四周粘贴牢固。

2.4.2　不同形式的屋面工程质量通病、原因分析及处理措施

1. 正置式屋面渗漏

（1）质量通病

正置式屋面防水层受损渗漏；正置式屋面保温层热胀、损坏防水层引起渗漏；正置式屋面出入口渗漏；屋面变形缝渗漏。

（2）原因分析

屋面防水设计不符合规范防水等级要求，且二道防水材料不相容，错误地将涂料做在卷材上；选用的保温材料吸水率、密度、强度和导热系数不符合规范要求；为赶工期，在保温层没有干燥的情况下施工了防水层，并未采取排汽构造措施，导致保温层内水汽排不出，造成屋面鼓起开裂渗漏；防水层施工后未及时施工保护层，造成防水层鼓起老化；屋面出入做法不符合规范要求，踏步受力后防水层被拉裂断开，产生渗漏；屋面、块体材料、细石混凝土保护层与女儿墙或山墙之间，缝与缝之间未按规范设伸缩缝或崁填材料及施工不合格造成渗漏；屋面使用中增加设备支架等，破坏了原防水层引起渗漏；水落口中、排气管根部防水密封有缺陷，引起渗漏。

（3）防治措施

屋面防水层等级设计应符合规范要求，如采用二道防水层，两种材料应相容；在不能保证保温材料干燥的情况下施工，应设置排汽孔槽构造措施；当屋面有出入口，必须保证室内外之间的防水层能有充分的变形措施，确保不拉断；当屋面有块料面层或细石混凝土保护层时，应沿墙边及整体面层按大于 4m 间距设缝，缝距和缝宽及嵌填构造必须符合规范要求，密封材料采用单组分聚氨酯建筑密封胶；防水层施工后及时施工保护层，并设无纺布隔离层；加强屋面维护，屋面上增设支架时，应提前做好防渗漏方案，并由专业防水公司及时修补完善。

2. 倒置式屋面渗漏

（1）质量通病

屋面防水层渗漏；屋面落水口、檐口周边屋面渗漏；倒置式屋面变形缝渗漏；出入口及高低跨处渗漏。

（2）原因分析

防水等级达不到规范Ⅰ级设防要求，屋面找坡小于 3%，为二道防水层或二层相邻防水材料材性不相容，以及间隔式设置防水层不能有效地形成复合防水层。防水层施工后未进行平屋面 24h 蓄水、坡屋面 2h 淋水检验；屋面找坡设计采用了含水率高且强度低的轻

质混凝土，设计或施工采用非合格的防水层材料，质量低劣而引起渗漏。粘贴防水层的基层强度低，不能保证防水层与基层有效的粘贴而造成串水渗漏；涂膜防水层涂刷厚度远小于设计要求；雨水口、管道根部及阴阳角转接处、加强层、加强带未按规范要求设置；卷材纵横缝搭接均未达到规范要求，因施工过程中的缺陷而造成渗漏。混凝土保护层及块料面层未与女儿墙及屋面墙体断开，预留防止温度引起的伸缩缝不符合规范要求。檐沟、天沟屋面变形缝的防水构造处理不符合规范要求，且变形缝挡墙顶部的防水层及附加层与平面墙顶粘结太牢，卷材预留 U 形槽变形尺寸不足，造成拉断渗漏。所有高低跨、沿墙四周的泛水高度不小于 250mm；屋面出入口泛水构造不符合规范要求；天沟处理不符合规范构造要求；屋面防水层施工完成后，未及时施工防水层上保护层对防水层进行保护。

(3) 防治措施

倒置式屋面宜选择结构找坡或细石混凝土找坡，坡度应不小于 3%，必须为 I 级防水设防，并选用二层材性相容的防水材料进行直接复合。防水层材料的选用必须是符合国家规范的合格材料，涂膜涂刷厚度不得小于 1.5mm，卷材搭接必须满足规范要求。强度低的基层要进行返工；清除确保有效粘结。防水层施工完后必须进行 24h 蓄水检验，坡屋面必须进行 2h 以上的淋水检验，合格后方可进行下道工序的施工，防水层施工后要及时施工防水层上面的保护层。混凝土保护层及块料面层、与女儿墙四周及高低跨等屋面形状有变化的地方，必须设置完全断开的宽度不小于 30mm 的缝（有配筋的钢筋应切断），并按规范要求做衬垫材料，用单组分聚氨酯建筑封密胶密实；所有泛水防水设防高度应为屋面完成面以上不小于 250mm；屋面出入口防水构造应按照图 2-11 的构造做法设计施工；坡屋面天沟应严格按照图 2-12 的构造做法设计施工，天沟的宽度、排水坡度应符合规范要求，保证流水畅通；雨水口、管道根部、阴阳角转接处严格按规范要求做好加强层、加强带的处理措施（图 2-13～图 2-15）。

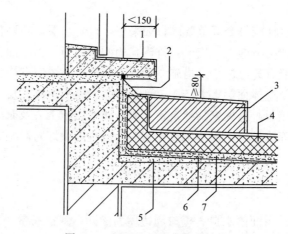

图 2-11 屋面入口防水节点构造

1—密封材料；2—保护层；3—踏步；4—保温层；5—找坡层；6—防水附加层；7—防水层

3. 金属板屋面渗漏

（1）质量通病

金属板接缝处渗水；高低跨、山墙边漏水；螺栓节点漏水。

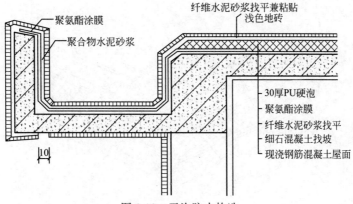

图 2-12　天沟防水构造

　　注：PU：水平面保温，30mm 厚；泛水，净高不小于 250mm、水落口附件（400mm 范围内）20mm 厚；保护层：水平面 30mm 厚纤维细石混凝土；泛水及水落口附近为 10mm 厚聚合物纤维水泥砂浆；找平层：优选结构找坡，不得已的情况下采取细石混凝土找坡。

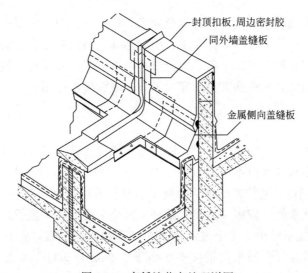

图 2-13　高低缝节点处理详图

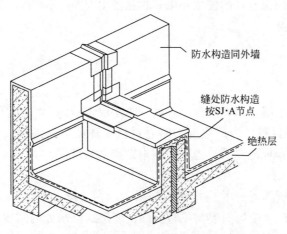

图 2-14　屋面等高变形缝节点处理详图

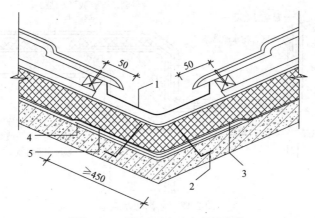

图 2-15　瓦屋面天沟防水保温构造

1—防水金属板瓦；2—预埋锚筋；3—保温层；4—防水附件层；5—防水层

（2）原因分析

金属板屋面、屋面排水坡度不符合规范要求，排水不畅引起渗漏；金属板屋面檐口挑出墙面长度和构造处理均不符合规范要求，引起渗漏；高低跨处和山墙泛水处理不符合规范要求造成渗漏；屋脊构造处理不符合规范要求造成渗漏；金属板的性能不符合要求或使用维护不当，出现锈蚀金属板面甚至锈穿而渗漏，屋面板连接用配件、附件材质对金属屋面板造成腐蚀而出现渗漏。

（3）防治措施

当压型金属板采用咬口锁边连接时，屋面排水坡度不小于 5%；当压型金属板采用紧固件连接时，屋面排水坡度应不小于 10%；金属板屋面的檐口挑出墙面长度最小不得小于 200mm，并应做好檐口的通长密封条、金属压条和金属封檐板等构造处理；在金属板屋面的高低跨外和山墙泛水处，应按规范要求做好金属泛水板和金属盖板，泛水板在立面应大于 250mm，平面搭接不得少于 1 个波，用水泥钉和拉铆钉连接，并且用密封材料进行密封；金属板屋脊的盖板与金属板的搭接不得小于 250mm，做好挡水板和墙头板、用固定螺栓固定牢固并采用单组分聚氨酯建筑密封胶进行密封；选用符合现行国家标准的金属板及相关附件、配件，确保合理的使用年限；加强使用维护，不得破坏屋面防水、排水系统。

4. 屋面变形缝渗漏

（1）质量通病

屋面变形渗漏。

（2）原因分析

变形缝泛水处防水层下未做附加层，而且防水层未做到泛水墙顶部；变形缝处卷材未预留成 U 形槽无衬垫材料，当产生变形时卷材拉裂坏而引起渗漏；高低跨处的变形缝防水卷材收头处理不符合规范要求；盖板两侧未做滴水处理。

（3）防治措施

当变形缝处防水层为卷材并应增设附加层，应在接缝处留成 U 形槽，并用衬垫材料填好，确保当变形缝产生变形时卷材不被拉断；变形缝泛水处的防水层和变形缝处的防水层重叠搭接做好收头处理，做好盖板和泛水处理，高低跨变形缝在立面墙泛水处应选用变形能力强、抗拉强度好的材料和构造进行密封处理，并盖金属盖板；变形缝泛水的防水层下应按规范要求增设附加层，并且附加层在平面和立面的宽度应大于 250mm，防水层必须铺贴或涂刷至泛水墙的顶部。

5. 瓦屋面渗漏

（1）质量通病

瓦屋面板面渗漏；瓦屋面檐沟渗漏；瓦屋面烟道、山墙交接处渗漏。

（2）原因分析

当瓦屋面上有保温层时，未设细石混凝土持钉层或持钉层厚度不符合规范要求，造成钉入到防水层，防水层遭到破坏而渗漏；檐沟内未做附加层，且伸入屋面的宽度不够又搭接错误，檐沟侧边收头不好，造成渗漏；烧结瓦伸入檐沟，天沟内的长度不够规范最小尺寸 50mm。未能形成滴水，屋面流水沿瓦边反流入外墙侧面造成渗漏；当有保温层挡嵌的檐口防水层铺设不到位，瓦挑出檐口边长度不够，在内槽内未设泄水管；瓦屋面与山墙或突出屋面结构的相连处，泛水、防水构造施工不合格；瓦屋面烟囱根部的防水和泛水构造达不到规范要求造成渗漏；脊瓦在两坡屋面上的搭盖宽度不符合规范要求。

（3）防治措施

当瓦屋面上有保温层时，如要用钉固定顺水条或挂瓦条，必须设置厚度不小于 35mm 的细石混凝土持钉层，必要时应加 $\phi4@150$ 的钢筋网；檐沟内防水层下必须设附加层，且伸入屋面的宽度不得少于 500mm，并应沿顺水方向搭接；伸入檐沟的瓦不少于 50mm 且不大于 70mm，并要求与沿边顺直一致，确保沿口形成一个淌水，不使水沿瓦底翻入屋面内；屋面檐口的防水层必须铺设到檐口边并做好收头，在檐口挡水坎的内槽内设 $\phi20$ 的 PVC 泄水管，管底应伸出混凝土板底 20mm 并做成斜口形，保证滴水效果；瓦屋面与山墙和突出屋面结构相连处，其防水层或附加层或防水垫层的搭接，泛水均不得少于 250mm，收头接口处采用聚合物水泥砂浆或聚合物防水水泥砂浆抹成 1/4 圆弧形，并保证侧面瓦伸入泛水的宽度不小于 50mm；出屋面烟囱泛水处的防水层下要增设附加层，并且附加层和平面、立面的连接宽度不小于 250mm；屋面烟囱必须采用聚合物水泥砂浆粉抹烟囱的泛水，在迎水面中部抹出分水线，并应高出两侧不小于 30mm，烟囱两侧面应参照瓦屋面与山墙连接的构造做法施工；脊瓦在两坡面上的搭盖每边＞40mm。

6. 种植屋面渗漏

（1）质量通病

种植屋面防水层渗漏；种植屋面女儿墙、种植土挡墙渗漏；种植屋面变形缝渗漏。

（2）原因分析

种植屋面未按Ⅰ级设防设置为二道防水，或二层相邻防水材料材性不相容，不能有效地形成复合防水层，即使做了二道防水但不是相邻复合；防水卷材长、短边搭接长度达不到 100mm，且搭接不密实；防水层施工好后，平屋面未进行 48h 蓄水检验或淋水试验；屋面防水层泛水未能超出种植土高度 250mm；防水卷材收头构造不符合规范要求；女儿墙上部未按外墙要求做防水层；变形缝墙和种植土标高高度相同或低于种植土顶面造成渗漏；耐根穿刺防水层材质不符合规范要求。

（3）防治措施

当屋面为种植屋面时，必须为Ⅰ级设防，不少于二层防水，并选用二层材性相容的材料进行复合，其上层必须是符合《种植屋面用耐根穿刺防水卷材》（JC/T 1075—2008）的规定且具有资质的检测机构出具的合格检验报告的卷材；并且，搭接长度应严格检查，不得小于 100mm，并要求搭接牢固、密实；防水层施工完成后，平屋面必须进行 48h 蓄水试验，斜屋面应大于 3h 的连续喷淋检验，或经过一场大雨的检验，无渗漏方可进行上部构造层的施工；当层面为种植屋面时，挡墙泛水防水层必须高出种植土不小于 250mm，并做好卷材在侧墙上的收头和上部墙身的防水层；种植层面变形缝墙必须高于种植土，并应按《屋面工程技术规范》（GB 50345—2012）构造要求做好变形缝的防水，变形缝上严禁覆土种植，在变形缝墙上铺设可以上人盖板；种植面安装设备且破坏原防水层时，应提前做好施工方案，并由专业防水公司及时进行修补。

第3章 厕浴、厨房防水工程

厕浴防水工程是指独立或合并的厕所、浴室需要满足一定防水要求的工程；厨房防水工程是指饭店、酒店及家庭用于加工餐食的房间，具有防水要求的工程；厕浴、厨房防水工程由于场地狭小、管道多、形状复杂、面积较小以及对防水要求高等特点，为确保防水工程的质量，在设计和施工时应遵循"以防为主，防排结合，迎水面防水"的原则进行设防。

3.1 厕浴、厨房防水要求及构造

3.1.1 厕浴的防水等级和设防要求

厕浴防水应根据建筑物类型、使用要求划分防水等级，并按不同等级确定设防层次和选用合适的防水材料，厕浴的防水等级和设防要求见表 3-1。

厕浴防水等级和设防要求　　　　　　　　　　　　　　　　　　表 3-1

项目	防水等级					
	Ⅰ	Ⅱ				Ⅲ
建筑物类别	要求高的大型公共建筑、高级宾馆、纪念性建筑	一般公共建筑、餐厅、商住楼、公寓等				一般建筑
地面设防要求	两道设防	一道防水或刚柔复合防水				一道设防
地面	合成高分子涂料厚 1.5mm，聚合物水泥砂浆厚 15mm，细石混凝土厚 40mm	材料	单独（mm）	复合（mm）		改性沥青防水涂料 2mm 或防水砂浆 20mm
		改性沥青防水涂料	3	2		
		合成高分子涂料	1.5	1		
		防水砂浆	20	10		
		聚合物水泥砂浆	7	3		
		细石混凝土	40	40		
墙面	聚合物水泥砂浆厚 10mm	防水砂浆 20mm 厚，聚合物水泥砂浆 7mm 厚				防水砂浆 20mm 厚
天棚	合成高分子涂料憎水剂	憎水剂或防水素浆				憎水剂

室内生活用水和大量蒸汽均可能影响建筑结构，即使在正常使用的情况下，也应进行防水设防。但雨水、地下水对建筑物室内造成的影响则不属此范围。

厕浴、厨房的防水范围应包括全部地面及高出地面 250mm 以上的四周泛水；淋浴区场面防水不低于1800mm；其他有可能经常溅到水的部位，应向外延伸250mm，如洗脸台、拖把盆等周围；厨房的蒸笼间、开水间应进行全部地面、墙体顶棚防水处理。以上构造如图3-1和图3-2所示。

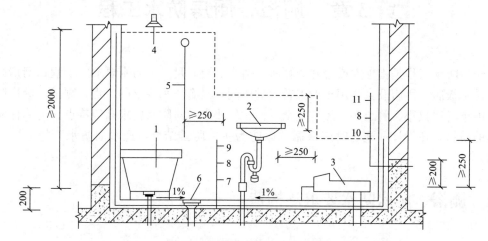

图3-1 厕浴墙面防水高度示意

1—浴缸；2—洗手盆；3—蹲便器；4—淋浴喷头；5—浴帘；6—地漏；7—现浇混凝土楼板；
8—防水层；9—地面饰面层；10—混凝土泛水；11—墙面饰面层

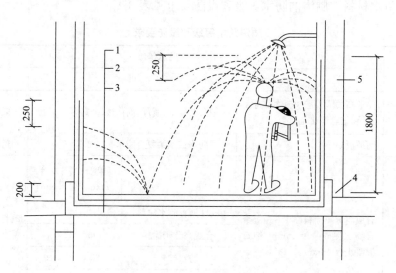

图3-2 浴室防水层构造示意

1—面层；2—防水层；3—现浇混凝土楼板（平整度0.2%）；4—混凝土泛水（高出楼地面200mm）；5—内墙

3.1.2 厕浴、厨房防水构造

厕浴、厨房的构造层次一般做法如图3-3所示，厕浴的防水构造如图3-4所示。

1. 结构层（楼板）

厕浴地面结构层宜采用整体浇筑钢筋混凝土板，其混凝土强度等级不应小于C20。对于重要建筑，还应适当增加板厚度及配筋，提高楼板的刚度和抗裂性。楼板四周除门洞

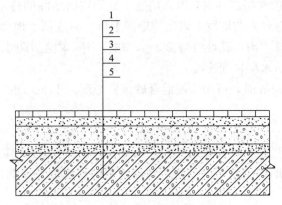

图 3-3 厕浴、厨房地面一般构造

1—地面面层；2—防水层；3—水泥砂浆找平层；4—找坡层；5—结构层（楼板）

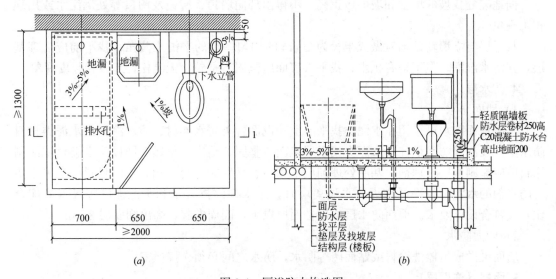

图 3-4 厕浴防水构造图

注：根据设计要求进行处理，后装浴盆，下水可接脸盆下水管。

外，应做混凝土翻边，其高度不应小于 200mm。现浇楼板卫生间墙根做法如图 3-5 所示。

施工时，结构层标高应准确，确保厨房、厕浴的地面标高应低于门外地面标高；楼层的预留孔洞位置和尺寸应准确，严禁事后乱凿洞；另外，住宅的卫生间位置不得随意变动。

2. 找坡层

地面坡度应严格按照设计要求施工，做到坡度准确、排水通畅。厕浴的地面应坡向地漏，坡度为 1%，地漏口标高应低于地面标高不小于 2cm。以地漏为中心半径 5cm 范围内，排水坡度

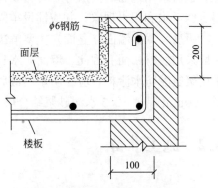

图 3-5 现浇楼板卫生间墙根做法

应为 3‰～5‰；厕浴没有浴缸（盆）时，浴缸下地面坡向地漏的排水坡度也为 3‰～5‰；地漏标高应根据门口至地漏的坡度而确定，地漏上口标高应低于地面最低处，以利排水畅通；餐厅的厨房可设排水沟，其坡度应≥3‰，并应有刚柔两道防水设防。厨房排水沟的防水层，必须和地面防水层相互连接。

找坡层厚度小于 3cm 时，可用水泥混合砂浆；厚度大于 3cm 时，宜用 1∶6 水泥炉渣材料。

3. 找平层

找平层其厚度小于 3cm 时，应用 1∶2.5～1∶3（水泥∶砂，体积比）的水泥砂浆做找平层，水泥强度等级应不低于 32.5 级，水泥砂浆内宜掺加外加剂，并做到压实、抹光，以形成一道防水层。

铺设厕浴找平层前，必须对立管、套管、地漏及卫生器具的排水与楼板节点之间进行密封处理。

向地漏处找坡的坡度和坡向应正确，不得出现向墙角、墙边及门口等处倒泛水或出现积水现象。

找平层与立墙转角均应做成半径为 10cm 的均匀一致的平滑小圆角；找平前应清理基层，并浇水湿润，但不得有积水；找平层表面应坚固、平整，无疏松，起砂和起皮现象。

4. 防水层

1）地面防水

厕浴地面防水可采用在水泥类找平层上铺设沥青类防水卷材、防水涂料或水泥类材料防水层，以涂膜防水最佳。水泥类找平层表面应坚固、洁净、干燥。铺设防水卷材或涂刷涂料前应涂刷基层处理剂，基层处理剂应采用与卷材性能配套（相容）的材料。当采用掺有防水剂的水泥类找平层作为防水隔离层时，防水剂的掺入量和水泥强度等级（或配合比）应符合设计要求。地面防水层应做在面层以下，四周卷起，高出饰面层 20cm。

2）墙面防水

墙面可做成耐擦洗涂料或贴面砖等防水，防水之间必须交接严密。

5. 面层（饰面层）

厨房、厕浴地面面层应符合设计要求，可采用 20mm 厚的 1∶2.5 水泥砂浆抹面、压光，也可采用地面砖面层等，可由设计人员选定，地面面层要求排水坡度和坡向正确，不得有倒泛水和积水现象，并应铺设牢固，封闭严密，形成第一道防水构造。

厨房、厕浴墙面（立面）主要解决饰面材料与防水材料之间的粘结问题。目前饰面层一般采用块材贴面。因此，墙面防水建议选用聚合物水泥砂浆、聚合物水泥防水涂料。若采用聚氨酯防水涂料，应在防水层最后一道工序完成后，在其表面撒上砂粒，并增加一层15～20mm 厚 1∶2.5 水泥砂浆结合层，然后在结合层上再做饰面。

3.2　施工准备

3.2.1　组织准备

厕浴、厨房等室内防水工程，其基层结构复杂、工作面小且管道多，有时需要多工种、多工序交叉作业，如设计和施工不当，则极易造成渗漏。故应妥善安排施工，合理组织工序间的交接，认真做好施工准备。

（1）厕浴、厨房等室内防水工程在施工前，施工单位应进行图纸会审和现场勘察，应掌握工程的防水技术要求和现场实际情况，必要时应对防水工程进行二次设计，并编制室内防水工程的施工方案，确定施工的重点和难点，并进行劳动组织和技术交底。防水工程必须由有资质的专业队伍进行防水施工，主要施工人员持证上岗，并采取一定的安全措施等。

（2）厕浴、厨房等室内防水工程在防水施工前，应先对基层进行检验，严格遵守"三检"制度，确认合格后，方可办理工序交接，然后再进行防水施工。厕浴的卫生器具、给水排水管道的安装，应根据施工安排与防水施工密切配合，并做好工序交接和成品保护。

3.2.2　材料准备

1. 材料选用

应按设计和规范要求选用防水材料、防水涂料与基层处理剂、胎体增强材料；密封材料的选用应配套（相容）；卷材性能应与基层处理剂材性相容。

2. 进场材料复验

防水材料进场时应有生产厂家提供的产品质量合格证、防伪标记，并按要求取样复验。

复验项目均应符合国家标准及有关技术性能指标要求，对有胎体增强材料的涂膜防水层，还应进行防水材料与胎体增强材料的相容性试验。材料进场一批应抽样复验一批，并做好记录。各项材料指标复验合格后，该材料方可用于工程施工。

3. 材料的储存

材料进场后，设专人保管和发放。材料不能露天放置，必须分类存放在干燥通风的室内，并远离火源，严禁烟火。水溶性涂料在 0℃ 以上储存。受冻后的材料不能用于工程施工。

3.2.3　机具准备

一般应备有配料用的电动搅拌器、拌料桶、磅秤等；涂刷涂料用的短把棕刷、油漆毛刷、滚动刷、油漆小桶、油漆嵌刀、塑料或橡皮刮板等；铺贴胎体增强材料用的剪刀、压碾辊等。

3.3　施工工艺及注意事项

3.3.1　厕浴、厨房节点防水施工

厕浴、厨房用水频繁，如防水设置不当，容易造成渗漏水，维修也较困难。在做大面防水前，必须先做好节点部位防水处理及增强附加层，以确保厕浴无渗漏现象发生。

1. 地漏防水

地漏是地面排水集中的部位，是容易产生渗漏的地方，地漏一般应在楼板上预留孔洞，然后安装地漏，地漏防水做法如图 3-6 所示。

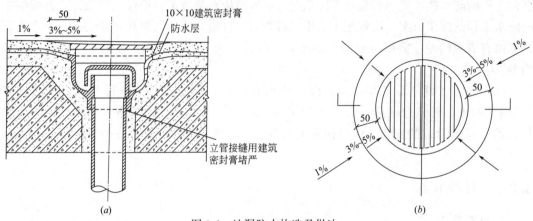

图 3-6　地漏防水构造及做法

(a) 剖面图；(b) 平面图

地漏的施工要点如下所述：

（1）根据楼板的型式及设计要求，确定地漏标高，向上找泛水。

（2）立管定位后，楼板四周的缝隙用 1∶3 水泥砂浆堵严，如其缝隙大于 2cm 时，应用 C20 细石混凝土堵严，细石混凝土宜掺微膨胀剂。

（3）厕浴垫层向地漏处找 1‰坡，垫层厚度小于 3cm 可用水泥混合砂浆做垫层，大于 3cm 可用水泥炉渣材料做垫层或用 C20 细石混凝土一次找坡、找平、抹光。

（4）15mm 厚 1∶2.5 水泥砂浆找平压光。

（5）防水层根据工程设计可选用高、中、低档的地漏。

（6）地漏口四周用 1cm×1cm 的建筑密封胶封严，上面做涂膜防水层。

（7）面层采用 2cm 厚 1∶2.5 水泥砂浆抹面压光，也可以根据设计采用其他面材。

（8）地漏篦子安装在面层，四周地面向地漏处找坡 1‰，5cm 之内找坡 3‰～5‰，便于排水。

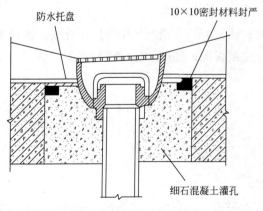

图 3-7　地漏处防水托盘

由于混凝土凝固时有微量收缩，而铸铁地漏口大底小，外表面与混凝土接触处容易产生裂缝。为了防止地漏周围渗水，最好将地漏加以改进，在原地漏的基础上加铸铁防水托盘，以提高厕浴、厨房防水的质量，如图 3-7 所示。

2. 穿楼板管道防水

穿过楼板的管道包括冷水管、热水管、暖气管、煤气管和排汽管等。常采用在楼板上预留孔洞或采用手持式薄壁钻机钻孔成型，然后安装立管。一般情况下，大口径的冷水管、排水管可不设套管；小口径管和热水管、蒸汽管、暖气管及煤气管，必须在管外加设钢套管，并高出楼地面20mm。

（1）立管防水方法

1）立管安装固定后，先凿除管孔四周松动的混凝土，然后在板底支模板，孔壁洒水湿润，涂刷聚合物水泥浆一遍，浇筑C20掺微膨胀剂细石混凝土，比楼板面低1cm，并捣实抹平。终凝后要洒水养护并挂牌明示，两天内不得碰动管子。

2）在混凝土达到一定强度后，将管根周围和凹槽内清理干净并使之干燥，凹槽底部垫皮纸或其他背衬材料，凹槽四周和管根壁涂刷基层处理剂。然后将密封材料挤压在凹槽内并用腻子刀用力刮压严密至与板面齐平，使之饱满、密实、无气孔，如图3-8所示。

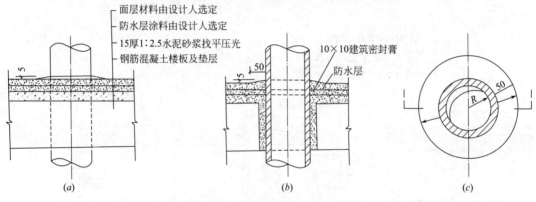

图3-8 立管根周围防水构造及做法
（a）立面；（b）1-1剖面；（c）下水管平面

3）待嵌缝密封材料固化干燥后，在管四周用石灰膏筑围堰，做蓄水试验，24h观察无渗漏水为合格。如有渗漏，应及时修补或返工重做至合格为止。

4）地面做找坡、找平层时，在管根四周应留出10cm宽的凹槽，待地面施工防水层时，再第二次嵌填密封材料将其封严，以便使密封材料与地面防水层连接。

5）管根平面与立面周围应做涂膜防水附加层，平、立面尺寸各为20cm。然后按设计要求采用刷涂法做大面防水涂料，延伸至管道根部以上不少于20cm处。

6）地面涂膜防水材料固化干燥后，再次做蓄水试验，观察无渗漏水为合格。

7）地面面层施工时，在管根四周5cm处，至少应高出地面5mm并呈馒头形，位置在转角墙处，应有向外5‰的坡度，如图3-9所示。

（2）钢套管防水方法

钢套管内径应比穿管外径大2～5mm，套管顶部高出装饰地面20mm，底部与楼板底面齐平。

立管定位后，楼板四周缝用1:3水泥砂浆堵严，缝大于2cm用1:2:4细石混凝土堵严；厕浴垫层向地漏处找坡2‰，小于3cm厚用混合灰，大于3cm厚用1:6水泥炉渣垫层；采用15mm厚1:2.5水泥砂浆找平压光；管根防水层下面四周用10mm×10mm建筑密封膏封严；防水层根据工程设计可选用高、中、低档的其中一种涂料及做法，面层采用2cm厚1:2.5水泥砂浆抹面压光，也可以根据设计采用其他面材；立管位置靠墙或转角处，向外坡度为5‰。具体构造如图3-10所示。

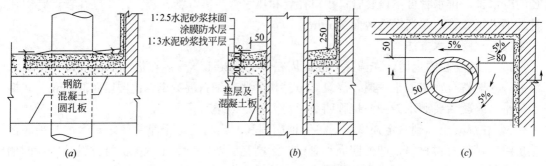

图 3-9　立管位置在转角墙处防水做法

（a）立面图；（b）1-1 剖面图；（c）下水管转角墙平面图

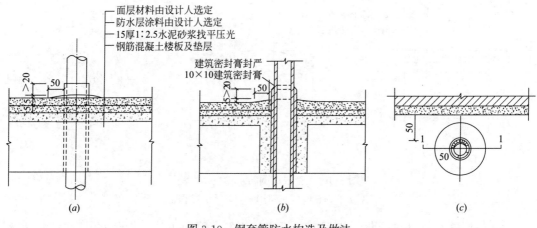

图 3-10　钢套管防水构造及做法

（a）立面；（b）1-1 剖面；（c）钢套管平面

3. 蹲式大便器

蹲式大便器防水包括进水口、排水口、排水立管与楼板接缝处、大便器蹲桶四周与地面接缝处，其接缝多是防水薄弱环节，必须采取稳妥的防水措施，才能保证不会发生渗漏，蹲式大便器防水做法如图 3-11 所示。

蹲式大便器防水操作要求如下：

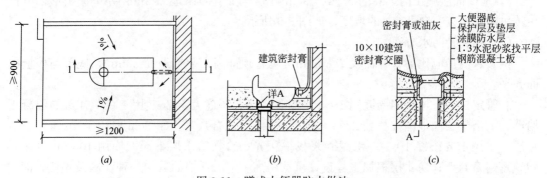

图 3-11　蹲式大便器防水做法

（a）大便器平面图；（b）1-1 剖面图；（c）A 剖面图

（1）排水口安装

大便器排水口应在楼板上预留管孔，然后安装大便器排水口立管和承口，待细部防水处理完毕后，再将大便器出水口插入承口内安装稳固。

（2）灌孔留填槽

大便器立管安装固定后，与穿楼板立管做法一样，用 C20 细石混凝土灌孔堵严抹平，立管四周留 1cm×1cm 凹槽，凹槽内用密封材料交圈封严，上面防水层做至管顶部。

（3）增强附加层

在大面涂刷防水涂膜层前，在立管四周做增强附加层，以保证排水口防水质量良好。

（4）安装大便器

安装大便器时，应在清理干净的排水立管承口内抹适量油灰，排水管承口周围铺适量石灰膏，然后将大便器出水口插入承口内稳正、封闭严密。

（5）冲水管连接

大便器进水口与给水管的连接，采用套入胶皮套，用铜丝扎紧、绑牢。

（6）蹲桶四周防水

大便器蹲桶四周地面应向蹲桶内放坡，坡度不小于 1%；大便器蹲桶四周与地面接缝处应做好防水，衔接紧密。

（7）清理排水通道

大便器防水施工完成后，应及时清理排水通道的灰渣、杂物等以免造成排水堵塞，确保排水畅通，保证厕浴排水功能。

4. 小便槽

小便槽渗漏部位表现在小便槽防水层与地面防水层不交圈，造成交接处渗漏水、便槽排水坡度不当，形成积水、渗漏；小便槽排水口、地漏防水处理不当造成渗漏；小便槽墙面防水高度不够，造成墙面返潮等多种情况。

认真做好小便槽防水处理，避免发生渗漏，确保小便槽使用功能的发挥。小便槽防水做法如图 3-12 所示。

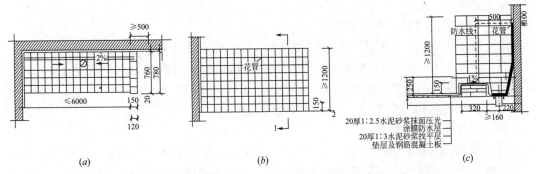

图 3-12　小便槽防水做法

（a）平面图；（b）立面图；（c）1-1 剖面图

（1）地面防水做在面层下面，四周向上卷起至少 25cm 高。小便槽防水层与地面防水层交圈，形成整体封闭的防水设防。

（2）立墙防水层做到支管处以上 10cm，两端展开 50cm 宽。

（3）小便槽底坡度为 2%，坡向排水口地漏；槽外侧踏步平台做成 1% 的坡度，坡向槽内。

（4）认真做好小便槽地漏和地面地漏的防水。

3.3.2 厕浴、厨房地面防水层施工

根据厕浴和厨房的特点，采用柔性涂膜防水层和刚性防水砂浆防水层，或两者复合的防水层，可取得较为理想的防水效果。因防水涂料涂布于复杂的细部构造部位能形成没有接缝的、完整的涂膜防水层，特别是合成高分子防水涂膜和高聚物改性沥青防水涂膜的延伸性较好，基本上能适应基层变形的需要。防水砂浆则以补偿收缩水泥砂浆较为理想，其微膨胀的特性，能防止或减少砂浆收缩开裂，使砂浆致密化，提高其抗裂性和抗渗性。下面主要介绍聚氨酯涂膜防水层和 UEA 砂浆防水层的施工工艺及注意事项。

1. 聚氨酯涂膜防水层的施工

室内聚氨酯涂膜防水施工工艺流程：清理基层──涂刷基层处理剂──附加增强层施工──第一遍涂膜──第二遍涂膜──第三遍涂膜──防水层第一次试水──稀撒砂粒──保持层饰面施工──防水层第二次试水──防水层验收。

（1）清理基层

将基层清扫干净；基层应做到找坡正确，排水顺畅，表面平整、坚实及无开裂等现象；涂刷基层处理剂前，基层表面应达到干燥状态。

（2）涂刷基层处理剂

基层处理剂实为聚氨酯，其可以起到隔离基层潮气，提高涂膜与基层粘结强度的作用。施工时，将聚氨酯甲料（亦称 A 料或 A 组分）与乙料（亦称 B 料或 B 组分）及二甲苯按 1：1.5：1.5 的比例配料，搅拌均匀后即用滚刷或油漆刷均匀地大面积地涂刷于基层表面。聚氨酯涂料的施工顺序原则上是先难后易，如在施工中有异形部位，应先做异形部位而后再大面积施工。即可先在阴阳角、管道根部均匀涂刷一遍，然后进行大面涂刷。基层处理剂材料用量以 0.15~0.28kg/m² 左右为宜，厚度 0.1~0.2mm，涂刷或喷涂的黏度用二甲苯调整。

（3）涂刷附加增强层防水涂料

在地漏、管道根、阴阳角和出入口等容易发生渗漏水的薄弱部位，应先用聚氨酯防水涂料按甲：乙＝1：1.5 的比例配合，均匀涂刮一次做附加增强层处理。按设计要求，细部构造也可做胎体增强材料的附加增强层处理。胎体增强材料宽度 300~500mm，搭接缝 100mm，施工时，边铺贴平整，边涂刮聚氨酯防水涂料。

（4）涂刮第一遍涂料

将聚氨酯防水涂料按甲：乙＝1：2 的比例混合。聚氨酯防水涂料甲、乙组分的称量必须准确，所用容器、搅拌工具必须无水干燥。开动电动搅拌器，搅拌 3~5min，用胶皮刮板或油漆刷均匀刮（刷）一遍。操作时要厚薄一致，用料量为 0.8~1.0 kg/m²，立面涂刮高度不应小于 10cm。施工时可根据环境温度相应调整催化剂的用量加速或减缓聚氨酯防水涂料的固化速度，催化剂的一般用量是按乙组分质量的 0.4%~1% 加入的。室温在 20℃ 左右时，配好的聚氨酯涂料应在 0.5h 内用完，可根据施工需要用二甲苯来调整聚氨酯涂料的稠度，原则上二甲苯加量不大于 10%。

对于平坦场地，可采用刮板，一次刮涂即可达到设计厚度。如采用涂刷法，2～3次可刷1mm厚度；斜度较大的场地或立墙，如采用涂刷法，3～4次可刷1mm厚；加无纺布或玻璃布的结构，在上一道防水涂层尚未完全固化时，可在其上面平整铺设无纺布或玻璃布，而后立即再做一道防水涂层，待固化粘结牢固后，方可进行下道防水层的施工。

（5）涂刮第二遍涂料

待第一遍涂料固化干燥后，要按上述方法涂刮第二遍涂料，方向垂直，用料量与第一遍相同。

（6）涂刮第三遍涂料

待第二遍涂料涂膜固化后，再按上述方法涂刮第三遍涂料，用料量为0.4～0.5kg/m²。三遍聚氯酯涂料涂刮后，用料量总计为2.5kg/m²，防水层厚度不小于1.5mm。

（7）第一次蓄水试验

待防水层完全干燥后，可进行第一次蓄水试验。蓄水试验24h后无渗漏为合格。

（8）稀撒砂粒

为了增加防水涂膜与粘结饰面层（如陶瓷锦砖或水泥砂浆等）之间的粘结力，表面需边涂聚氯酯防水涂料，边稀撒干燥的30目左右的细砂（砂粒不得有棱角）。固化后，即可进行保护层施工。未粘结的砂粒应清扫回收。

（9）保护层施工

防水层蓄水试验不漏，质量检查合格后，即可进行保护层施工，即可涂抹水泥砂浆或粘贴陶瓷锦砖、防滑地砖等饰面层。施工时应注意成品保护，不得破坏防水层。

（10）第二次蓄水试验

厕浴装饰工程全部完成后，工程竣工前还要进行第二次蓄水试验，以检验防水层完工后是否被水电或其他装饰工程损坏。蓄水试验合格后，厕浴的防水施工才算圆满完成。

2. UEA砂浆防水层的施工

厕浴、厨房用刚性材料做防水层的理想材料是采用具有微膨胀性能的补偿收缩混凝土和补偿收缩水泥砂浆。

补偿收缩水泥砂浆用于厕浴、厨房的地面防水，对于同一种微膨胀剂，应根据不同的防水部位，选择不同的加入量，可基本上起到不裂不渗的防水效果。

采用UEA刚性砂浆做防水层可以获得好的技术和经济效果。UEA砂浆厚度的微膨胀可以使垫层和防水层不裂不渗，对面积较小的厨厕间更具其独特的优异性，而采用大膨胀的UEA砂浆填充在管件与楼板等节点空隙，更将缝隙封堵严密，与防水层紧密连接形成整体防水结构。不仅防水效果理想，而且施工简便、造价低廉，亦不失为一种较好的刚性防水做法。

（1）UEA砂浆的组成材料

水泥：42.5级普通硅酸盐水泥或矿溶硅酸盐水泥。UEA：符合《混凝土膨胀剂》（GB/T 23439—2017）的规定。砂子：中砂，含泥量小于2%。水：饮用自来水或洁净非污染水。

（2）UEA砂浆的配制

在楼板表面铺抹UEA防水砂浆，应按不同的部位，配制含量不同的UEA防水砂浆，不同部位UEA防水砂浆的配合比参见表3-2。

不同防水部位 UEA 防水砂浆的配合比　　　　　　　　表 3-2

防水部位	厚度（mm）	水泥＋UEA（kg）	UEA/（水＋UEA）（%）	配合比			水灰比	稠度（cm）
				水泥	UEA	砂		
垫层	20～30	550	10	0.90	0.10	3.0	0.45～0.50	5～6
防水层（保护层）	15～20	700	10	0.90	0.10	2.0	0.40～0.45	5～6
管件接缝	—	700	15	0.85	0.15	2.0	0.30～0.35	2～3

（3）UEA 砂浆防水层的施工要点

UEA 砂浆防水层的施工工艺流程：基层处理──→拌制 UEA 砂浆──→铺设垫层──→铺设防水层──→细部构造的铺设──→养护──→蓄水试验──→铺设保护层。

1）基层处理

施工前，应对基层进行清理，清除浮灰杂物，对楼地面板基层凹凸不平处可用 10%～12%UEA（灰砂比）砂浆补齐，并应在基层表面浇水，使基层保持湿润，但不能积水。

2）UEA 水泥砂浆的拌制

按照不同的防水部位不同的砂浆配合比，将砂浆的组成材料称量准确，采用人工或机械拌制砂浆，应先将水泥、UEA 膨胀剂和砂干拌均匀，使之色泽一致后，再加水搅拌。机械拌制应在加水后搅拌 1～2min。加水量应根据现场（如砂的含水率等）材料、气温和铺设操作要求等进行调整。拌制好的 UEA 刚性砂浆应在 2～3h 以内铺设完。

3）铺设垫层

按 1：3 水泥砂浆垫层配合比，配制灰砂比为 1：3UEA 垫层砂浆做垫层，将其铺抹在干净湿润的楼板基层上。铺抹前，按照坐便器位置，将地脚螺栓预埋在相应的位置上。垫层厚度应根据标高而定，其平均厚度为 20～30mm。必须分 2～3 层铺抹，每层应揉浆、拍打密实。在抹压的同时，应完成找坡工作，地面向地漏口找坡 2%，地漏口周围 50mm 范围内向地漏中心找坡 5%，穿楼板管道根部位向地面找坡 5%，转角墙部位的穿墙板管道向地面找坡为 5%。分层抹压结束后，在垫层表面用钢丝刷拉毛。垫层铺至管根或地漏周围应留出 5～10mm 的空隙。垫层在管根距墙的狭窄部位应注意保证厚度及铺设密实。

4）铺设防水层

防水层应在垫层强度能达到上人时，方可进行施工。首先把地面和墙面清扫干净，并浇水充分湿润，但不应有积水，然后铺抹四层防水层。

四层抹面防水层的施工做法如下：第一层、第三层为 10%UEA 水泥素浆，第二层、第四层为 10%～12%UEA（水泥：砂＝1：2）水泥砂浆层；第一层先将 UEA 和水泥按 1：9 的配合比准确称量后，充分干拌均匀，再按水灰比加水拌合成稠浆状，然后就可用滚刷或毛刷涂抹，厚度为 2～3mm；第二层灰砂比为 1：2，UEA 掺量为水泥质量的 10%～12%，一般可取 10%。待第一层素灰初凝后，即可铺抹，厚度为 5～6mm，凝固 20～24h 后，适当浇水湿润；第三层掺 10%UEA 的水泥素浆层，其拌制要求、涂抹厚度均与第一层相同，待其初凝后，即可铺抹第四层；第四层 UEA 水泥砂浆的配合比、拌制方法、铺抹厚度均与第二层相同。铺抹时应分次用铁抹子压 5～6 遍，使防水层坚固密实，最后再用力抹压光滑，经硬化 12～24h，就可浇水养护 3d。

以上四层防水层的施工，应按照垫层的坡度要求找坡，防水层表面应平整，无鼓泡、皱褶等缺陷，刚性防水层无疏松、开裂、起砂等弊端，防水层排水坡度符合设计规定，无明显积水现象。

5）细部构造的铺设

穿过楼层地面的管件（地漏、套管等）以及卫生设备等必须安装牢固，且应与楼面防水层之间预留 5～10mm 的空隙。

待防水层达到强度要求后，拆除捆绑在穿楼板部位的模板条，清理干净缝壁的浮渣、碎物，并按节点防水做法的要求，在清理好的空隙内表面涂刷掺量为 10％UEA 水泥素灰浆一层，其厚度为 2mm，在 UEA 水泥素灰浆层稍干后，再以 UEA 掺量为 15％的水泥：砂＝1：2 管件接缝砂浆将空隙捣鼓填实，收头平滑。

6）养护

空隙内的 UEA 水泥砂浆凝固 12～24h 后，即可浇水养护 7d。

7）蓄水试验

养护后应进行蓄水试验，经试验无渗漏方可进行 UEA 砂浆保护层的铺设。

8）铺抹 UEA 砂浆保护层

保护层 UEA 的掺量为 10％～12％，灰砂比为 1：2～1：2.5，水灰比为 0.4。铺抹前，对要求用膨胀橡胶止水条做防水处理的管道、预埋螺栓的根部及需用密封材料嵌填的部位及时做防水处理。然后就可分层铺抹厚度为 15～25mm 的 UEA 水泥砂浆保护层，并按坡度要求找坡，待硬化 12～24h 后，浇水养护 3d。最后，根据设计要求铺设装饰面层。

3.4 施工质量检验

3.4.1 基层

1. 主控项目

（1）防水基层所用材料的质量及配合比，应符合设计要求。

检验方法：检查出厂合格证、质量检验报告和计量措施。

（2）防水基层的排水坡度，应符合设计要求。

检验方法：坡度尺检查。

2. 一般项目

（1）防水基层应抹平、压光，不得有疏松、起砂、裂缝。

检验方法：观察检查。

（2）阴、阳角处宜按设计要求做成圆弧形，且应整齐平顺。

检验方法：观察和尺量检查。

（3）防水基层表面平整度的允许偏差不宜大于 4mm。

检验方法：用 2m 靠尺和楔形塞尺检查。

3.4.2 防水与密封

1. 主控项目

（1）防水材料、密封材料、配套材料的质量应符合设计要求，计量、配合比应准确。

检验方法：检查出厂合格证、计量措施、质量检验报告和现场抽样复验报告。

（2）在转角、地漏、伸出基层的管道等部位，防水层的细部构造应符合设计要求。

检验方法：观察检查和检查隐蔽工程验收记录。

（3）防水层的平均厚度应符合设计要求，最小厚度不应小于设计厚度的90％。

检验方法：用涂层测厚仪量测或现场取20mm×20mm的样品，用卡尺测量。

（4）密封材料的嵌填宽度和深度应符合设计要求。

检验方法：观察和尺量检查。

（5）密封材料嵌填应密实、连续、饱满，粘结牢固。

检验方法：观察检查。

（6）防水层不得渗漏。

检验方法：在防水层完成后进行蓄水试验。

2. 一般项目

（1）涂膜防水层与基层应粘结牢固，表面平整，涂刷均匀，不得有流淌、皱折、鼓泡、露胎体和翘边等缺陷。

检验方法：观察检查。

（2）涂膜防水层的胎体增强材料应铺贴平整，每层的短边搭接缝应错开。

检验方法：观察检查。

（3）防水卷材的搭接缝应牢固，不得有皱折、开裂、翘边和鼓泡等缺陷；卷材在立面上的收头应与基层粘结牢固。

检验方法：观察检查。

（4）防水砂浆各层之间应结合牢固，无空鼓；表面应密实、平整，不得有开裂、起砂、麻面等缺陷；阴阳角部位应做圆弧状。

检验方法：观察和用小锤轻击检查。

（5）密封材料表面应平滑，缝边应顺直。

检验方法：观察检查。

（6）密封接缝宽度的允许偏差应为设计宽度的±10％。

检验方法：尺量检查。

3.4.3 保护层

1. 主控项目

（1）防水保护层所用材料的质量及配合比，应符合设计要求。

检验方法：检查出厂合格证、质量检验报告和计量措施。

（2）水泥砂浆、混凝土的强度应符合设计要求。

检验方法：检查砂浆、混凝土的抗压强度试验报告。

（3）防水保护层表面的坡度应符合设计要求，不得有倒坡或积水。

检验方法：坡度尺检查或淋水检验。

（4）防水层不得渗漏。

检验方法：在保护层完成后应再次做蓄水试验。

2. 一般项目

（1）保护层应与防水层粘结牢固，结合紧密，无空鼓。

检验方法：观察检查，用小锤轻击检查。

（2）保护层应表面平整，不得有裂缝、起壳、起砂等缺陷。

检验方法：观察检查，用2m靠尺和楔形塞尺检查。

（3）保护层厚度的允许偏差应为设计厚度的±10％，且不应大于5mm。

检验方法：用钢针插入和尺量检查。

本工艺标准应具备以下质量记录：所有材料的出产合格证、质量检验报告、找平层、闭水试验检验批质量验收记录等。

3.5 室内工程质量通病及防治方法

3.5.1 厨卫间墙角渗漏

1. 厨卫间墙角渗漏常见质量通病

厨卫间相邻客厅、卧室、走廊墙角渗水、发霉。

2. 原因分析

墙地面未按设计要求设置防水层，或防水层厚度不足或有缺陷；地面防水层未沿墙上翻至设计高度，墙面与地面转角处未做成圆形或未做附加增强处理；防水层未延伸到门槛石外侧，或采用于硬性砂浆铺贴地砖，砂浆酥松；墙角、门口等处结合不严密，造成渗漏；门槛石底部及木门框底部与墙面砖之间，木门框与墙体之间无防水密封措施。

3. 防治方法

厨卫间四周墙面应做高出地面20cm的C20细石混凝土坎台；地面防水层上翻高度应不小于30cm，与墙面防水层搭接宽度应不小于10cm，地面与墙面转角处找平层应做圆弧，并做300mm宽涂膜附加层增强措施；增强处厚度不小于2mm；地面防水层在门口处应向外延展不小于50cm，向两侧延展的宽度不小于20cm；采用聚合物水泥砂浆满浆铺贴地面砖；防水层施工时应做基层处理，保持基层干净基层粘结牢固，并保证涂膜防水层的厚度；门框位置上、下防水层应有交圈，门框底部与墙面砖之间应进行防水密封处理；厨卫间门、窗与墙体连接部位应进行防水密封处理，如图3-13～图3-15所示。

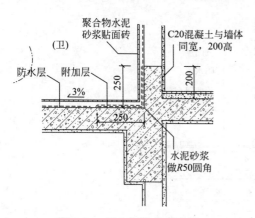

图3-13 卫生间防水示意图

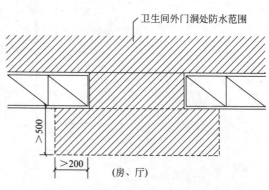

图3-14 卫生间防水范围平面图

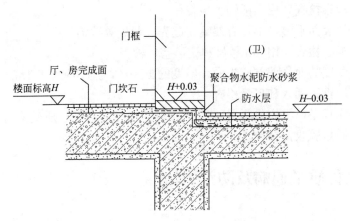

图 3-15　卫生间防水剖面示意图

3.5.2　楼板顶棚渗漏

1. 质量通病

厨卫间楼板顶棚出现渗水、霉变。

2. 原因

楼、地面未设置防水层，或防水层厚度未达到设计要求或存在缺陷，局部破坏；找平层施工质量不好，或采用干硬性砂浆铺贴地面砖，粘贴层不密实、有微孔的缺陷；楼板板面裂缝；地面找坡层坡度不够，排水不畅，造成积水。

3. 防治措施

按设计要求对厨房和卫生间地面进行防水施工，并保证涂膜防水层的厚度；对有明显裂缝的结构楼板（图 3-16），应先进行修补处理，沿裂缝位置进行扩缝，凿出 15mm×15mm 的凹槽，清除浮渣，用水冲洗干净，然后刮填防水材料或其他无机盐类防水堵漏材料；按设计要求的坡度找坡，地面排水坡度不宜小于 3‰，并坡向地漏；采用聚合物水泥砂浆满浆铺贴地面砖；防水层施工前对结构楼面做 24h 蓄水试验，有渗漏时先修补结构并再次蓄水试验。

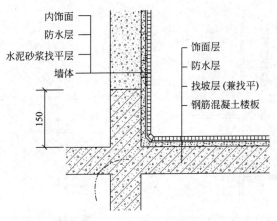

图 3-16　卫生间防水构造示意图

3.5.3　管道四周渗漏

1. 质量通病

管道四周渗漏。

2. 原因

管道的周边孔洞填塞不严密，砂浆或混凝土中夹杂碎砖、纸袋等杂物；立管或套管管根四周未留凹槽和嵌填密封材料；套管未高出地面或套管与立管之间的周边空隙未嵌填密封材料，导致立管四周渗漏。

3. 防治措施

管道周边孔洞应采用掺有微膨胀细石混凝土嵌填密实。孔洞底板板底应有支模，不能用其他材料嵌填；管道根部四周应留有 20mm×20mm 的凹嵌填密封材料，凹槽四周及管壁等处应涂刷基层处理剂；套管高度应比设计地面高出 20mm 以上；套管周边应做同高度的细石混凝土护墩；套管与主管之间的周边空隙应用密封材料填塞严密，如图 3-17、图 3-18 所示。

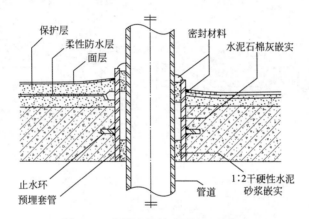

图 3-17　套管连接管道防水连接构造

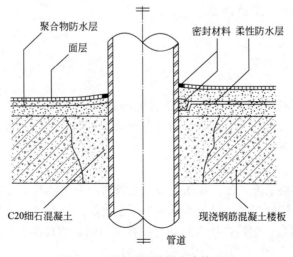

图 3-18　固定连接管道防水构造图

3.5.4 地漏四周渗漏

1. 质量通病

地漏四周渗漏。

2. 原因

地漏偏高，集水性和汇水性较差；地漏周围嵌填的混凝土不密实，有缝隙；承口杯与基体及排水口接口结合不严密，防水处理过于简陋，密封不严。

3. 防治措施

地漏水管安装固定后，要用掺聚合物的细石混凝土将地漏预留孔认真捣实、抹平；安装时应严格控制标高，应根据门口至地漏的坡度确定，不可超高，确保地面排水迅速、通畅；安装地漏时，先将承口杯牢同地粘结在承重结构上，再将带胎体增强材料的附加增强层铺贴至杯内，然后在其四周满涂防水涂料1~2遍，待涂料干燥成膜后，把漏勺放入承插口内，如图3-19所示。

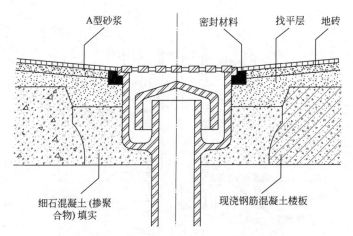

图 3-19　小面积厨卫间地漏防水节点示意图

3.5.5 卫生洁具洞口周边渗漏

1. 质量通病

卫生洁具洞口周边渗漏。

2. 原因

卫生洁具质量不符合要求，存在砂眼裂纹等缺陷；管道安装前，接头部分未清除灰尘，影响粘结；下水管道接头不严密；洁具老化破裂引起的渗漏；洁具排水口标高预留不明确，方向倾斜，上下口不严。

3. 防治措施

产品应经检验合格后方可投入使用，如仅是管材与卫生洁具本身的质量问题，则应拆除，重新更换质量合格的产品；对于非承压的下水管道，如因接口质量不合格的渗漏，可沿缝口凿出10mm缝口，然后进行密封处理的接头封闭，洁具排水预留口应高出地面，不得歪斜。

3.5.6　墙面潮湿、瓷砖脱落

1. 质量通病

墙面潮湿、瓷砖脱落。

2. 原因

墙面防水层设计高度偏低；卫生间经常处于潮湿、干燥交替的环境，饰面砖密缝铺设，由于干湿循环引起的湿胀干缩，使得饰面砖空鼓脱落；当墙面采用聚合物乳液防水涂料或聚氨酯防水涂料作为防水层时，与面砖粘结层不易粘结，饰面砖容易出现空鼓、脱落的现象；墙面未做防水层或防水砂浆不符合标准。

3. 防治措施

严格按规范及设计要求沿墙面上翻施工并做防潮处理；墙面设有淋浴器具时，其防水高度应大于1800mm，厨、卫采用轻质隔墙时，应对全墙面设置防水层；采用聚合物水泥防水砂浆或聚合物水泥防水浆料作为防水层材料，聚合物水泥砂浆宜用干粉类；采用聚合物水泥或专用瓷砖胶进行墙面砖铺贴，砖与砖间的缝宽不小于1.5mm，并用专用填缝剂嵌缝，如图3-20所示。

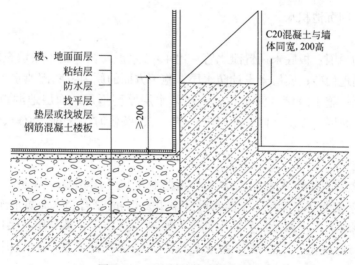

图 3-20　卫生间墙体防水构造图

3.5.7　公共类室内排水沟渗漏

1. 质量通病

公共类室内排水沟渗漏。

2. 原因

地沟内未施工防水层或涂料防水层厚度不足；排水沟防水层与地面防水层未成一体；安装施工时破坏防水层；生活垃圾堵塞排水沟。

3. 防治措施

按设计及规范要求进行排水沟的防水施工，确保防水层厚度，保证排水沟的排水坡度；定期进行排水沟的疏通，如图3-21所示。

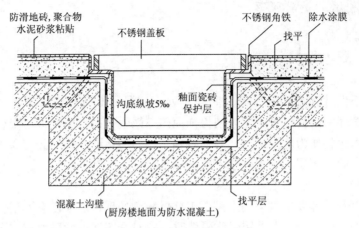

图 3-21　排水沟防水构造示意图

3.5.8　降板式卫生间积水

1. 质量通病

降板式卫生间沉池积水。

2. 原因

设计方面的原因：板底未设置泄水管；用 1∶8 水泥陶粒混凝土做填充层；用 1∶4 干硬性水泥砂浆贴地面砖；面层未设计防水层。施工方面的原因：底部泄水口和面层地漏口位置不在最低处；施工时堵塞泄水口；面层防水层厚度不足；面层地洞口周边密封不严密。维护方面的原因：二次装修破坏原防水层；二次装修时，未对管道口、地漏等部位做涂料防水加强层。

3. 防治措施

在板底部设置单独泄水管，且施工时确保泄水口不被堵塞；底板下防水层宜采用 1.5mm 单组分聚氨酯防水涂料；上防水层宜采用 2.0mm 聚合物水泥防水涂料或聚合物水泥防水砂浆上翻墙面，细部做加强防水处理，如图 3-22 所示；填充层宜采用 1∶3∶5（水泥∶砂∶陶粒）混凝土；二次装修前或装修中注意保护防水层，有破损时应重新做防水层。

二次装修前应对管道口、地漏口等做加强防水层；采用聚合物水泥砂浆贴地面砖，注意排水坡度，地面不得积水。

3.5.9　阳台楼板顶棚渗漏

1. 质量通病

阳台楼板顶棚饰面涂料起皮、剥离、脱落、渗水；与阳台紧邻的房间落地窗边地面渗水。

2. 原因

阳台未设置防水层，或防水质量不合格，局部损坏；找平层施工质量不好，存在不密实、有微孔的缺陷；楼板板面裂缝；找坡层坡度有反坡造成积水；干硬性砂浆铺贴地面砖。

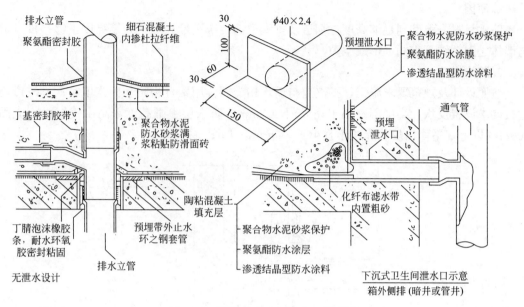

图 3-22 下沉式卫生间泄水口示意图

3. 防治措施

按设计要求阳台地面进行防水施工，并保证涂膜防水层的厚度；对有明显裂缝的结构楼板，应先进行修补处理，沿裂缝位置进行扩缝，凿出 15mm×15mm 的凹槽，清除浮渣，用水冲洗干净，然后刮填防水材料或其他无机盐类防水堵漏材料，对贯通裂缝应进行压力灌浆修补；室内门槛应比阳台面高出不小于 20mm；用聚合物水泥砂浆满浆粘贴地砖，保证正确排水坡度，坡向地漏，如图 3-23、图 3-24 所示。

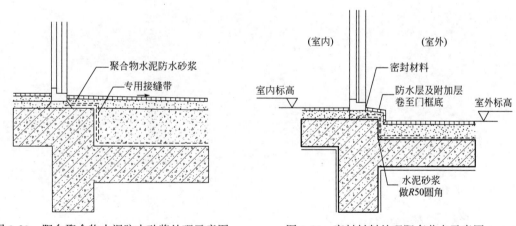

图 3-23 阳台聚合物水泥防水砂浆处理示意图　　图 3-24 密封材料处理阳台节点示意图

3.5.10 厨房、卫生间排汽道渗水

1. 质量通病

厨房、卫生间、排汽道渗水。

2. 原因

防水材料未上翻到足够高度；烟道及排汽道部位未设量导墙或导墙高度不够；排汽道与墙体之间粘结不牢同，形成空隙。

3. 防治措施

按照设计及规范要求施工，排汽道与反坎相交部位用聚合物防水砂浆填实；排汽道周边按要求设置反坎，高度不宜小于完成面200mm；防水层上翻高度需高出楼地面完成面300mm以上，平面出反坎周边不宜小于250mm，如图3-25所示。

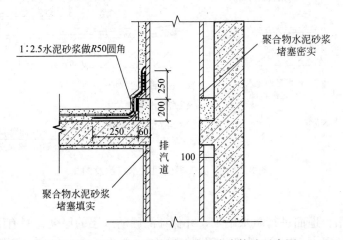

图 3-25　卫生间与排汽道连接处防水构造示意图

第4章 建筑外墙防水工程

墙体是建筑物的承重、围护和分隔构件，墙面尤其是外墙出现渗漏水，轻者影响室内的装饰效果，造成室内涂料起皮、壁纸变色、室内物品发霉等，更严重的会影响建筑物的使用寿命和结构安全。

外墙饰面防水工程构造做法应根据建筑物的类别、使用功能、外墙高度、外墙墙体材料以及外墙饰面材料等因素划分为三级，应按等级进行设防和选材。外墙饰面的防水等级与设防要求见表4-1。

外墙饰面的防水等级与设防要求 表 4-1

项目	防水等级		
	I	II	III
外墙类别	特别重要的建筑或外墙面高超过60m，或墙体为空心砖、轻质砖、多孔材料，或面砖、条砖、大理石等饰面，或对防水有较高要求的饰面材料	重要的建筑物或外墙面高度为20～60m，或墙体为实心砖或陶、瓷粒砖等饰面材料	一般建筑物或外墙面高度为20m以下，或墙体为钢筋混凝土或水泥砂浆类饰面
设防要求	普通防水砂浆厚20mm或聚合物水泥防水砂浆厚7mm	防水砂浆厚15mm或聚合物水泥砂浆厚5mm	防水砂浆厚10mm或聚合物水泥砂浆厚3mm

4.1 墙面防水构造

外墙根据有无保温层分为无保温外墙防水和有保温层外墙防水，常见构造如图4-1、图4-2所示。

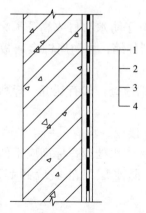

图4-1 涂料饰面外墙防水防护构造
1—结构墙体；2—找平层；3—防水层；4—涂料面层

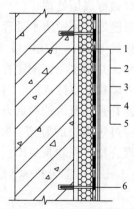

图4-2 涂料饰面外保温外墙防水防护构造图
1—结构墙体；2—找平层；3—保温层；
4—防水层；5—涂料层；6—锚栓

4.2 墙面防水材料选择与机具的准备

材料选择：建筑外墙防水防护工程所用材料应与外墙相关层次材料相容，防水材料的性能指标应符合国家现行有关材料标准的规定，并根据当地的气候条件进行选择。常见的防水材料有普通防水砂浆、聚合物水泥防水砂浆、聚合物水泥防水涂料、聚合物乳液防水涂料、聚氨酯防水涂料、防水透汽膜等；对于有保温层的外墙，采用涂料饰面时，防水层可采用聚合物水泥防水砂浆或普通防水砂浆。保温层的抗裂砂浆层如达到聚合物水泥防水砂浆性能指标要求，可兼作防水防护层。设在保温层和涂料饰面之间，乳液聚合物防水砂浆厚度不应小于5mm，干粉聚合物防水砂浆厚度不应小于3mm；采用块材饰面时，防水层宜采用聚合物水泥防水砂浆，保温层的抗裂砂浆层如达到聚合物水泥防水砂浆性能指标要求，可兼作防水防护层；聚合物水泥防水砂浆防水层中应增设耐碱玻纤网格布或热镀锌钢丝网增强，并应用锚栓固定于结构墙体中；采用幕墙饰面时，防水层应设在找平层和幕墙饰面之间，防水层宜采用聚合物水泥防水砂浆、聚合物水泥防水涂料、聚合物乳液防水涂料、聚氨酯防水涂料或防水透汽膜。当外墙保温层选用矿物棉保温材料时，防水层宜采用防水透汽膜。

机具准备：搅拌桶、小型油桶、橡皮刮板、塑料刮板、油漆刷、小抹子、油工铲刀、扫帚等。

4.3 外墙防水施工

4.3.1 水泥砂浆外墙防水工程施工

水泥砂浆防水层所用材料包括普通水泥防水砂浆、聚合物水泥防水砂浆、掺外加剂或掺合料的防水砂浆，宜采用多层抹压法施工。水泥砂浆防水层主要用于外墙的迎水面。防水层应在基层验收合格后施工。突出墙面的腰线、檐板、窗台上部应做成不小于5％的向外的排水坡，下部应做滴水，与墙面交角处应做成小圆角。阳台栏杆与外墙交界处应用聚合物水泥砂浆做好嵌填处理。

外墙变形缝处必须做防水处理。在防水处理时，高分子防水卷材或高分子涂膜条在变形缝处必须做成U形，并在两端与墙面粘结牢固、以利伸缩；而防腐蚀金属板在中间也需弯成倒三角，并用水泥钉固定在基层上。

混凝土外墙找平层抹灰前，对混凝土外观质量应详细检查，如有裂缝、蜂窝、孔洞等缺陷时，必须补强，密封处理后方可抹灰。

外墙凡穿过防水层的管道、预留孔、预埋件两端连接处，均应采用柔性密封材料处理，或采用聚合物水泥砂浆封严。阳台、露台等地面应做防水处理，标高应不低于同楼层地面标高的20mm，坡向排水口的坡度应大于1％，防水层沿外墙应翻起高度不小于100mm。

1. 施工准备

（1）技术准备

熟悉图纸及要求，编制施工方案，进行施工前技术交底和工人上岗培训。确定配合比，根据设计及技术要求确定材料品种、性能，并根据工程量确定材料用量和计划。

（2）材料准备

1）水泥：水泥品种应按设计要求选用，强度等级不应低于 32.5 级，其性能指标符合国家标准规定；不得使用过期或受潮水泥；禁止将不同品种、不同强度等级及不同生产批次的水泥混用。

2）砂：宜选用中砂，粒径在 2.36mm 以下，含泥量不得大于 1%，硫化物和硫酸盐含量不得大于 1%。

3）水：不含有害物质。

4）聚合物：外观无颗粒、异物和凝固物，且技术性能符合国家或行业标准规定；并应按产品说明书正确使用。

5）外加剂和掺合料：其技术性能符合国家或行业标准等品以上规定；并应按产品说明书正确使用。

（3）机具准备

脚手架、吊篮、砂浆搅拌机、灰板、铁抹子、阴阳角抹子、桶、钢丝刷、软毛刷、靠尺、榔头、铁铲、扫把、刮尺等。

（4）作业条件

结构验收合格，且已办好验收手续。门窗洞口预留孔洞、管道进出口等细部处理已完毕。基层表面平整、坚实、清洁，且充分湿润无明水，水泥砂浆铺抹前，基层的混凝土和砂浆强度应不低于设计强度等级的 80%。

2. 施工工艺及操作要点

水泥砂浆外墙防水工程施工工艺流程：基层处理——→刷聚合物水泥砂浆——→抹底层砂浆——→抹面层砂浆——→养护、淋水实验。

（1）基层处理

混凝土基层应进行凿毛处理，基层表面平整、坚实、粗糙、清洁，并充分湿润无积水。当基层表面凹凸不平的深度大于 10mm 时，应用素灰和水泥砂浆分层找平，抹完后将砂浆表面扫毛。砌体基层表面应将外墙表面残留的灰浆、松散的附着物清除干净。基层表面的孔洞、缝隙应先采用聚合物水泥砂浆填塞、压实、抹平。预埋件、穿墙管预留孔洞、门窗洞口与框之间缝隙应嵌填密封材料。基层处理后应浇水润湿，次日施工前不得有明水。

（2）刷聚合物水泥砂浆

按 0.37～0.4 的水灰比将聚合物和水泥拌合均匀成为聚合物水泥砂浆，先刷一层 1mm 厚聚合物水泥砂浆，用铁抹子往返压 5～6 遍；随即再抹 1mm 厚家水泥砂浆找平，并用毛刷轻扫一遍。

（3）抹底层砂浆

根据底层配合比将材料拌合均匀，进行抹灰操作，底层砂浆抹灰厚度为 5～10mm，在水泥砂浆硬化过程中，用铁抹子分次抹压 5～6 遍，最后压光；水泥砂浆要随拌随用，拌合后使用时间不宜超过 1h，严禁使用拌合后超过初凝时间的砂浆。

（4）抹面层砂浆

刷完素水泥砂浆后，紧接着抹面层砂浆，抹灰厚度 5～10mm，抹灰操作应与第一层垂直，先用木抹子搓平，然后用铁抹于压实、压光。

（5）养护

普通水泥砂浆防水层终凝后应及时进行淋水养护，温度不宜低于5℃，每天淋水2～3次，养护时间不得少于7d，保持湿润。聚合物水泥防水砂浆和掺外加剂、掺合料的防水砂浆，其养护应按照产品有关规定进行。施工时，抹灰架子应离墙面150mm，拆架时应不得碰坏墙面，基的孔洞及缝隙应先用与防水层一样的砂浆填塞抹平。水泥砂浆防水层应分层浅抹或喷涂，铺抹时应压实、抹平和表面压光。防水层各层应紧密结合，每层宜连续施工，留施工缝时必须采用阶梯坡形槎，且离阴阳角处不得小于200mm。防水层的阴阳角处应做成圆弧形。施工不宜在雨天5级及以上大风中进行。冬期施工时气温不低于5℃，基层表面温度应保持在0℃以上；夏期施工不宜在35℃以上或烈日照射下进行。

（6）淋水实验

防水层是外墙防水的主要构造，若出现渗漏，后期处理非常麻烦。渗漏检查可在防水层完工后持续淋水30min后观察，如出现渗漏现象应查找出防水层的破损部位并修补完整，确保无渗漏现象。

3. 施工质量检验

（1）主控项目

1）砂浆防水层的原材料、配合比及性能指标，应符合设计要求。

检验方法：检查出厂合格证、质量检验报告、配合比试验报告和抽样复验报告。

2）砂浆防水层不得有渗漏现象。

检验方法：雨后或持续洒水30min后观察检查。

3）砂浆防水层与基层之间及防水层各层之间应结合牢固。

检验方法：观察检查，用小锤轻击检查。

4）砂浆防水层在门窗洞口、伸出外墙管道、预埋件、分格缝及收头等部位的节点做法符合设计要求。

检验方法：观察检查和检查隐蔽工程验收记录。

（2）一般项目

1）砂浆防水层表面应密实、平整，不得有裂纹、起砂、麻面等缺陷。

检验方法：观察检查。

2）砂浆防水层留槎位置应正确，接槎应按层次顺序操作，应做到层层搭接紧密。

检验方法：观察检查。

3）砂浆防水层的平均厚度应符合设计要求，最小厚度不得小于设计值的80%。

检验方法：观察和尺量检查。

4.3.2 贴面外墙防水工程施工

外墙贴面砖饰面与用其他材料饰面相比，具有坚固耐用、色彩鲜艳、易清洗、防火、防水、耐磨、耐腐蚀和维修费用低等特点，因而在现代外墙饰面工程中得到了广泛的应用。外墙面砖主要采用水泥砂浆粘贴施工，如图4-3、图4-4所示，其防水的重点在于外墙砖本身的质量以及砖缝的防水，一般需在找平层与饰面砖粘结层之间设置防水层，以此增强外墙面的防水能力。

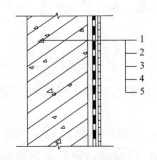

图 4-3 块材饰面无保温外墙防水防护构造图
1—结构墙体；2—找平层；3—防水层；4—粘结层；
5—饰面块材层

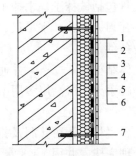

图 4-4 块材饰面有保温外墙防水防护构造
1—结构墙体；2—找平层；3—保温层；4—防水层；
5—粘结层；6—饰面块材层；7—锚栓

面砖多数是以陶土为原料，压制成型，经煅烧而成的饰面材料。面砖有挂釉和不挂釉、平滑和有一定纹理质感等不同类型。无釉面砖主要应用于高级建筑外墙面装修，釉面砖主要应用于建筑内外墙面及厨房、卫生间的墙裙贴面。陶瓷锦砖，是以优质陶土烧制而成的小块瓷砖，有挂釉和不挂釉之分，有方形、长方形和六边形等，一般用于外墙面。

外墙若采用了质地酥松、吸水率偏高的饰面砖粘贴，在雨水冲刷和冻融交替作用下会引起面砖开裂、爆皮、脱落，雨水沿这些部位渗入墙内则可造成渗漏。故外墙饰面的品种、规格、颜色、图案等均应符合设计要求，其技术性能应符合相关标准。饰面砖在进场验收和施工操作中，应剔除有暗痕和裂纹的面砖，以确保工程质量。陶瓷砖其含水率和抗冻性（陶瓷砖试验方法）应符合下列要求：在Ⅰ、Ⅵ、Ⅶ气候区，吸水率不应大于 3%，冻融循环应满足 50 次；在Ⅱ气候区，吸水率不应大于 6%，冻融循环应满足 40 次；在Ⅲ、Ⅳ、Ⅴ气候区，冰冻期一个月以上的地区吸水率不宜大于 6%。

面砖粘贴前应先将路面清洗干净，然后将面砖放入水中浸泡 5~10min，贴前取出晾干或擦干。面砖安装时，先抹 15mm 厚 1:3 水泥砂浆打底找平，再抹 5mm 厚 1:1 水泥细砂砂浆或纯水泥浆粘贴面砖。锦砖出厂前，一般按设计图纸要求反贴在标准尺寸的牛皮纸上，施工时只需将纸面朝外整块粘贴在 1:1 水泥细砂砂浆上，待砂浆凝固后，洗去牛皮纸即可。

1. 材料准备

（1）外墙砖

要求外墙面砖表面平整方正，图案、花色、颜色与样品相符，厚度一致，不得有缺棱掉角和断裂等缺陷。具有生产厂的出厂检验报告及产品合格证，材料进场时，要进行复检，主要检查尺寸、表面质量和吸水率，验收合格后方可使用。

（2）聚合物水泥砂浆

聚合物水泥砂浆是将聚合物按比例掺加到水泥砂浆中拌合均匀而成。聚合物水泥砂浆制备时，先将水泥、砂干拌均匀，再加入定量的聚合物溶液，搅拌均匀即可，聚合物和水泥应储存在干燥阴凉仓库内，严禁与水接触，保存期 3 个月。

2. 施工机具及工具准备

主要机具包括砂浆搅拌机、电动切割机（面砖切割机）、手动切割机、手电钻、砂轮台式切割机、冲击手电钻与冲击钻头、电动快速磨石机和电热切割机、斗车等。

主要工具包括铁袜子、木抹子、阴阳角抹子、托灰板、木刮子、方尺、托线板、小铁锤、垫板、瓦刀、墨斗、水平尺、小线、线锤等。

3. 作业条件

（1）主体结构施工完毕，并通过验收。

（2）外脚手架子（高层多用吊篮或吊架）应提前支搭和安装好，多层房屋最好选用双排脚手架。

（3）阳台栏杆、预留孔洞及排水管等已处理完毕，门窗框已做固定，隐蔽部位的防腐、嵌填处理完毕，并用1：3水泥砂浆将缝隙塞严实；铝合金门窗、塑料门窗、不锈钢门等框边用嵌塞材料及密封材料应符合设计要求，且应塞堵密实，并事先粘贴好保护膜。

（4）墙面基层清理干净，脚手眼、窗台、窗套等事先应按要求填塞好。

（5）按设计要求的面砖尺寸、颜色进行选砖，并分类存放备用。

（6）大面积施工前应先放大样，并做出样板墙，确定施工工艺及操作要点，并向施工人员做好交底工作。样板墙完成后经有关技术人员共同确认后，方可组织大面积施工。

4. 施工工艺及操作与要点

粘贴饰面砖外墙防水施工的施工工艺流程：基层处理──弹线、找规矩──抹水泥砂浆找平层──抹防水砂浆──试排砖、弹线分格──饰面砖粘贴──勾缝。

（1）基层处理

1）基层局部处理

基层处理前应对墙面进行检查，如发现有蜂窝、麻面、孔洞缺陷时应先行堵塞修补。对于穿墙套管、设备和门框等预埋件牢固安装，并嵌缝密封；对拉墙螺杆预留孔应先灌注膨胀剂进行封堵，在外墙的预留孔部位凿40mm深喇叭口，并在灌注膨胀剂后，再在喇叭口处填20mm厚堵漏王。

2）基层大面处理

基层大面处理应根据基层材料的不同分别采用如下处理方式。

①混凝土墙面基层

首先将混凝土增面的凸出混凝土剔平，将混凝土表面尘土、污垢清扫干净，去除油污，采用扫把甩浆，扫把为塑料扫把或竹扫把，必须保证扫把把条细密，甩时应重用轻起，沿水平甩毛，后道甩点压前道甩点的1/3，甩点要均匀，且要拉出毛尖，增加墙面毛糙，满布墙面，毛面要达到95%。提出扫帚后，将砂浆表面拉毛，甩浆厚度不小于5mm，其中表面凸起不小于5mm，终凝后浇水养护7d，待水泥砂浆疙瘩达到足够的强度为止。

②加气混凝土砌块基层

先用扫帚将墙面的多余砂浆、灰尘、污垢和油渍等清除干净，检查墙面的凹凸情况，分层找补抹平，每层厚度在7～9mm，待找补层终凝后浇水养护。再用上述同强度的细砂浆用扫帚甩在混凝土砌块墙上，并将砂浆表面拉毛，甩浆厚度不小于5mm，其中表面凸起不小于3mm，毛面要达到95%。

（2）吊垂直、找规矩、贴灰饼

在建筑物四周大角和窗边用经纬仪打垂直线找直；在窗四角、垛、墙面等处由顶到底弹出垂直线，再弹各楼层闭合的水平线；用鱼尾板上下吊垂直做1：3水泥砂浆灰饼，再在这两个灰饼上下拉通线，每步架子贴灰饼，再拉横线做中间水平向的灰饼，以决定抹灰层的厚度，灰饼间距 1.2～1.4m。同时要注意找好凸出檐口、腰线、窗台等饰面的流水坡度。

（3）抹找平层砂浆

1）不同材料交接处

在钢筋混凝土梁底、柱边等有不同材料交接处，应采用聚合物水泥砂浆勾缝，并在其接缝处外墙内外两侧同时附加金属网，以增加找平层的密实度和与结构基层的粘结力，增强找平层的抗压强度，避免找平层出现裂缝、脱落而引起渗漏。金属网在钢筋混凝土柱或梁上可用射钉固定，在砖砌体上可用水泥钉固定，钉距宜为 500mm，固定得恰当，不紧不松，并用 1：2 水泥砂浆粘牢，然后与整体墙面一起做找平层和防水层，如图 4-5 所示。

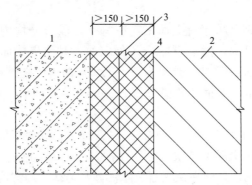

图 4-5　不同材料交接处的处理

1—混凝土墙（柱、梁）；2—砖（或砌块）墙；3—混凝土与墙交接处；

4—金属网（宽度约 200～300mm，孔径 10mm）

2）抹找平层砂浆时，基层必须充分湿润，严禁在干燥的混凝土上抹砂浆找平层。找平层砂浆应分两遍抹灰，每遍厚度宜为 7～10mm，第一遍先在两筋之间薄抹一遍，由上往下进行，在前一层终凝后再抹第二遍，由上往下刮平找平，用力将砂浆压入钢丝网内，凹陷处要用砂浆补平，然后用木抹子搓平，终凝后浇水养护。

（4）抹防水层砂浆

墙面防水层一般采用聚合物水泥防水砂浆，先在湿润的找平层上刷水泥浆一遍，然后方可分层抹压防水砂浆层。防水层聚合物水泥砂浆应分两层施工，总厚度控制在 10mm 以内。聚合物水泥防水砂浆宜采用压力喷涂施工，每遍喷涂厚度宜为 3mm，采用抹压时每层厚度不应大于 5mm，前一层抹面凝结后方可涂抹后一层。当最后一层抹完后，应在凝固前反复抹压密实，凝固后要做好洒水养护工作。

外墙聚合物水泥砂浆防水层应根据气候情况进行养护，一般温度在 20℃左右，每天可淋水 2～3 次，养护时间不应少于 3d。在养护期内应保持湿润，聚合物水泥砂浆防水层在未达到凝固状态时，不得采用淋水养护或受到雨水冲刷，待硬化后可采用干湿交替的方法进行养护。如不进行淋水或覆盖塑料薄膜进行养护，那么，将会使砂浆内部水分蒸发过快而影响水泥的水化作用并导致砂浆变形、起壳和开裂，造成外墙渗漏水。

（5）排砖、弹线分格

面砖在粘贴前要进行预排，水平、垂直缝宽分别控制在 5～9mm 和 3～5mm。根据墙面尺寸进行竖向排砖，以保证面砖缝隙均匀，要求尽量全用整砖，以及在同一场面上的竖向排列，均不应有一列以上的非整砖。非整砖应排在次要部位如窗间墙或阴角处等，若能够调整进行排整砖的应进行调整，调整应控制在 0.5mm 之内，但也要注意一致和对称。横缝一般要求与窗台相平。女儿墙顶、窗顶、窗台及各种腰线部位，应顶面砖盖立面砖，立面砖最低一排面砖压底平面面砖。

抹灰面达六七成干，即可在场面上每两个楼层按建筑标高弹一闭合的水平线，根据闭合控制线及排砖情况从上向下弹若干水平线作为控制每行砖或每张砖的水平度，在弹竖向线时从外墙两边阳角向窗户按砖模数弹线，然后再挂线，用面砖做灰饼间距不大于 1.4m，以控制面层出墙尺寸及垂直、平整。在阴阳角、窗口处，水平线和垂直线都要弹出，作为贴面砖的控制标志。

（6）嵌贴面砖

外墙饰面砖的整体粘贴顺序自上而下，在每一分段或分块内的面砖，为自下而上镶贴。先贴凸出部分以及细部，然后再贴大片外墙面。对凸出墙面的窗台、空调板线等部位，在水平阳角处，应做 20% 的向外排水坡，采用顶面砖压立面砖，立面最低一排面砖压底平面面砖，且立面最低一排面砖要往下凸出 3mm，底平面面砖横贴排水坡为 20%。

（7）勾缝及擦缝

待面砖镶贴完并达到一定强度后，应先行清理缝中的砂浆疙瘩并湿润，勾缝应用专用工具施工，勾缝材料采用水泥：砂浆＝1：1 的聚合物水泥砂浆。将缝清理干净后先用聚合物水泥浆顺拼缝薄涂一层，然后用聚合物水泥砂浆勾缝。勾缝应使缝与饰面砖形成一个整体防水层，为使勾缝砂浆表面达到"连续、平直、光滑、填嵌密实、无空鼓、无裂纹"的要求，应进行二次勾缝，即砂浆嵌缝后先勾缝一次，待勾缝砂浆"收水"后，终凝前再勾缝一次。勾缝后应及时用抹布或棉纱擦去粘在砖面上的勾缝砂浆，必要时可用稀盐酸擦洗，然后用水冲洗干净（酸洗时遇阳光暴晒，应有遮盖措施），以防固化后清理困难，勾缝后要及时进行淋水养护。面砖铺贴好并待砂浆收干后，应尽快进行敲击检查，如发现起壳，应及时进行处理，不留隐患。

（8）成品保护

1）外墙饰面砖粘贴后，对因油漆、防水等后续工程而可能造成污染的部位，应采取临时的保护措施。

2）对施工中可能发生的碰损入口、通道、阳角等部位，应采取临时保护措施。

3）应合理安排水、电设备安装的工序，及时配合施工，不应在外墙饰面砖粘贴后开凿孔洞。

4）拆架子时注意不要碰撞墙面。

5）装饰材料和饰件以及饰面的构件，在运输、保管和施工过程中，必须采取措施防止损坏。

5. 施工质量检验

粘贴饰面砖外墙面的防水施工应按检验批进行验收，分主控项目和一般项目，检验批的质量验收标准如下。

（1）主控项目

1）饰面砖的品种、规格、图案、颜色和性能应符合设计要求。

检验方法：观察；检查产品合格证书、进场验收记录、性能检测报告和复验报告。

2）饰面砖粘贴工程的找平、防水、粘结和勾缝材料及施工方法应符合设计要求，符合现行产品标准和工程技术标准的规定。

检验方法：检查产品合格证书、复验报告和隐蔽工程验收记录。

3）饰面砖粘贴必须牢固。

检验方法：检查样板件粘结强度检测报告和施工记录。

4）满粘法施工的饰面砖工程应无空鼓、裂缝。

检验方法：观察和用小锤轻击检查。

（2）一般项目

1）饰面砖表面应平整、洁净、色泽一致。

检验方法：观察检查。

2）阴阳角处搭接方式、非整砖使用部位应符合设计要求。

检验方法：观察检查。

3）墙面突出物周围的饰面砖应整砖吻合，边缘应整齐，墙裙、贴脸突出墙面厚度应一致。

检验方法：观察和尺量检查。

4）饰面砖接缝应平直、光滑。

检验方法：观察和尺量检查。

5）有排水要求的部位应做滴水线（槽）。滴水线（槽）应顺直，流水坡向应正确，坡度应符合设计要求。

检验方法：观察和水平尺检查。

4.3.3　涂料外墙防水工程施工

涂料类饰面装修的原理是利用各种涂料敷在基层表面而形成涂膜层，从而起到装饰和保护墙体的一种做法。外墙涂料的优点在于较为经济、整体感强、装饰性良好、施工简便、工期短、功效高、维修方便、首次投入成本低，即使起皮及脱落也没有伤人的危险，而且便于更新换代，丰富不同时期建筑的不同要求，进行维护更新以后，可以提升建筑形象。同时，在涂料里添加防水剂可以一次施工就解决防水问题，如果防水要求比较高可以加设一道防水层。它的缺点在于质感较差，容易被污染、变色、起皮、开裂，同时，寿命较短，一般不到 5 年就可能需要清洁重刷。

1. 施工准备

（1）乳液型外墙饰面涂料

以高分子合成树脂乳液为主要成膜物质的外墙涂料，称为乳液型外墙涂料。按照涂料的质感分为薄质乳液涂料（乳胶漆）、厚质涂料、彩色砂壁状涂料等。乳液型外墙涂料具有无污染、不易燃、毒性小、施工方便、涂料透气性好等优点，在实际工程中应用普遍。乳液型外墙饰面涂料以高分子合成树脂乳液为主要成膜物质的外墙涂料。按乳液制造方法不同可以分为两类：一是通过乳液聚合工艺直接合成的乳液；二是由高分子合成树脂通过乳化方法制成的乳液。

（2）外墙腻子

成品耐水腻子可用白水泥、合成树脂乳胶等调配，外墙腻子用量约为 $1.5\sim2kg/m^2$。

（3）聚合物防水涂料

聚合物防水涂料是将一定比例的有机聚合物乳液和无机粉料均匀共混搅拌，经无机粉料的水化反应及水性乳液交联固化复合形成高强坚韧的防水涂膜。由于是有机材料和无机材料复合而成，该涂膜兼有了这两类材料的优点，即具有弹性高、延伸率大、耐久性和耐水性好的特点，聚合物防水涂料一般用量约为 $2.1 \sim 3.0 \ kg/m^2$。

2. 施工机具及工具准备

油灰刀、钢丝刷、腻子刮刀或刮板、腻子托板、砂纸、滚筒刷、排笔刷、油漆刷、手提电动搅拌机、过滤筛、塑料桶、匀料板、钢卷尺、粉线包、薄膜胶带、遮挡板、遮盖纸、塑料防护眼镜、口罩、手套、工作服、胶鞋。

3. 作业条件

（1）作业面通风良好，环境干燥，一般施工时温度在 $5 \sim 35℃$，相对湿度不宜大于 60%。

（2）应事先按规范搭设好脚手架。操作前检查脚手架和跳板是否搭设牢固、高度是否满足操作要求，合格后才能上架操作，凡不符合安全之处应及时修整。

（3）禁止穿硬底鞋、拖鞋、高跟鞋在架子上作业，架子上的人不得集中在一起，工具要求搁置稳定，防止坠落伤人。

（4）大面积正式施工前，应事先做样板，经有关部门检查鉴定确认合格后操作者进行大面积施工。

4. 施工工艺及操作要点

外墙涂料墙面防水施工的施工工艺：基层处理——→弹线找规矩——→抹水泥砂浆找平层——→防水层施工——→批刮腻子——→涂刷外墙乳胶。

（1）基层处理

1）基层清理的处理方法

基层清理是清除基层表面的粘附物，一般先用扫帚或吸尘器清理，对于表面上突出的杂物，要用铲刀等清除；对于油脂、密封材料等可以用火碱水溶液清洗后，再用清水冲洗干净；对于大的坑槽，一般情况下，3mm 以下的孔洞可直接用聚合物水泥腻子填平或者聚合物水泥砂浆填平，待其固化后，打磨平整，确保基层干净、平整。

2）空鼓处理

一般情况下可直接将空鼓部分铲除，重做基层，对于大的空鼓，可用切割机沿空鼓四周边切割，然后进行剔凿处理。当空鼓不宜剔凿时，可用电钻钻孔，然后向孔内注入适量的环氧树脂使其充满空鼓的缝隙；表面孔用合成树脂或水泥聚合物腻子嵌平待固化后打磨平整。

3）裂缝修补

基层仅产生裂缝面而没有空鼓时可采用防水腻子嵌平，然后用砂纸将其打磨平整。混凝土板出现深的小裂缝，应用环氧树脂或水泥浆用压力灌浆办法进行修补。基层产生的裂缝如较大时，可将裂缝打磨或剔凿成 V 形口子，并用清水洗净，然后涂刷一层底层涂料（底层涂料与密封材料应配套）。然后将密封材料嵌填于缝隙内，并用竹板等工具将其压平。在密封材料的外表用合成树脂或水泥聚合物腻子抹平，最后打磨平整。如果嵌缝采用聚合物水泥砂浆，则应分层进行，至表面后抹平。

4）表面接缝错缝、凹凸不平之处，可打磨或剔凿凸出部分；凹或低下部分可用聚合物砂浆填平。

（2）抹找平层砂浆

找平层的施工方法与"粘贴饰面砖外墙防水施工"的找平层做法相同，先进行吊垂直、找规矩、贴灰饼等工序，在此基础上按照先处理不同材料交接处，再抹大面找平层砂浆。

5. 防水层施工

对于防水要求较高的外墙面，可在验收合格的找平层上做一层防水涂料。一般用塑料或橡皮刮板均匀涂刷一层厚约 0.8mm 的涂料，涂刮时用力均匀一致。控制防水层的总厚度不超过 1.0mm。涂刷的顺序应先垂直面，后水平面；先阴阳角及细部，后大面，而且每一道涂膜防水的涂刷顺序都应相互垂直；涂层要求平整干净，刷层均匀，光泽一致。对局部出现气泡或气孔和其他缺陷时要加以补强，或铲除后重新涂刷防水层。

（1）批刮腻子

用刮刀在墙面上刮出一层外墙腻子，以使墙面涂料涂刷在平整、光滑的基面上，腻子总厚度以 0.8～1.2mm 为宜，分多遍批刮，其遍数可由基层或墙面的平整度来决定，一般情况为三遍。第一遍用胶皮刮板横向满刮，一刮板紧接着一刮板，接头不得留槎，每刮一刮板最后收头时，要注意收得干净利落。干燥后用 1 号砂纸磨，将浮腻子及斑迹磨平磨光，再清扫干净；第二遍用胶皮刮板坚向满刮，所用材料和方法同第一遍，干燥后用 1 号砂纸磨平并清扫干净；第三遍选用胶皮刮板修补局部腻子，用钢片刮板满刮腻子，将基层刮光，干燥后用细砂纸磨平磨光。批刮腻子时应注意，每批应批刮均匀，不得出现漏刮现象，打磨时也应注意不要漏磨或将腻子磨穿。

（2）涂刷外墙乳胶漆

1）涂刷底涂料

乳胶漆开桶后应充分搅拌均匀，如稠度太大，可根据说明书加稀释剂来调整施工性能，注意根据要求，尤其是乳胶漆不可加入大量的水，否则水会使干燥后的涂层成膜困难及降低涂层的光泽度、耐久性和遮盖力等性能。底涂料用滚筒刷或排笔刷均匀涂刷一遍，注意不要漏刷，也不要刷得过厚。

2）涂刷面涂料

将面涂料按产品说明书要求的比例进行稀释并搅拌均匀。涂刷不同颜色涂料时，先用粉线包或墨斗弹出分格线，涂刷时在交色部位留出 10～20mm 的余地。一人先用滚筒刷蘸涂料均匀涂布，另一人随即用排笔刷展平涂痕和溅沫，应防止透底和流坠。每个涂刷面均应从边缘开始向另一侧涂刷，并应一次完成，以免出现接痕。前遍干透后，再涂后遍涂料。视具体情况，一般需涂刷 2～3 遍。

6. 成品保护

（1）涂刷前应清理好周围环境，防止尘土飞扬，影响涂漆质量。

（2）在涂刷涂料时，不得污染地面、踢脚线、窗台、阳台、门窗及玻璃等已完成的分部分项工程，必要时采取遮蔽措施。

（3）最后一遍涂料涂刷完后，设专人负责开关门窗，使室内空气流通，以预防漆膜干燥后表面无光或光泽不足。

（4）涂料未干透前，禁止打扫室内地面，严防灰尘等污染墙面涂料。

（5）涂刷完的部位要妥善保护，不得磕碰墙面，不得在完成的部位上乱写乱画而造成污染，外墙涂料墙面防水施工应符合《建筑涂饰工程施工及验收规程》（JGJ/T 29—2015）的要求。

4.4 质量通病、原因及防治措施

4.4.1 小型砌块外墙开裂及渗漏

1. 质量通病

小型砌块外墙在混凝土梁下、楼板交接处出现开裂及渗漏；小型砌块外墙面出现竖向通缝开裂；小型砌块外墙与混凝土结构墙柱交接处开裂而渗漏；外墙转角处开裂渗漏；外墙不同材料交接处出现开裂。

2. 原因

（1）设计：未按规范在不同材料交接部位设置热镀锌电焊网，或钢丝、网格尺寸过大。

（2）施工：小型砌块外墙与混凝土结构墙、柱未设置拉结筋，或拉结筋粘结强度不够。小型砌块外墙与混凝土结构墙柱在抹灰前未按设计设置热镀锌电焊网；小型砌块外墙组砌方式不符合规范要求，出现通缝；小型砌块外墙砌筑砂浆饱满度达不到规范要求；小型砌块外墙砌体顶砖砌筑过早，灰缝砂浆沉降后出现裂缝。

（3）材料：小型砌块龄期不够，砌筑后产生较大的收缩裂缝；和易性差或强度不足；热镀锌网不符合设计要求，网格大、钢丝细。

3. 防治措施

小型砌块外墙应在结构施工时预留拉结筋，如采用后植筋的方式其拉拔强度不低于6kN；小型砌块外墙在抹灰前，在砌块与混凝土结构处宜采用宽200mm的高分子咬合型接缝带进行密封处理，应满铺20mm×20mm×0.8mm热镀锌电焊网，并与混凝土结构搭接长度不小于150mm；小型砌块外墙的砌体应坐浆饱满，水平及垂直灰缝饱满度应不小于80%；小型砌块外墙顶部梁下，应预留180~200mm的空隙，再将其补砌顶紧，其间隔时间不少于14d，补砌顶砖应采用配套砌块或定型混凝土三角块砌筑；在外墙与顶梁接缝处宜采用宽度200mm的高分子咬合型接缝带进行密封处理；砂浆应配合比准确，保证有足够的搅拌时间，预拌砂浆应根据现场实际需要进料，以免放置时间过长，影响强度及流动性；小型砌块必须错缝搭接，错缝宽度及搭接小于150mm时，应在每皮砌块的水平缝处采用2根$\phi6$钢筋网片连接加固；植筋胶进场后应检查质量保证书，并在现场做植筋工艺检验，确定植筋孔径、孔深满足要求，植筋过程中应加强清孔并保证植筋胶饱满。

4.4.2 钢筋混凝土墙脚手架孔洞、外墙螺栓孔处渗漏

1. 原因

钢筋混凝土外墙面存在大量的螺栓孔，是混凝土外墙的主要渗点，固定模板用对拉螺栓洞口杂物清理不干净、塞填不实，孔壁与填充材料不能形成一个整体，而是在交接面上

留有细微缝；外墙面抹灰后螺栓孔位置过厚，易形成收缩裂缝，内外裂缝贯通成渗漏通路，个别螺栓孔未堵塞；脚手架孔洞采用干砖封堵或封堵砂浆不饱满，形成渗水通道；脚手架孔洞封堵后未等细石混凝土或砂浆终凝干缩完成就开始抹灰，出现收缩不均匀，形成裂缝。

2. 防治措施

脚手架孔等孔洞进行修补应用 C25 无收缩细石混凝土（或砂浆）堵塞密实，表面比墙面低 20mm，并刷 2mm 厚聚合物防水涂料（宽出洞边 100mm）；外墙抹灰预先封抹凹入处与墙平齐，并刷一道界面剂，穿墙螺栓洞宜按以下步骤进行封堵：（1）用冲击钻清除螺杆内 PVC 等套管，将孔内杂物清除干净。（2）用冲击钻在外墙外侧进行扩孔处理，扩孔外径不小于 30mm，深度不小于 40mm，并形成喇叭形孔洞；清理完成后进行洒水湿润，先用 M20 水泥砂浆或细石混凝土（掺膨胀剂）嵌实，隔日在墙外侧表面用 M20 聚合物水泥防水砂浆补平，宜贴高分子咬合型接缝带，接缝带应完全覆盖螺栓孔，如图 4-6 所示。

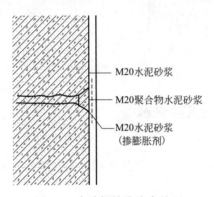

图 4-6　穿墙螺栓孔防水处理

4.4.3　雨篷根部开裂及渗漏

1. 质量通病

雨篷根部混凝土结构开裂及产生渗漏；雨篷顶面无泄水坡度，根部长时间积水产生渗漏。

2. 原因

设计：（1）钢筋混凝土配筋错误，部分主筋设置在雨篷板底或雨篷配筋不足，雨篷混凝土浇筑拆模后出现雨篷根部开裂。（2）雨篷上部未设计防水层，雨篷板设计无泛水或泛水过小。

施工：（1）悬挑结构的受力钢筋图纸设计在上部，施工时错放至下层或钢筋绑扎后被踩踏，导致上部钢筋保护层过大，雨篷开裂而出现渗漏。（2）雨篷混凝土强度不满足设计要求或混凝土浇筑后拆模过早，根部出现裂缝。（3）雨篷混凝土振捣不密实，出现蜂窝、孔洞而渗漏。（4）外墙防水层在雨篷根部未连续，雨篷未设置向外的排水坡度，甚至有外高内低倒泛水的现象。

3. 防治措施

雨篷钢筋绑扎应严格按设计图纸施工，并应按规范设置钢筋马凳，使雨篷钢筋位置准确，保护层满足设计要求，确保受力合理；混凝土雨篷浇筑时，应认真振捣密实；雨篷混凝土浇筑后拆模时间应待混凝土强度达到 100％；外墙防水层应与雨篷防水层保持连续，阴阳角处采用宽度 200mm 的高分子咬合型接缝带做加强层，抹灰或面砖镶贴应保证外低内高的泛水坡度，坡度不小于 1％，如图 4-7 所示。

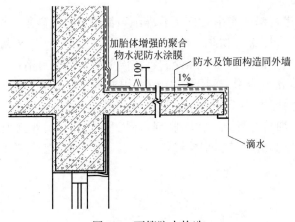

图 4-7　雨篷防水构造

4.4.4　穿外墙的设备套管处渗漏水

1. 质量通病

穿墙管道与墙接缝处渗漏；雨水在风压作用下从穿墙管流入室内。

2. 原因

设计：设计图纸只标注穿墙管道的位置，未要求管道按外低内高进行设置施工：（1）穿外墙的套管周边未涂防水密封材料。（2）管道套管外高内低，或未设置外低内高的坡度。（3）管道与套管之间填缝砂浆不密实。材料：管道周边建筑密封胶老化。

3. 防治措施

穿墙管安装后，穿墙管穿过套管孔洞的缝隙应用聚合物防水砂浆（掺膨胀剂）填嵌密实；套管与混凝土墙身之间的缝隙应剔凿成 V 形凹槽刷基层处理剂，填嵌单组分聚氨酯建筑防水密封材料；建筑防水密封胶应选耐老化的材料；套管埋设时，应保证内高外低，坡度＞5％，如图 4-8 所示。

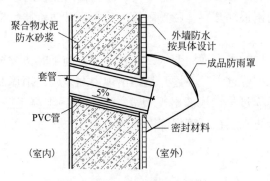

图 4-8　外墙穿墙管防水示意

4.4.5　小型砌块外墙开裂及渗漏

1. 质量通病

砌体外墙抹灰出现空鼓、开裂、脱落、渗漏。

2. 原因

设计：1) 不同材料交接处未要求设置热镀锌电焊网收缩而出现裂缝。2) 外墙抹灰砂浆设计强度较低。

施工：1) 抹灰层与基层粘结不够牢固，导致脱层、空鼓、开裂。2) 基层干燥，界面处理不当，抹上去的砂浆层被基层大量吸收水分，形成砂浆过早失水，导致抹灰开裂、空鼓。3) 抹灰过厚，没有按规范要求增挂加强网，没有按要求分层抹灰，砂浆层由于内湿外干而引起表面干缩裂缝。4) 砌块与钢筋混凝土构件的接缝处以及砌块墙面管线开槽走线的位置，没有按规定在交接处、开槽位置上铺钉热镀锌电焊网，直接抹灰而出现裂缝。

3. 防治措施

墙身抹灰的基层应用素水泥浆（水泥细砂浆）甩毛，并进行湿润养护，或采用具有较强粘结力和防水性能好的聚合物水泥浆作界面剂（如素水泥浆内掺 3%～5% 白乳胶），经过界面剂处理后，随即进行底层砂浆抹灰；应采用分层抹灰，以消除抹灰面表层的干缩裂缝；砌块与钢筋混凝土构件的接缝处除设置足够的拉结筋外，在抹灰前应在砌块上加钉镀锌钢丝网，在砌块墙面开槽走线的地方也应加钉 20mm×20mm×0.8mm 的热镀锌电焊网，每边宽度＞150mm；或粘贴宽度 200mm 的高分子咬合型接缝带；涂料外墙抹灰砂浆强度应不低于 M15，抗拔试验强度应不低于 0.25MPa。

4.4.6　外墙饰面砖空鼓、松动、脱落、开裂、渗漏

1. 质量通病

外墙饰面砖空鼓、松动、脱落、开裂、渗漏。

2. 原因

设计：(1) 面砖基层的砂浆找平层设计强度偏低，设计未采用面砖胶粘剂粘贴，致使找平层与面砖之间粘结强度不够。(2) 有外保温层时，设计采用面砖饰面，容易造成粘结空鼓、脱落。

材料：(1) 外墙面砖粘结料强度不足。(2) 砂浆强度不足。

施工：(1) 外墙基层没有清理干净、未淋水湿润，界面处理不当，导致抹灰层空鼓、开裂；(2) 外墙找平层一次成活，抹灰层过厚，出现空鼓、开裂、下坠、砂眼、接槎不严实，成为藏水空隙、渗水通道。(3) 外墙砖粘贴前找平层及饰面砖未经淋水湿润，粘贴砂浆失水过快，影响粘结质量。(4) 饰面砖粘贴时粘贴砂浆没有满铺，仅靠手工挤压上墙，尤其砖块的周边，特别是四个角位的砂浆不饱满，留下渗水空隙和通道。(5) 粘贴或灌浆砂浆强度低、干缩量大、粘结强度差。(6) 砖缝不能防水，雨水易入侵，砖块背面的粘结层基体发生干湿循环，削弱砂浆的粘结力。

3. 防治措施

找平层应具有独立的防水能力，找平层抹灰前可在基面涂刷一层界面剂，以提高界面的粘结力；外墙面抹灰找平层至少要求两遍成活，并且养护不少于 3d，在粘贴墙砖前，将

基层空鼓、开裂的部位处理好，确保找平层的粘贴强度和防水质量；镶贴面砖前，砂浆基层、面砖背面必须清理干净，用水充分湿润待表面阴干至无水迹时，即可涂刷界面处理剂随刷随贴，粘贴砂浆宜采用配套的专用胶粘剂或聚合物水泥砂浆；外墙砖接缝宽度宜为6~8mm，不得采用密缝粘贴；外墙砖勾缝应饱满、密实，无裂纹，选用具有抗渗性能和收缩率小的材料勾缝，如采用水泥基料的外墙砖专用勾缝材料，其稠度小于50mm，将砖缝填满压实，待砂浆泌水后再进行勾缝，确保勾缝的施工质量；因轻质保温材料与砂浆的粘结强度不够，设计有外保温系统时，建议不采用外墙面砖饰面；外墙面砖的基层，其找平层的砂浆强度应不低于M15，面砖镶贴后应做拉拔试验，其强度不低于0.4MPa。

4.4.7 外墙变形缝处渗漏水

1. 原因

设计：变形缝设计盖板为平直形，不能充分适应建筑物变形。

材料：密封材料质量差，耐久性不好，使用不久就开始变质，失去防水功能。

施工：（1）变形缝盖板不能充分适应变形（盖板平直且两端固定）拉伸，建筑物变形后直接将盖板与墙固定处的盖板拉裂而渗漏。（2）变形缝固定锚栓处未用密封胶密封，雨水从锚栓孔处渗入；变形缝与墙缝处用嵌填密封胶密封，雨水从缝两侧渗入。

2. 防治措施

变形缝处的防水卷材或金属盖板应做成 V 形或 U 形槽，使之能适应结构变形；固定变形缝不锈钢板（或铝板）的锚栓处采用聚氨酯建筑密封胶密封；盖板前在接缝上粘贴200mm宽高分子咬合型接缝带，如图4-9所示；盖板在变形缝两侧与外墙饰面层之间采用单组分聚氨酯建筑密封胶密封；变形缝内残留的建筑垃圾应清理干净，确保建筑物能自由变形。

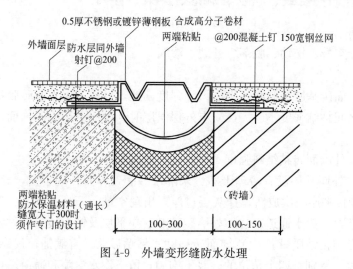

图 4-9　外墙变形缝防水处理

4.4.8 外墙铝合金门窗渗漏

1. 质量通病

铝窗框与窗洞墙体的连接处、铝窗两边竖挺与下滑连接处、组合窗竖挺与横杆拼接处的缝隙渗漏；铝窗导轨、安装紧固螺钉孔、纵横窗框构件拼装部位渗漏；铝窗框与墙面接缝处、窗台发生渗漏。

2. 原因

设计：（1）未按规范设计被水条、排水孔间距过大。（2）铝合金门窗杆件设计不合理，杆件刚度或强度不足，安装后受风荷载作用易变形，从而出现气密性或水密性不够而产生渗漏。

材料：（1）铝合金材料选用不满足设计要求。（2）密封材料品质差，易老化变形。

施工：（1）铝合金窗框与墙体连接处未留缝也未用防水密封胶填缝封闭，外窗框与墙体连接处裂缝渗漏。（2）铝合金窗安装紧固螺钉孔、纵横窗框构件拼装部位未用防水密封。（3）铝合金门窗制作缺陷：1）铝合金窗制作和安装时，由于本身存在拼接缝隙，成为渗水的通道。2）窗框与洞口墙体间的缝隙填塞不密实，缝外侧未用密封胶封严，在风压作用下，雨水沿缝隙渗入室内。3）推拉窗下滑道内侧的挡水板过低，风吹雨水倒灌。4）平开窗搭接不好，在风压作用下雨水倒灌。5）窗楣、窗台做法不当，未留鹰嘴、滴水槽和斜坡，因而出现倒泛水。

3. 防治措施

铝合金窗下框必须有泄水构造：（1）推拉窗：导轨在靠两边框位处铣 8mm 口泄水。（2）平开窗：在框靠中挺位置每个扇洞铣一个宽 8mm 口泄水；结构施工时门窗洞口每边留设的尺寸宜比窗框每边小 20mm，采用聚氯酯 PU 发泡胶填塞密实；宜在交界处贴高分子自粘型接缝带进行密封处理；铝合金窗框与周边墙体装饰层之间留宽 5mm、深 8mm 槽，清理干净后，用防水密封胶密封；铝合金窗内外窗台高差大于 20mm，外窗台应低于内窗台，外窗台应有 20% 的向外排水坡度在窗媚上做淌水槽；用聚合物纤维防水砂浆（干硬性）等将铝合金窗框与洞口墙体间的缝隙填塞密实，外面再用优质防水密封材料封严，并在交界处贴高分子自粘型接缝带进行密封处理；对铝合金窗框的榫接、铆接、滑撑、方槽、螺钉等部位，均应用防水玻璃硅胶密封严实；将铝合金推拉窗框内的低边挡水板下滑道改换成高边挡水板内下滑道如图 4-10 所示。

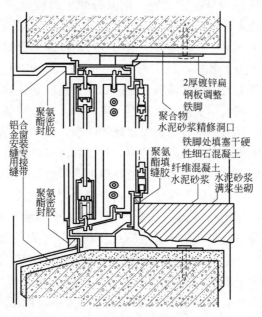

图 4-10　铝合金推拉窗框防水构造

4.4.9 幕墙设计及材料问题导致渗水

1. 质量通病

螺钉孔、压顶搭接形成渗水通道,外部水渗入幕墙;铝型材缺陷渗水;幕墙严重变形,出现移位和雨水渗漏;玻璃、铝型材与铝扣条之间的等压腔内存有少量积水;幕墙密封胶使用过程中渗水;幕墙玻璃缺陷渗水;玻璃暗裂、自爆、热断裂渗水;玻璃受热膨胀,被铝型材挤爆渗水。

2. 原因

设计:(1)设计时既没有采用伸缩量较大的密封胶,也没有进行必要的计算,嵌入密封胶适应变形能力差,受温度变化会自行拉裂或鼓起,失去防水功能。(2)对与建筑物接合部位进行收口处理时,没有与土建单位共同研究和配合,螺钉孔、压顶搭接处不打胶或打胶不严密、遗漏等都会形成渗水通道。(3)设计时未认真考虑幕墙防水装置构造,造成外部水因压力差渗入幕墙。

材料:(1)铝型材:铝型材表面处理不符合国家标准,表面涂层附着力不强,氧化膜太薄或过厚,导致密封胶粘结失效;主要受力构件铝型材立柱和横梁的强度不足,刚度不够,其截面受力部分的壁厚小于 3mm,在风荷载标准值作用下出现相对挠度大于 $L/180$ 或绝对挠度大于 20mm 的现象,使幕墙产生严重变形并进而导致幕墙出现移位和雨水渗漏问题;没有采用优质高精度等级的铝型材或铝型材不合格,其弯曲度、扭拧度、波浪度等严重超标,造成整幅幕墙的平面度、垂直度无法满足要求,引起雨水渗漏;在幕墙铝型材上未合理开设流向室外侧泄水小孔,引起雨水渗漏。(2)密封胶材料:采用了普通密封胶,没有采用耐候硅酮密封胶进行室外嵌缝,当幕墙上长期经受太阳光紫外线照射,胶缝会过早老化而造成开裂;没有按规范要求进行结构硅酮密封胶接触材料相容性试验,若结构硅酮密封胶与铝型材、玻璃、胶条等材料不相容,就会发生影响粘结性的化学变化,影响密封作用;未选用优质结构硅酮密封胶、耐候硅酮密封胶,或使用了过期的耐候密封胶;选用的优质浮法玻璃未进行边缘处理,导致玻璃规格尺寸误差达不到规定标准要求;未注意控制密封胶的使用环境。或在露天下雨时进行耐候硅酮密封胶施工,致使结构胶的施工车间未达到清洁、无尘土要求,且室内温度高于 27℃、相对湿度低于 50%;注胶前未先将铝框、玻璃或缝隙上的尘埃、油渍、松散物和其他脏物清除干净,或注胶后未做到"嵌填密实、表面平整",或受到手摸、水冲等不良影响。(3)玻璃:玻璃没有进行边缘棱角处理,用做幕墙面材时容易产生应力集中,导致暗裂、自爆、幕墙漏水;玻璃未进行热应力验算,大面积的玻璃吸收日照后,其热应力超过容许应力而引起热断裂,并导致幕墙漏水;玻璃尺寸公差超标,玻璃两边的嵌入量及空隙不符合设计要求,当安装在明框玻璃幕墙上时,若玻璃偏小,则槽口嵌入深度不足,胶缝黏度达不到要求,玻璃容易从边缘破裂而渗水;若玻璃偏大,则槽口嵌入位移量过深,玻璃受热膨胀容易被铝型材挤爆而渗水。当安装在隐框玻璃幕墙上时,由于胶缝宽度不均匀且难以控制注胶质量而导致渗水;玻璃幕墙施工过程中未按规范要求分层进行抗雨水渗漏性能检查;施工中应严格控制密封胶的使用环境,严禁露天下雨时进行耐候硅酮密封胶施工;结构胶的施工车间应满足清洁、无尘要求,室内温度一般不宜高于 27℃,相对湿度不宜低于 50%;注胶前应先将铝框、玻璃或缝隙上的尘埃、油渍、松散物和其他脏物清除干净,注胶后应确保"嵌填密实、表面平整"，并应加强保护，防止手模、水冲等现象发生。

3. 防治措施

设计：（1）设计时应采用伸缩度较大的密封胶，并进行合理的计算。（2）在对幕墙与建筑物接合部进行收口处理设计时，设计单位应与土建单位共同研究。（3）设计单位进行幕墙设计时，应首先考虑幕墙防水装置设计构造问题，合理运用等压原理，在幕墙铝型材上设置等压腔和特别压力引入孔，使压腔内部应力通过特别压力引入孔与外部压力平衡，从而将压力差移至接触不到雨水的室内一侧，使有水处没有压力差，而有压力差的部位又没有水，以达到防止外部水因为压力差渗入幕墙的目的。（4）在幕墙四周铝型材与墙体连接位置，采用粘贴高分子自粘型接带进行密封处理。

材料：（1）铝型材：铝型材表面处理应符合国家标准，其表面涂层附着力要强，氧化膜厚度适中；幕墙主要受力构件的强度和刚度均应满足要求，截面受力部分的壁厚应不小于 3mm；应采用优质高精度等级的铝型材（其中幕墙立柱应采用超高精等级），且应符合现行国家规范要求，其弯曲度、扭拧度、波浪度等不得超标；在幕墙铝型材上应合理开设流向室外的泄水小孔，以把通过细小缝隙进入幕墙内部的水收集排出幕墙外，同时排去玻璃、铝型材和铝扣条之间的等压腔内的少量积水。（2）密封胶：采用耐候硅酮密封胶进行室外嵌缝；应按规范要求进行结构硅酮密封胶接触材料的相容性试验；应选用优质结构硅酮密封胶、耐候硅酮密封胶、墙边胶，且应避免过期使用；应选用优质浮法玻璃且必须按规范要求进行边缘处理，同时应确保玻璃的规格尺寸误差在现行国家规范要求的限度以内。

4.4.10　玻璃幕墙安装缺陷渗漏

1. 质量通病

铝框架接缝处渗水，密封材料失去防水功能渗水，玻璃底部挤裂渗水。

2. 原因

铝框架安装时未按规范操作，其水平度、垂直度、对角线差和直线度超标，直接影响幕墙的物理性能。通常，接缝处的水流量远大于玻璃墙面上的平均水流量，因此，接缝是主要渗漏部位，若各构件连接处的缝隙未进行密封处理，则安装玻璃后必然渗水；耐候硅酮密封胶封堵不密实、不严，或长宽比不符合规范要求。耐候硅酮密封胶厚度太薄，则不能保证密封质量，且对型材温度变化产生拉应力不利；太厚又容易被拉断，使密封和防渗漏失效，导致雨水从填嵌的空隙和裂隙渗入室内；密封胶条尺寸不符合要求或采用劣质材料，很快松脱或老化，失去密封防水功能；幕墙安装过程中未采用弹性定位垫块致使玻璃与构件直接接触，当建筑出现变形或温度变化时，其构件对玻璃产生较大应力并从玻璃底部开始开裂而导致渗水。

3. 防治措施

铝框架安装过程中应严格按规范操作并做好质量控制工作，其水平度、铅直度、对角线差和直线度均不得超标，各构件连接处的缝隙必须进行可靠的密封处理；耐候硅酮密封胶应封堵密实，长宽比应满足规范要求，规范规定其厚度应大于 3.5mm、小于 4.5mm，高度应不小于厚度的两倍且不得三面粘结；密封胶条尺寸应符合要求，严禁采用劣质材料；应合理设置并采用弹性定位垫块，以避免玻璃与构件直接接触。

第 5 章　地下工程防水施工

5.1　地下工程概述

地下工程防水是指对工业与民用建筑的全埋或部分埋于地下或水下的地下室、隧道以及蓄水池等建筑物、构筑物进行的防水设计、防水施工和维护管理等各项技术工作总称。

地下工程由于受地下水等影响，如果没有防水措施或防水措施不当，那么地下水就会渗入其结构内部，导致混凝土腐蚀、钢筋生锈、地基下沉，甚至淹没构筑物，直接危及建筑物的安全，为了确保地下建筑物的正常使用，国家发布了《地下工程防水技术规范》（GB 50108—2008），明确规定地下防水工程的等级以及每一个等级的防水设防要求，并对地下工程防水的设计和施工都作了明确的规定，地下工程防水施工必须严格按照《地下防水工程质量验收规范》（GB 50208—2011）执行，对地下防水工程的验收作了明确的规定，是地下防水验收工程的依据。

5.1.1　地下工程的类型及施工方法

1. 地下工程的类型

（1）按照不同的建筑方式和用途分类

根据建造环境和建造方式与用途分为隧道工程、地下建筑物、地下构筑物等类型。

隧道工程主要是指铁路隧道、公路隧道、地下越江隧道、海底隧道以及水工、热力、电缆隧道。

地下构筑物主要是指军事工程、人防工程、城防、水工构筑物、储水池、游泳池等。

（2）按照埋置深度的不同分类

地下工程按照水平坑道埋置深度的不同，可以分为浅埋和深埋两种。浅埋结构一般是指埋土厚度仅在 5m 以内而不采用暗挖法修建的结构。

2. 地下工程的施工方法

地下工程施工时，必须先开挖出相应的空间，然后方可在此空间内进行修筑衬砌，其开挖空间的施工方法由于各类工程的场地、环境、水文、地质等条件的不同，其施工方法各异，总体而言可分为明挖法和暗挖法；具体而言，有大开挖基坑、地下连续墙、逆作法、盾构法、顶管法、沉管法等多种方法。

采用何种开挖方法则应以地质、地形及环境条件、埋置深度为主要依据，尤其是埋置深度对其开挖施工方法有决定性的影响。埋置较浅的工程，施工时可先从地面挖基坑或堑壕，经修筑衬砌之后再回填，即明挖法，敞口明挖、盖挖法、地下连续墙等均属于明挖法施工范畴。当埋置深度超过一定限度后，明挖法施工则不再适用，应采用暗挖法施工，暗挖法顾名思义，即不挖开地面，而是采用在地下挖洞的方法进行施工，常见的盾构法、顶管法均属于暗挖法。

5.1.2 地下工程施工的特点

1. 地下水渗流对地下工程施工的影响

在地下水位以下开挖基坑构筑地下室、竖井、隧道，穿过含水地层时，均会有地下水渗入的可能，施工中必须采取降低地下水位防止地面水或者地下水回流进入基坑。

在地下水位以下的土中开挖构筑地下工程时，往往会碰到基坑周围或洞壁周围的土随地下水一起涌进坑内或洞内，严重影响施工。流砂不仅对地下工程的施工，而且对附近的建筑物都有很大的危害，流砂防治主要方法是减少动水压力、使动水压力为零或为负值，具体方法可根据实际情况选择人工降低地下水位、沿基坑四周打板桩至不透水层、采用地下连续墙，或在枯水期施工、采用冻结法等。

2. 地下水位变化对地下工程的影响

地下水位的变化幅度是很大的，影响地下水位变化的因素很多，有天然因素（如气候条件、地质条件、地形条件、地区条件等）和人为因素（如修建水利设施、水管渗漏、大量抽取地下水等）。水位变化对地下工程可产生浮力影响、潜蚀作用影响、对衬砌耐久性和对地基强度的影响。

3. 防潮防水一体化

当地下室地板标高高于设计最高地下水位时，而且无滞水可能时，可采用防潮做法，如图 5-1 所示。

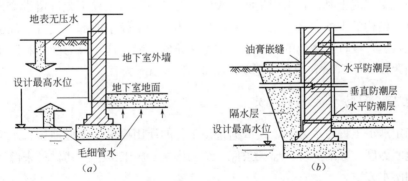

图 5-1　地下室防潮构造
（a）地下水作用情况；（b）外墙做隔水层

当设计最高地下水位高于地下室地面，此时应根据实际情况可采用内防水和外防水的形式，如图 5-2 所示。

4. 地下防水薄弱部位多

（1）变形缝

变形缝包括伸缩缝和沉降缝等形式，变形缝是最容易发生渗漏的位置，必须采取一定措施，确保防水施工的质量。

（2）穿墙管

各种管道如给排水水管、煤气管、热水管、电缆等，穿过地下室墙体时，容易发生渗漏水。当有管道穿过地下结构的墙板时，由于受管道与周边混凝土的粘结能力、管道的伸

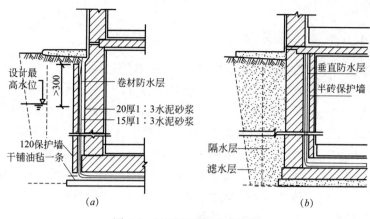

图 5-2　地下室柔性防水构造

（a）外防水；（b）内防水

缩、结构变形等诸多因素的影响，管道周边与混凝土两者之间的接缝就成为防水的薄弱环节，应采取必要的措施进行防水设防。

（3）施工缝

施工缝是混凝土结构的薄弱环节，也是地下工程容易出现渗漏的部位，因此必须采取防水措施确保其不漏水，对受水压较大的重要工程，施工缝处理宜采用多道防水。

5. 后浇带

大面积浇筑混凝土时，容易产生收缩裂缝，当地下建筑工程不允许留设变形缝时，为了减少混凝土结构的干缩、水化收缩可在结构受力和变形较小的部位设置后浇带，后浇带是一种刚性接缝，设置后浇带的同时也增加了两条施工缝，这就成为受力和防水的薄弱部位，通常间距以 30～60mm 为宜，宽度以 700～1000mm 为宜。

5.1.3　地下工程防水方案的确定

合理确定地下工程防水方案，其依据是该工程的使用要求、地形地貌、水文地质、工程地质、地震烈度、冻结深度、环境条件、结构形式、施工工艺及其材料来源诸因素综合选择不同的防水方案。

1. 地下工程防水等级

地下工程的防水等级分为四级，各级的标准应符合表 5-1 的规定。

地下工程防水标准（GB 50208—2011）　　表 5-1

防水等级	标准
一级	不允许漏水，结构表面无湿渍
二级	不允许漏水，结构表面可有少量湿渍。 房屋建筑地下工程：总湿渍面积不应大于总防水面积（包括顶板、墙面、地面）的 1/1000；任意 100m² 防水面积上的湿渍不超过 2 处，单个湿渍的最大面积不大于 0.1m²。 其他地下工程：总湿渍面积不应大于总防水面积的 2/1000，任意 100m² 防水面积上的湿渍不超过 3 处，单个湿渍的最大面积不大于 0.2m²。其中，隧道工程还要求平均渗漏不大于 0.05L/(m²·d)，任意 100m² 防水面积上的渗漏量不大于 0.15L/(m²·d)

续表

防水等级	标准
三级	有少量漏水点，不得有线流和漏泥砂。 任意 $100m^2$ 防水面积上的漏水或湿渍点数不超过 7 处，单个漏水点的最大漏水量不大于 $2.5L/(m^2 \cdot d)$，单个湿渍的最大面积不大于 $0.3m^2$
四级	有漏水点，不得有线流和漏泥砂；整个工程平均漏水量不大于 $2L/(m^2 \cdot d)$；任意 $100m^2$ 防水面积的平均温水量不大于 $4L/(m^2 \cdot d)$

2. 设防要求

（1）地下工程的设防要求，应根据使用功能、使用年限、水文地质、结构形式、环境条件、施工方法及材料性能等因素合理确定。明挖法的防水设防要求见表 5-2，暗挖法的防水设防要求见表 5-3。

明挖法地下工程防水设防要求　　　　　表 5-2

工程部位		主体结构						施工缝							后浇带				变形缝、诱导缝					
防水措施		防水混凝土	防水卷材	防水涂料	塑料防水板	膨润土防水材料	防水砂浆	金属防水板	水膨胀止水条或止水胶	外贴式止水带	中埋式止水带	外抹防水砂浆	外涂防水涂料	水泥基渗透结晶型防水涂料	埋注浆管	补偿收缩混凝土	外贴式止水带	预埋注浆管	遇水膨胀止水条或止水胶	中埋式止水带	外贴式止水带	可卸式止水带	防水密封材料	外贴防水卷材	外涂防水涂料
防水等级	一级	应选	应选 1～2 种						应选 2 种							应选	应选 2 种		应选	应选 1～2 种					
	二级	应选	应选 1 种						应选 1～2 种							应选	应选 1～2 种		应选	应选 1～2 种					
	三级	选	宜选 1 种						宜选 1～2 种							应选	宜选 1～2 种		应选	宜选 1～2 种					
	四级	选	—						宜选 1 种							应选	宜选 1 种		应选	宜选 1 种					

暗挖法地下工程防水设防要求　　　　　表 5-3

工程部位		初砌结构							内砌施工缝						内衬砌变形缝、诱导缝			
防水措施		防水混凝土	防水卷材	防水涂料	塑料防水板	膨润土防水材料	防水砂浆	金属板	遇水膨胀止水条或止水胶	外贴式止水带	中埋式止水带	防水密封材料	水泥基渗透结晶型防水材料	预埋注浆管	中埋式止水带	外贴式止水带	可卸式止水带	防水密封材料
防水等级	一级	应选	应选 1～2 种						应选 1～2 种					应选	应选 1～2 种			
	二级	应选	应选 1 种						应选 1 种					应选	应选 1 种			
	三级	选	宜选 1 种						宜选 1 种					应选	宜选 1 种			
	四级	选	宜选 1 种						宜选 1 种					应选	宜选 1 种			

（2）处于侵蚀性介质中的工程，应采用耐侵蚀的防水混凝土、防水砂浆、防水卷材或涂料等防水材料。

（3）处于冻融侵蚀环境中的地下工程，当采用混凝土结构时，其混凝土抗冻融循环能力不得少于 300 次。

（4）结构刚度小或受震动作用的工程，应采用伸长率较大的卷材或涂料等柔性防水材料。

（5）具有自流排水条件的工程，应设自流排水系统；无自流排水条件的工程，应设机械排水系统。

5.2 地下工程刚性防水层施工

5.2.1 防水混凝土施工

刚性防水层是由胶凝材料、颗粒状的粗细骨料和水，必要时掺入一定数量的外加剂和矿物混合体材料，按适当的比例配制而成的。组成刚性防水的基本材料为水泥、砂石、水、钢材、掺合料、外加剂等，常见的形式有防水混凝土和防水砂浆。

防水混凝土，是以混凝土自身的密实性、憎水性而具有一定防水能力的混凝土结构或钢筋混凝土结构，称之为混凝土结构自防水。其主要的作用是承重、防水，同时还具备一定的耐冻融和耐侵蚀要求。

防水混凝土主要是通过提高其自身的密实性、抑制和减少其内部孔隙的生成，改变孔隙的特征，堵塞渗水通道，并以自身壁厚及其憎水性来达到自防水的一种混凝土。地下工程防水重点应以结构自防水为主，而结构自防水应采用防水混凝土。

防水混凝土除满足强度要求外，还应满足抗渗等级要求，一般有 P4、P6、P8、P10、P12、P16、P20 等。防水混凝土的设计抗渗等级，应符合表 5-4 的规定。在满足抗渗等级要求的同时，其抗压强度一般可以控制在 20～30MPa 范围之内。

防水混凝土设计抗渗等级 表 5-4

工程埋置深度(m)	设计抗渗等级
$H<10$	P6
$10 \leqslant H<20$	P8
$20 \leqslant H<30$	P10
$H \geqslant 30$	P12

1. 施工工艺

防水混凝土施工工艺流程：施工准备→混凝土配制→运输→混凝土浇筑→养护。

（1）施工准备

1）技术准备

① 按照设计资料和施工方案，进行施工技术交底和施工人员上岗操作培训。

② 按照设计资料计算出工程量，制定材料需用计划及材料技术质量要求，确定防水混凝土的配合比和施工方法。

③ 根据设计要求及工程实际情况制定特殊部位施工技术措施。

2）作业条件

① 钢筋、模板工序已完成，办理隐蔽工程验收、预检手续，检查穿墙杆件是否已做好防水处理，模板内杂物清理干净并提前浇水湿润（图 5-3）。

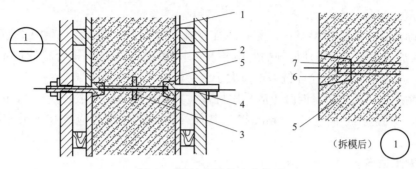

图 5-3　穿墙螺杆的防水构造

1—模板；2—墙体；3—止水环；4—工具式螺栓；

5—固定模板用螺栓；6—嵌缝材料；7—聚合物水泥砂浆

② 对各作业班组做好技术交底。

③ 材料需经检验，由试验室试配提出混凝土的配合比，并换算出施工配合比。

④ 材料的运输路线、浇筑顺序应事先规划好，并确保施工不受影响。

（2）施工步骤

1）模板工程

模板应平整，有足够的强度、刚度和稳定性，接缝小且已经用卷材铺填，木模施工前要洒水湿润。

尽可能使用滑模施工，以减少用螺栓或铁丝固定模扳，避免水沿铁丝或螺栓锈蚀渗入。

必须采用对拉螺栓固定模板时，应在预埋套管或螺栓上加焊止水环，穿墙螺栓必须符合以下要求：

在对拉螺栓中部加焊止水环，止水环与螺栓必须满焊严密。拆模后应沿混凝土结构边缘将螺栓割断，该法需要切割螺栓，造成一定浪费，现已少用。工具式穿墙螺杆加止水环做法如图 5-4 所示。

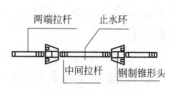

图 5-4　对拉螺栓示意图

止水环与螺栓必须满焊严密，两端止水环与两侧模板之间应加垫木，拆模后除去垫木，沿止水环平面将螺栓割拉，凹坑以膨胀水泥砂浆封堵。适用于抗渗要求较高的结构。

防水混凝土结构拆模时，对于承重模板，必须达到规定的设计强度，经过监理工程师同意后才能拆除，混凝土表面温度与环境温度之差，不得超过 20℃。

2）钢筋工程

① 钢筋绑扎。应保证钢筋绑扎牢固，以免混凝土浇筑时因振动棒的振动造成松散，引起钢筋移位，形成露筋。

② 钢筋保护层厚度。根据设计需要或者施工规范要求，施工时要严格保证保护层的厚度，并且不得有负误差，一般为迎水面防水混凝土的钢筋保护层厚度，不得小于

50mm，当直接处于侵蚀性介质中时，不应小于 75mm。

③ 架设铁马凳。钢筋及绑扎铁丝均不得接触模板，若采用铁马凳架设钢筋时，在不能取掉的情况下，应在铁马凳上加焊止水环。

3）混凝土工程

① 准确计算、称量用料量。严格按选定的施工配合比，准确计算并称量每种用料。外加剂的掺加方法遵从所选外加剂的使用要求。水泥、水、外加剂掺合料计量允许偏差不应大于 $\pm 1\%$；砂、石计量允许偏差不应大于 $\pm 2\%$。

② 控制搅拌时间。防水混凝土应采用机械搅拌，搅拌时间一般不少于 2min，掺入引气型外加剂，则搅拌时间为 2～3min 掺入其他外加剂应根据相应的技术要求确定搅拌时间。

③ 混凝土运输

混凝土在运输过程中，应防止产生离析及坍落度和含气量的损失，同时要防止漏浆。拌好的混凝土要及时浇筑，常温下应在 0.5h 内运至现场，于初凝前浇筑完毕。运送距离远或气温较高时，可掺入缓凝型减水剂。浇筑前发生显著泌水离析现象时，应加入适量的原水灰比的水泥搅拌均匀，方可浇筑。

④ 混凝土浇筑和振捣

防水混凝土在浇筑过程中，应防止漏浆、离析、坍落度的损失。

浇筑时应严格做到分层连续进行，每层厚度不宜超过 500mm，上下层浇筑的时间间隔不应超过 2h，夏季可适当缩短。浇筑混凝土的自落高度不得超过 1.5m，否则应使用串筒、溜槽或溜管等工具进行浇筑。

在结构中若有密集管群以及预埋件或钢筋稠密时，不易使混凝土浇筑密实时，应改用相同抗渗等级的细石混凝土进行浇筑。

在浇筑大体积结构中，遇有预埋大管径套管或面积较大的金属板时，为保证下部的倒三角形区域挠捣密实，不漏水，可在管底或金属板上预先留置浇筑振捣孔，浇筑后，再将孔补焊严密。

防水混凝土必须高频机械振捣，振捣时间宜为 10～30s，以混凝土泛浆和不冒气泡为准，并避免漏振、欠振和超振；掺引气剂或引气型减水剂时，应采用高频插入式振动器振捣。

⑤ 混凝土的养护

在常温下，混凝土终凝后（浇筑后 4～6h），就应在其表面覆盖草袋，浇水湿润养护不少于 14d，不宜用电热法养护和蒸汽养护。

在特殊地区。必须使用蒸汽养护时，应注意以下几点：

A. 对混凝土表面不宜直接喷射蒸汽加热。

B. 及时排除聚在混凝土表面的冷凝水。

C. 防止结冰。

D. 控制升温和降温的速度。升温速度，对表面系数小于 6 的结构，不宜超过 $6\text{℃}/h$；对表面系数等于或大于 6 的结构，不宜超过 $8\text{℃}/h$，恒温温度不得高于 50℃；降温速度，不宜超过 $5\text{℃}/h$。

⑥ 防水混凝土结构的保护

及时回填。地下工程的结构部分拆模后，应抓紧进行下一分项工作的施工，以便及时对基坑回填，回填土应分层夯实，并严格按照施工规范的要求操作，控制回填土的含水率及干密度等指标。

做好散水坡。在回填土后，应及时做好建筑物周围的散水坡，以保护基坑回填土不受地面水入侵。

严禁打洞。防水混凝土浇筑后严禁打洞，因此，所有的预留孔和预埋件在混凝土浇筑前必须埋设准确，对出现的小孔洞应及时修补，修补时先将孔洞中洗干净，涂刷一道水灰比为 0.4 的水泥浆，再用水灰比为 0.5 的 1：2.5 水泥砂浆填实刷平。

⑦ 防水混凝土冬期施工

A. 防水混凝土应尽量避开冬期施工，冬期施工时必须采取严格的施工措施确保防水混凝土的强度和抗渗性合格：水泥要用普通硅酸盐水泥，施工时可在混凝土中掺入早强剂，原材料可采用预热法，水和骨料及混凝土的最高允许温度参照表 5-5。

冬期施工防水混凝土及材料最高允许温度   表 5-5

水泥种类	最高允许温度(℃)		
	水进搅拌机时	砂石进搅拌机时	出机温度
42.5 级普通硅酸盐水泥	60	40	35

B. 防水混凝土冬期养护宜采用蓄热法，采用暖棚法应保持一定湿度，防止混凝土早期脱水，采用此法施工时，可以采用蒸汽管片或低压电阻片加热，使暖棚保持在 5℃ 以上，混凝土入模温度也应为正温。此法需经过热工计算方可采用，由于采用电热法和蒸汽加热法养护，容易造成混凝土局部热量集中，故不宜采用。

C. 大体积防水混凝土工程以蓄热法施工时，要防止水化热过高，内外温差过大，造成混凝土表面开裂。混凝土浇筑完后应及时用湿草袋覆盖保持温度，再覆盖干草袋或棉被加以保温，以控制内外温差不超过 20℃。

2. 防水混凝土结构细部构造防水的施工

（1）常用材料

防水混凝土结构细部构造防水的施工常用的材料有遇水膨胀止水条或止水胶、水泥基渗透结晶型防水涂料和预埋注浆管等。

（2）细部做法

防水混凝土的施工缝、变形缝、后浇带、穿墙管等节点部位，均为防水薄弱环节，应采取加强措施，精心施工。

1）变形缝

变形缝的施工要点如下：

① 中埋式止水带施工应符合下列规定：

止水带埋设位置应准确，其中间空心圆环应与变形缝的中心线重合。

止水带应妥善固定，底、顶板内止水带应按盆状设置，并采用专用钢筋套或扁钢固定。采用扁钢固定时，止水带端部应先用扁钢夹紧，并将扁钢与结构内钢筋焊牢。固定扁钢的螺栓间距宜为 500mm，如图 5-5 所示。

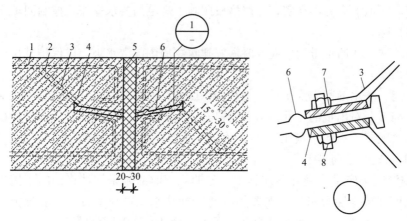

图 5-5　中埋式止水带构造

1—结构主筋；2—混凝土结构；3—固定钢筋；4—固定用扁钢；
5—填缝材料；6—中埋式止水带；7—螺母；8—双头螺杆

中埋式止水带先施工一侧混凝土时，其端模应支撑牢固，严防漏浆。

止水带的接缝宜为一处，应设在边墙较高位置上，不得设在结构转角处，接头宜采用热压焊接，接缝应平整、牢固，不得有裂口和脱胶现象。

中埋式止水带在转弯处宜采用直角专用配件，并应做成圆弧形，橡胶止水带的转角半径应不小于 200mm，钢边橡胶止水带应不小于 300mm，且转角半径应随止水带的宽度增大而相应加大。

② 安设于结构内侧的可卸式止水带施工时应符合下列要求：

所需配件应一次配齐。

转角处应做成 45°折角，转角处应增加紧固件的数量。

当变形缝与施工缝均用外贴式止水带时，其相交部位宜采用如图 5-6 所示的专用配件。外贴式止水带的转角部位宜使用如图 5-7 所示的专用配件。

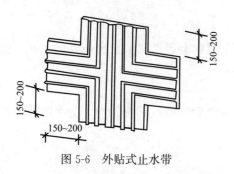

图 5-6　外贴式止水带

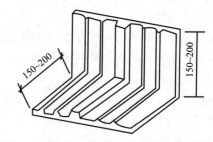

图 5-7　外贴式止水带在转角处的专用配件

③ 施工缝与变形缝相交处的专用配件

宜采用遇水膨胀橡胶与普通橡胶复合的复合橡胶条，中间夹有钢丝或纤维织物的遇水膨胀橡胶条、中空圆环型遇水膨胀橡胶条。当采用遇水膨胀橡胶条时，应采取有效的固定措施，防止止水条胀出缝外。

④ 嵌缝材料嵌填施工时，应符合下列要求：

缝内两侧基面应平整、洁净、干燥，并涂刷与密封材料相容的基层处理剂。

嵌填时应先设置与密封材料隔离的背衬材料。

密封材料嵌填应严密、连续、饱满、粘结牢固。

⑤ 在缝上粘贴卷材或涂刷涂料前，应在缝上设置隔离层和加强层后再行施工。

变形缝通常做成平缝，缝内填塞用沥青浸渍的毛毡、麻丝或聚苯乙烯泡沫、纤维板、塑料、浸泡过沥青的木丝板等材料，并嵌填密封材料。

变形缝的防水措施是埋设橡胶或塑料止水带，止水带的埋入位置要准确，圆环中心线应与变形缝中心线重合。固定止水带的一般方法是：用镀铲铁丝将其拉紧后绑在钢筋上，在浇筑混凝土时，要随时防止止水带偏离变形缝中心位置，底板变形缝的宽度一般为 20～30mm，墙体变形缝的宽度一般为 30mm。

选用材料说明：底板表面的找平层用补偿收缩水泥砂浆抹平压光；附加卷材宽度为 300～500mm，卷材防水层采用合成高分子防水卷材或高聚物改性沥青防水卷材；细石混凝土保护层厚度为 40～50mm；背衬材料采用聚乙烯泡沫塑料；隔离条采用与密封材料粘结力差的材料。

2）施工缝

① 施工缝的设置。顶板、底板的混凝土应连续浇筑，不宜留施工缝，顶拱、底拱不宜留纵向施工缝，墙体需留水平施工缝时，不应留在剪力与弯矩最大处或底板与侧壁的交接处，应留在底板表面以上不小于 300mm 的墙体上；墙体设有洞孔时，施工缝距孔洞边缘不宜小于 300mm；如必须留设垂直施工缝时，应留在结构的变形缝处；施工缝部位应认真做好防水处理，使两层之间粘结密实和延长渗水线路，阻隔地下水的渗透。

② 施工缝的形式。施工缝的断面可做成不同形状，如平口缝、企口缝和钢板止水缝等（图 5-8）。上述各种形式施工缝各有利弊，其优缺点对比见表 5-6。

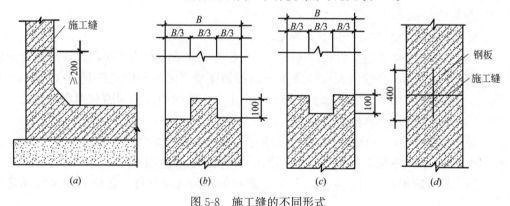

图 5-8 施工缝的不同形式

（a）平缝；（b）凸缝；（c）凹缝；（d）钢板止水带

不同施工缝形式比较　　　　　　　　　　　　　　　　表 5-6

形式	优点	缺点	备注
平口缝	施工简单	防水效果差	少用
凸缝	防水效果较平口缝好	施工麻烦	较常用

形式	优点	缺点	备注
凹缝	防水效果较平口缝好	施工麻烦	较常用
钢板止水缝	防水效果可靠	施工麻烦，费用较高	常用

③ 施工缝的浇筑。水平施工缝浇筑混凝土之前，应将其表面浮浆和杂物清除，然后铺设或涂刷混凝土界面处理剂、水泥基渗透结晶型防水涂料等材料，再铺 30～50mm 厚 1:1 水泥砂浆一层，并应及时浇筑混凝土；垂直施工缝浇筑混凝土之前，将其表面清理干净后，再涂刷混凝土界面处理剂或水泥基渗透结晶型防水涂料，并及时浇筑混凝土。

3）后浇带

后浇带的施工应符合下列规定：

膨胀剂掺量不宜大于 12%，以胶凝材料总量的百分比表示。

后浇带混凝土施工前，后浇带部位和外贴式止水带应防止落入杂物和损伤外贴止水带。

后浇带两侧的接缝处理应符合《地下工程防水技术规范》（GB 50108—2008）第 4.1.26 条的规定。

采用膨胀剂拌制补偿收缩混凝土时，应按配合比准确计量。

后浇带混凝土应一次浇筑，不得留设施工缝；混凝土浇筑后应及时养护，养护时间不得少于 28d。

浇捣后浇带的混凝土之前，应清理掉落缝中杂物，因底板很厚，钢筋又密，清理杂物较困难，应认真做好清理工作。后浇带的混凝土应采用补偿收缩混凝土浇筑，其抗渗和抗压强度等级不能低于两侧混凝土；后浇带与两侧底板的施工缝中用夹膨胀橡胶条做法，施工比较困难。

4）穿墙管

① 穿墙管防水施工时应符合下列规定：

金属止水环应与主管或套管满焊密实，采用套管式穿墙防水构造时，冀环与套管应满焊密实，并在施工前将套管内表面清理干净；相邻穿墙管之间的距离应超过 300mm；采用遇水膨胀止水圈穿墙管，管径宜小于 50mm，止水胶圈应用胶粘剂满粘固定于管上，并应涂缓胀剂或采用缓胀遇水膨胀止水圈。

② 穿墙管线较多时，宜相对集中，采用穿墙盒方法。穿墙盒的封口钢板应与墙上的预埋角钢焊严，并从钢板上的预留浇筑孔注入柔性密封材料或细石混凝土。

③ 当工程有防护要求时，穿墙管除应采取有效的防水措施外，还应采取措施满足防护要求。

④ 穿墙管伸出外墙的主体部位，应采取有效措施防止回填时将管损坏。

3. 混凝土结构自防水工程施工质量验收

（1）质量验收标准

本标准适用于防水等级为一～四级的地下整体式混凝土结构。不适用环境温度高于 80℃或处于耐侵蚀系数小于 0.8 的侵蚀性介质中使用的地下工程。

注：耐侵蚀系数是指在侵蚀性水中养护 6 个月的混凝土试块的抗折强度与在饮用水中

养护 6 个月的混凝土试块的抗折强度之比。

1）防水混凝土所用的材料应符合下列规定：

水泥品种应按设计要求选用，其强度等级不应低于 32.5 级，不得使用过期或受潮结块水泥。

碎石或卵石的粒径宜为 5～40mm，含泥量不得大于 1.0%，泥块含量不得大于 0.5%。

宜用中粗砂，含泥量不得大于 3.0%，泥块含量不得大于 1.0%。

拌制混凝土所用的水，应采用不含有害物质的洁净水。

外加剂的技术性能，应符合国家或行业标准一等品及以上的质量要求。

粉煤灰的组别应不低于 Ⅱ 级，掺量宜为胶凝材料总量的 20%～30%；硅粉掺量宜为胶凝材料总量的 2%～5%，其他掺合料的掺量应通过试验确定。

2）防水混凝土的配合比应符合下列规定：

试配要求的抗渗水压值应比设计值提高 0.2MPa。

水泥用量不宜少于 320kg/m³；掺加活性掺合料时，水泥用量不得少于 260kg/m³。

砂率宜为 35%～45%，灰砂比宜为 1∶1.5～1∶2.5。

水灰比不得大于 0.55。

普通防水混凝土坍落度不宜大于 50mm，泵送时入泵坍落度宜为 120～160mm。

3）混凝土拌制和浇筑过程控制应符合下列规定：

拌制混凝土所用材料的品种、规格，每工作班检查不应少于两次。每盘混凝土各组分材料计量结果的偏差应符合表 5-7 的规定。

混凝土组成材料计量结果的允许偏差（%）　　　　表 5-7

混凝土组成材料	每盘计量	累计计量
水泥、掺合料	±2	±1
粗、细骨料	±3	±2
水、外加剂	±2	±1

注：累计计量仅适用于微机控制计量的搅拌站。

混凝土在浇筑地点的坍落度，每工作班至少检查 2 次。混凝土的坍落度试验应符合现行《普通混凝土拌合物性能试验方法标准》（GB/T 50080—2016）的有关规定。

混凝土实测的坍落度与要求坍落度之间的偏差应符合表 5-8 的规定。

混凝土坍落度允许偏差（mm）　　　　表 5-8

要求坍落度	允许偏差
≤40	±10
50～90	±15
>90	±20

养护混凝土抗渗试件应进行试验结果评定。试件应在浇筑地点制作。

连续浇筑混凝土每 500m³ 应留置一组抗渗试件（一组为 6 个抗渗试件），其每项工程不得少于两组。采用预拌混凝土的抗渗试件，留置组数应视结构的规模和要求而定。抗渗性能试验应符合现行《普通混凝土长期性能和耐久性能试验方法标准》（GB/T 50082—2009）的有关规定。

4）防水混凝土的施工质量检验数量，应按混凝土外露面积每 $100m^2$ 抽查 1 处，每处 $10m^2$，且不得少于 3 处；细部构造应按全数检查。

5）主控项目的内容及验收要求见表 5-9。

6）一般项目的内容及验收要求见表 5-10。

主控项目内容及验收要求 表 5-9

项次	项目内容	规范编号	质量要求	检验方法
1	原材料、配合比及坍落度	第 4.1.7 条	防水混凝土的原材料、配合比及坍落度必须符合设计要求	检查出厂合格证、质量检验报告、计量措施和现场抽样实验报告
2	抗压强度、抗渗压力	第 4.1.8 条	防水混凝土的抗压强度和抗渗压力必须符合设计要求	检验混凝土抗压、抗渗实验报告
3	细部做法	第 4.1.9 条	防水混凝土的变形缝、施工缝、后浇带、穿墙管道、埋设件等设置和构造必须符合设计要求，严禁有渗漏	观察检查和检查

一般项目的验收内容、要求及检验方法 表 5-10

项次	项目内容	规范编号	质量要求	检验方法
1	表面质量	第 4.1.10 条	防水混凝土结构表面应平整、坚实，不得有露筋、蜂窝等缺陷；埋设件位置应正确	观察和尺度检查
2	裂缝宽度	第 4.1.11 条	防水混凝土结构表面的裂缝宽度不应大于 0.2mm，并不得贯通	刻度放大镜检查
3	混凝土结构厚度、迎水面钢筋保护层	第 4.1.12 条	防水混凝土结构厚度不得小于 250mm，允许偏差为 +15mm，-10mm，迎水面钢筋保护层厚度应 ≥50mm，允许偏差为 ±10mm	尺量检查和检查隐蔽工程验收记录

（2）质量验收文件

防水混凝土工程质量验收的文件如下：

1）水泥、砂、石、外加剂、掺合料合格证及抽样试验报告；

2）预拌混凝土的出厂合格证；

3）防水混凝土的配合比单及因原材料情况变化的调整配合比单；

4）材料计量检验记录及计量器具合格检验证明；

5）坍落度检验记录；

6）隐蔽工程验收记录；

7）技术复核记录；

8）抗压强度和抗渗压力试验报告；

9）施工记录（包括技术交底记录及"三检"记录）；

10）本分项工程验收批的验收记录；

11）施工方案；

12）设计图纸及设计变更资料。

（3）质量验收记录表

防水混凝土检验批质量验收记录表见表5-11。

防水混凝土检验批质量验收记录表　　　　　　　　表5-11

单位工程(子单位)名称					
分部(子分部)工程名称			验收部位		
施工单位			项目经理		
施工执行标准名称及编号					

		施工验收规范的规定		施工单位检查评定记录	监理(建设)单位验收记录
主控项目	1	原材料、配合比及坍落度	第4.1.7条		
	2	抗压强度、抗渗压力	第4.1.8条		
	3	细部做法	第4.1.9条		
一般项目	1	表面质量	第4.1.10条		
	2	裂缝宽度	≤0.2mm，并不得贯通		
	3	混凝土结构厚度≥迎水面保护层厚度			

施工单位检查评定结果	施工工长(施工员)		施工班组长	
	专业质量检查员　　　　　　　　　　　　　年　月　日			

监理(建设)单位验收结论	专业监理工程师 (建设单位项目专业技术负责人)　　　　　　　　年　月　日

质量验收记录表填写说明：

1）主控项目

① 质量要求

A.防水混凝土的原材料、配合比及坍落度必须符合设计要求。

B.防水混凝土的抗压强度和抗渗压力必须符合设计要求。

C.防水混凝土的变形缝、施工缝、后浇带、穿墙管道、埋设件等设置和构造，均须符合设计要求，严禁有渗漏。

②检查方法

主控项目A项检查出厂合格证、质量检验报告、计量措施和现场抽样试验报告；B项检查混凝土抗压、抗渗试验报告；C项观察检查和检查隐蔽工程验收记录。

2）一般项目

① 质量要求

A.防水混凝土结构表面应坚实、平整，不得有露筋、蜂窝等缺陷；埋设件位置应正确。

B.防水混凝土结构表面的裂缝宽度不应大于0.2mm，并不得贯通。

C.防水混凝土结构厚度不应小于250mm，其允许偏差为+15mm，－10mm；迎水面钢筋保护层不应小于 50mm，其允许偏差为 ±10mm。

②检查方法

一般项目 A 项观察和尺量检查；B 项用刻度放大镜检查；C 项尺量检查和检查隐蔽工程验收记录。

5.2.2 水泥砂浆防水层的施工

应用于制作建筑防水层的砂浆称之为防水砂浆，防水砂浆是通过严格的操作技术或掺入适量的防水剂、高分子聚合物等材料，以提高砂浆的密实性，达到抗渗防水目的的一种重要的刚性防水材料，水泥砂浆防水层属于刚性防水层。

1. 施工要求

基层表面应平整、坚实、清洁，并应充分湿润、无明水；基层表面的空洞、缝隙，应采用与防水层相同的砂浆堵塞并抹平；施工前应将预埋件、穿墙管预留凹槽内嵌填密封材料后，再施工防水砂浆层；普通水泥砂浆防水层的配合比见表 5-12；掺外加剂、掺合料、聚合物等防水砂浆的配合比和施工方法应符合所掺材料的规定，其中聚合物砂浆的用水量应包括乳液中的含水量。

普通水泥砂浆防水层的配合比 表 5-12

名称	配合比(质量比)		水灰比	适用范围
	水泥	砂		
水泥浆	1	—	0.55～0.60	水泥砂浆防水层的第 1 层
水泥浆	1	—	0.37～0.40	水泥砂浆防水层的第 3、5 层
水泥砂浆	1	1.5～2.0	0.40～0.50	水泥砂浆防水层的第 2、4 层

水泥砂浆防水层应分层铺抹或喷射，铺抹时应压实、抹平，最后一层表面应提浆压光；聚合物水泥砂浆拌合后应在规定内的时间内用完，且施工中不得任意加水；水泥砂浆防水层各层应紧密贴合，每层宜连续施工；如必须留槎时，采用阶梯坡形槎，但离阴阳角处不得小于 200mm；接槎应依层次顺序操作，层层搭接紧密；水泥砂浆防水层不宜在雨天及 5 级以上大风中施工。冬期施工时，气温不应低于 5℃，且基层表面温度应保持在 0℃以上。夏期施工时，不应在 30℃以上或烈日照射下施工；普通水泥砂浆防水层终凝后，应及时进行养护，养护温度不宜低于 5℃，并应保持砂浆表面湿润，养护时间不得少于 14d；聚合物水泥砂浆防水层未达到硬化状态时，不得浇水养护或直接受雨水冲刷，硬化后应采用干湿交替的养护方法。在潮湿环境中，可在自然条件下养护；水泥砂浆防水层其构造做法如图 5-9 所示；抹面层出现渗漏水现象，应找准渗漏水部位，做好堵漏工作后，再进行抹面交叉施工；当需要在地下水位以下施工时，地下水位应下降到工程施工部位以下，并保持施工完毕。

2. 水泥砂浆防水层基层处理

为保证防水层粘结牢固，不产生空鼓和透水现象，必须对基层处理，基层处理一般包括清理、浇水、补平等工作。

其处理顺序为先将基层油污、残渣清除干净，再将表面浇水湿润，最后用砂浆等将凹处补平，使基层表面达到清洁平整、潮湿和坚实粗糙。

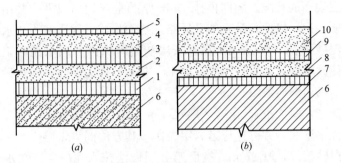

图 5-9　水泥砂浆防水层构造做法

（a）刚性多层防水层；（b）氯化铁防水砂浆防水层构造
1、3—素灰层；2、4—水泥砂浆层；5、7、9—水泥浆；
6—结构基层；8—水泥砂浆垫层；10—防水砂浆面层

（1）混凝土和钢筋混凝土基层处理

混凝土和钢筋混凝土基层模板拆除后应立即将表面清扫干净，并用钢丝刷将混凝土表面打毛，当混凝土表面有凹凸不平处，可按以下方法处理：

1）当深度小于 10mm 时，用凿子打平或剔成斜坡，表面凿毛。

2）当深度大于 10mm 时，先剔成斜坡，用钢丝刷清扫干净，浇水湿润，再抹素灰 2mm，水泥面浆 10mm，抹完后将砂浆表面打毛。

当深度较深时，待水泥砂浆凝固后，再抹素灰和水泥砂浆各一道，直至与基层表面平直。

3）混凝土表面的蜂窝、孔洞、麻面，需先用凿子将松散不牢的石子剔掉，用钢丝刷清理干净浇水湿润，再用素灰浆和水泥砂浆交替抹压。直至与基层平为止，最后将表面横向扫毛。

（2）砖砌体基层处理

砖砌体基层处理，需将砖墙面残留的灰浆和污物清除干净，使基层和防水层紧密结合。

1）对于用石灰砂浆和混合砂浆砌筑的新砌体，需将砌体灰缝剔成 10mm 深的直角，以增强防水层和砌体的粘结力。对于用水泥砂浆砌筑的砌体，灰缝不需要剔除但已勾缝的，需将勾缝用砂浆剔除。

2）对于旧砌体，用钢丝刷或剁斧将疏松表皮和残渣清除干净直至露出坚硬砖面，并浇水冲洗。

基层处理完毕，必须浇水湿润，夏天应增加浇水次数，以便防水层和基层结合牢固。若浇水不足，防水层抹灰内的水分被墙体吸收，防水砂浆内的水泥水化不能正常进行，影响防水砂浆的强度和抗渗性。因此要求浇水必须充分湿透。

3. 刚性多层抹面水泥砂浆防水层的施工

（1）施工顺序及要求

防水层的施工顺序，一般是先顶板，再墙板，后地面。当工程量较大需分段施工时，应由里向外按下述顺序进行。

第 1 层：素灰层，厚 2mm。先抹一道 1mm 厚素灰层，用铁抹子往返用力抹压，使素灰填实混凝土基层表面的孔隙。随即再抹 1mm 厚的素灰均匀找平，并用毛刷在素灰层表面按顺序轻轻涂刷一遍，以便打乱毛细孔通路，从而形成一层坚实不透水的水泥结晶层。

第 2 层：水泥砂浆层，厚 5mm。在素灰层初凝时抹第 2 层水泥砂浆层，要防止素灰层过软和过硬，使砂粒能压入素灰层厚度的 1/4 左右；抹完后，在水泥砂浆初凝时用扫帚按顺序向一个方向扫出横向条纹。

第 3 层：素灰层，厚 2mm，在第 2 层水泥砂浆凝固并具有一定强度（常温下间隔一昼夜）后，适当浇水湿润，方可进行第 3 层操作，其方法同第 1 层。

第 4 层：水泥砂浆层，厚 2mm。按照第 2 层做法抹水泥砂浆。在水泥砂浆硬化过程中，用铁抹子分次抹压 5～6 遍，以增加密实性，最后再压光。

第 5 层：水泥浆层，厚 1mm。在第 4 层水泥砂浆抹压两遍后，用毛刷均匀涂刷水泥浆一道，随第 4 层抹实压光。

四层抹面做法与五层抹面做法相同，去掉第 5 层水泥浆层即可，水泥砂浆防水层各层应紧密结合，连续施工不留施工缝，如确因施工困难需留施工缝时，施工缝的留槎应符合下列规定：平面留槎采用阶梯坡形槎，接槎要依层次顺序操作，层层搭接紧密；接槎位置一般应留在地面上，亦可留在墙面上，但需离开阴阳角处 200mm；在接槎部位继续施工时，需在阶梯形槎面上均匀涂刷水泥浆或抹素灰一道，使接头密实不渗漏；基础面与墙面防水层转角留槎如图 5-10、图 5-11 所示。

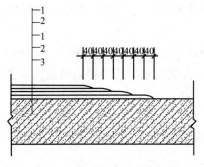

图 5-10　平面留槎示意图
1—砂浆层；2—水泥砂
浆层；3—结构层

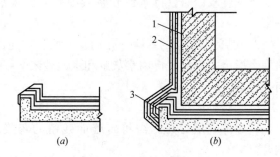

图 5-11　转角留槎示意图
（a）第一步；（b）第二步
1—结构层；2—水泥砂浆防水层；3—垫层

（2）防水层施工操作要点

1）素灰抹面。素灰抹面要薄而均匀，不宜太厚，太厚宜形成堆积，反而粘结不牢，容易脱落、起壳。素灰在桶中应经常搅拌，以免产生分层离析和初凝。抹面不要干撒水泥粉，否则容易造成厚薄不匀，影响粘结。

2）水泥砂浆揉浆。揉浆的作用主要是使水泥砂浆和素灰紧密结合。揉浆时首先薄抹一层水泥砂浆，然后用铁抹子用力揉压，使水泥砂浆渗入素灰层（但注意不能压透素灰层）。揉压不够会影响两层的粘结，揉压时严禁加水，否则容易开裂。

3）水泥砂浆收压。水泥砂浆初凝前，待收水 70%（用手指按上去，砂浆不粘手，有少许水印）时，可进行收压工作。收压是用铁抹子平光压实，一般做两遍。第一遍收压表面要粗毛，第二遍收压表面要细毛，使砂浆密实、强度高、不易起砂，收压一定要在砂浆初凝前完成，避免在砂浆凝固后再反复抹压，否则容易破坏表面水泥结晶和扰动底层而起壳。

（3）水泥砂浆防水层的养护

应注意素灰与砂浆层应在同一天内完成，即防水层的前两层基本上连续操作，后面层（或者后三层）连续操作，切勿抹完素浆后放置时间过长或次日再抹水泥砂浆，否则会出现粘结不牢或空鼓等现象，从而影响防水层的质量。水泥砂浆防水层凝结后，应及时用草袋覆盖进行浇水养护。

1）防水层施工完，砂浆终凝后，表面呈灰白色时，就可覆盖浇水养护。养护时先用喷壶慢慢喷水，养护一段时间后再用水管浇水。

2）养护温度不宜低于 5℃，养护时间不得少于 14d，夏天应增加浇水次数，但避免在中午最热时浇水养护，对于易风干部分，每隔 4h 浇水一次。

3）防水层施工完后，要防止践踏，其他工程施工应在防水层养护完毕后进行，以免破坏防水层。

4）地下室、地下沟道比较潮湿，往往透风不良，可不必浇水养护。

4. 水泥砂浆防水层细部构造防水的施工

水泥砂浆防水层细部构造防水选材应遵循设计规定，一般而言，掺相当于水泥重量 3%～5% 的无机盐类防水剂的水泥砂浆防水层，其抗渗能力较低，约在 0.4MPa 以下，故仅适用于水压较低的工程，或仅作为辅助防水层；刚性抹面多层做法防水层可用于因结构不均匀沉降、温度变化及其振动等因素而产生有害裂缝的防水工程，而对于耐侵蚀防水工程，宜选用聚合物水泥砂浆防水层。

（1）预埋铁件

穿透防水层的预埋螺栓、角钢等铁件，可沿铁件四周剔成深 3cm、宽 2cm 的凹槽（凹槽尺寸亦可根据具体预埋铁件的大小尺寸作适当的调整），在防水层施工前采用水灰比约 0.2 左右的素灰将凹槽嵌实，然后再随其他部位一起抹上防水层，如图 5-12 所示。

也可采用对预埋件预先进行防水处理的工艺，即将领埋铁件置于细石混凝土预制块内，在预制块表面做好防水层，在浇混凝土时把预制块按预埋位置稳住，如图 5-13 所示，或将预留的凹槽内抹上防水层，然后将铁件用水泥砂浆稳固于凹槽内。

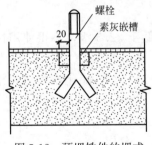

图 5-12　预埋铁件的埋式

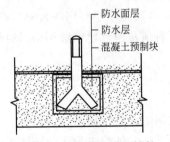

图 5-13　用预制块稳固铁件

（2）预埋木砖

先在预埋木砖的位置处预留凹槽，槽内随墙或地面一起做好防水层，然后再用水泥砂浆把木砖稳固在凹槽内，也可先将木砖置于细石混凝土预制块内，然后在预制块表面做好防水层，将预制块随墙体砌筑或浇筑混凝土时放置在设计的位置上，如图 5-14 所示。

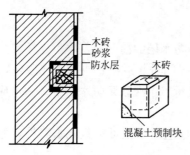

图 5-14　木砖的稳定方法

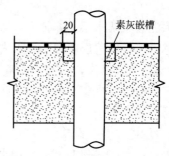

图 5-15　预埋管道的处理方法

（3）预埋管道

穿过防水层的一般管道，可按预埋铁件的做法处理，如图 5-15 所示；对于穿透内墙的热管道，可在穿管位置上留一个比管径大 10cm 的圆孔，圆孔内做好防水层，待管道安装后，将空隙处用麻刀石灰或石棉水泥嵌填，如图 5-16 所示，当热管道穿透外墙而又没有地下沟道时，为了适应热管道的伸缩变形和保证不渗漏水，可采用橡胶止水套方法处理，如图 5-17 所示。

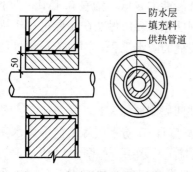

图 5-16　穿墙热管道的处理方法

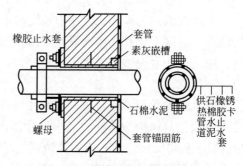

图 5-17　热管道穿透外墙的处理

5. 水泥砂浆防水层工程施工质量验收

（1）质量验收标准

1）水泥砂浆防水层所用的材料应符合下列规定：

水泥品种应按设计要求选用，其强度等级不应低于 32.5 级，不得使用过期或受硬结块水泥。

砂宜采用中砂，粒径 3mm 以下，含泥量不得大于 1％，硫化物和硫酸盐含量不得大于 1％。

水应采用不含有害物质的洁净水。

聚合物乳液的外观应为均匀液体，无杂质、沉淀、分层。

外加剂的技术性能应符合国家或行业标准的质量要求。

2）水泥砂浆防水层的基层质量应符合下列要求：

水泥砂浆铺抹前，基层的混凝土和砌筑用砂浆强度应不低于设计值的 80％。

基层表面应坚实、平整、粗糙、洁净，并充分湿润、无明水。

基层表面的孔洞、缝隙应用与防水层相同的砂浆填塞并抹平。

3）水泥砂浆防水层施工应符合下列要求：

分层铺抹或喷涂，铺抹时应压实、抹平和表面压光，最后一层表面应提浆压光。

防水层各层应紧密贴合，每层宜连续施工，必须留施工缝时应采用阶梯坡形槎，但离开明阳角处不得小于 200mm。

防水层的阴阳角处应做成圆弧形。

水泥砂浆终凝后应及时进行养护，养护温度不宜低于 5℃并保持湿润，养护时间不得少于 14d。

4）水泥砂浆防水层的施工质量检验数量，应按施工面积每 100m² 抽查 1 处，每处 10m²，且不得少于 3 处。

5）主控项目的内容及要求如下：

① 防水砂浆的原材料及配合比必须符合设计规定。

检查方法：检查产品合格证、产品性能检测报告、计量措施和材料进场检验报告。

② 防水砂浆的粘结强度和抗渗性能必须符合设计规定。

检查方法：检查砂浆粘结强度、抗渗性能检验报告。

③ 水泥砂浆防水层与基层之间应结合牢固，无空鼓现象。

检查方法：观察和用小锤轻击检查。

6）一般项目的内容及验收要求如下：

① 水泥砂浆防水层表面应密实、平整，不得有裂纹、起砂、麻面等缺陷。

检查方法：观察检查。

② 水泥砂浆防水层施工缝留槎位置正确，接槎应按层次顺序操作，层层搭接密实。

检查方法：观察检查和检查隐蔽工程验收记录。

③ 水泥砂浆防水层的平均厚度应符合设计要求，最小厚度不得小于设计厚度的 85％。

检查方法：用针测法检查。

④ 水泥砂浆防水层表面平整度的允许偏差应为 5mm。

检查方法：用 2m 靠尺和楔形塞尺检查。

（2）质量验收文件

水泥砂浆防水层工程质量验收的文件如下：

1）水泥砂浆防水层配合比报告；

2）原材料及外加剂出厂合格证；

3）水泥砂浆防水层施工记录；

4）隐蔽工程记录。

（3）质量验收记录表

水泥砂浆防水层检验批质量验收记录表见表 5-13。

水泥砂浆防水层检验批质量验收记录表 　　　　　　　　　　表 5-13

单位工程(子单位)名称			
分部(子分部)工程名称		验收部位	
施工单位		项目经理	

续表

施工执行标准名称及编号										
施工验收规范的规定				施工单位检查评定记录				监理(建设)单位验收记录		
主控项目	1	原材料、配合比	第 4.2.7 条							
	2	结合牢固	第 4.2.8 条							
一般项目	1	表面质量	第 4.2.10 条							
	2	留槎、接槎	第 4.2.11 条							
	3	防水层厚度	≥85%							
施工单位检查评定结果			施工工长(施工员)			施工班组长				
			专业质量检查员					年 月 日		
监理(建设)单位验收结论			专业监理工程师(建设单位项目专业技术负责人)					年 月 日		

质量验收记录表填写说明:

1) 主控项目

① 质量要求

A. 水泥砂浆防水层的原材料及配合比必须符合设计要求。

B. 水泥砂浆防水层各层之间必须结合牢固无空鼓现象。

②检查方法

主控项目 A 项检查出厂合格证、质量检验报告、计量措施和现场抽样试验报告;B 项观察和用小锤轻击检查。

2) 一般项目

① 质量要求

A. 水泥砂浆防水层表面要密实、平整,不得有裂纹、起砂、麻面等缺陷;阴阳角处应做成圆弧形。

B. 水泥砂浆防水层施工缝留槎位置应正确,接槎应按层次顺序操作,层层搭接紧密。

C. 水泥砂浆防水层的平均厚度应符合设计要求,最小厚度不得小于设计值的 85%。

②检查方法

一般项目 A 项观察检查;B 项观察检查和检查隐蔽工程验收记录;C 项观察和尺量检查。

5.3 地下工程卷材防水施工

卷材防水层是将几层卷材用胶结材料粘贴在结构基层上而构成的一种防水工程。这种防水技术目前使用比较普遍,卷材防水层宜用于经常处在地下水环境、受侵蚀性介质作用或受振动作用的地下工程。

5.3.1 地下室防水卷材的要求和种类

卷材防水层的卷材品种可按表 5-14 选用。由于地下工程在施工阶段长期处于潮湿状态，使用后又受地下水的侵蚀，故采用卷材防水层时，宜选用抗菌的高聚物改性沥青防水卷材（如 SBS 改性沥青防水卷材）、合成高分子防水卷材，但施工时必须确保混凝土基面干燥，这样才能使卷材与结构混凝土密贴，否则将失去防水性能。卷材防水层材料的选用还应符合下列规定：

(1) 卷材外观质量、品种规格应符合国家现行有关标准的规定。

(2) 卷材及其胶粘剂应具有良好的耐水性、耐久性、耐穿刺性、耐腐蚀性和耐菌性。

卷材防水层的卷材品种   表 5-14

类别	品种名称
高聚物改性沥青类防水卷材	弹性体改性沥青防水卷材
	改性沥青聚乙烯胎防水卷材
	本体自粘聚合物沥青防水卷材
合成高分子类防水卷材	三元乙丙橡胶防水卷材
	聚氯乙烯防水卷材
	聚乙烯丙纶复合防水卷材
	高分子自粘胶防水卷材

5.3.2 地下室卷材防水的构造

(1) 地下室底板卷材防水构造层次如图 5-18 所示。

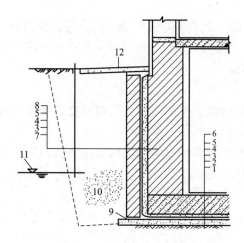

图 5-18 地下室防水卷材构造

1—基土；2—垫层；3—找平层；4—防水层；5—保护层；6、7—结构层；
8—保护墙；9—干铺卷材；10—回填土；11—地下水位；12—散水

1) 基土层：素土夯实。

2) 垫层：C10 混凝土，厚度由设计确定。

3）找平层：20mm厚1：2.5水泥砂浆。

4）防水层：冷底子油一道、沥青防水卷材涂刷基层处理剂、合成高分子卷材、自粘沥青防水卷材一层；卷材层数依水头压力而定。

5）保护层：40mm厚C20细石混凝土。

6）结构层：钢筋混凝土底板，厚度由设计确定。

（2）地下室墙体卷材防水构造层次如图5-18所示。

1）结构层：是砖石或钢筋混凝土墙体。

2）找平层：20mm厚1：2.5水泥砂浆。

3）防水层：冷底子油一道、沥青防水卷材或涂刷基层处理剂、合成高分子防水卷材、沥青防水卷材一层。

4）保护层：20mm厚1：3水泥砂浆。

5）保护墙：115mm厚，用M5砂浆及普通黏土砖砌筑。

5.3.3 卷材防水层的常用材料

卷材防水层的主要优点是防水性能较好，具有一定的韧性和延伸性，能适应结构的振动和微小变形，不至于产生破坏，导致渗水现象，并能抗酸、碱、盐溶液的侵蚀。但卷材防水层耐久性差，吸水率大，机械强度低，施工工序多，发生渗漏时难以修补。

采用卷材作为地下工程的防水层，因长年处在地下水的浸泡中，所以不得采用极易腐烂变质的纸胎沥青防水油毡，宜采用高聚物改性沥青防水卷材和合成高分子防水卷材作防水层。

5.3.4 卷材防水层的施工

地下工程卷材防水层是采用高聚物改性沥青防水卷材或高分子防水卷材和与其配套的胶结材料（沥青胶或高分子胶粘剂）胶合而成的一种单层或多层防水层。

1. 作业条件和适用范围

（1）作业条件

1）用卷材做地下工程的防水层，因其将长期处在地下水的浸泡中，所以严禁采用极易腐烂变质的纸胎类沥青防水油毡。

2）卷材防水层铺贴前，所有穿过防水层的管道、预埋件均应施工完毕，并做好防水处理。防水层铺贴后，严禁在防水层上面再打眼开洞，以免引起水的渗漏。

3）卷材防水层应铺设在混凝土结构主体的迎水面上。

4）为了便于施工并保证其施工质量，施工期间的地下水位应降低到垫层以下不少于500mm。

5）卷材防水层应铺在底板垫层上表面，以便形成结构底板、侧墙以及墙体顶端以上外围形成封闭的防水层。

6）铺设卷材防水层严禁在雨、雪天以及五级风及其以上的条件下施工，正常的施工温度范围为5～35℃，冷粘法、自粘法施工温度不宜低于5℃，热熔法、焊接法施工温度不宜低于－10℃，冬雨期施工时应采取有效措施。

7）铺设卷材前，基面应干净、干燥，并涂刷基层处理剂。当基层较为潮湿的情况下，应涂刷湿固化型胶粘剂或潮湿界面隔离剂。卷材防水层所采用的这些基层处理剂应与卷材及胶粘剂的材料相容，基层处理剂可采用喷涂法、涂刷法施工，喷涂应均匀一致，不露底，待表面干燥后，方可铺贴卷材。

8）卷材防水层的基面应坚实、平整、清洁，阴阳角处应做圆弧或折角，并应符合所用卷材的施工要求。

（2）适用范围

卷材防水层适用于受侵蚀性介质作用或受振动作用的地下工程需防水的结构。地下工程的防水等级分为四级，卷材防水层适用于防水等级为一、二、三级的明挖法地下工程的防水等级。

1）卷材防水层适合于承受的压力不超过 0.5MPa 时，应采取结构措施。

2）卷材防水层经常保持在不小于 0.01MPa 的侧压力下，才能较好发挥防水功能，一般采取保护墙分段断开，起附加荷载作用。

3）改性沥青防水卷材耐酸、耐碱、耐盐的侵蚀，但不耐油脂及可溶解沥青的溶剂的侵蚀，所以油脂和溶剂都不能接触沥青防水卷材。

2. 找平层的施工

地下工程卷材防水层应铺设在水泥砂浆找平层上，找平层应符合以下要求：

（1）地下工程找平层的平整度应与屋面工程相同，表面应清洁、牢固，不得有疏松、尖锐棱角等凸起物。

（2）找平层的阴阳角部位，均应做成圆弧形，圆弧半径参照屋面工程的规定，合成高分子防水卷材的圆弧半径应不小于 20mm；高聚物改性沥青防水卷材的圆弧半径应不小于 50mm。

（3）铺贴卷材时，找平层应基本干燥。

（4）将要下雨或雨后找平层尚未干燥时，不得铺贴卷材。

找平层的做法应根据不同的部位分别考虑，对主体结构平面应利用结构自身通过多次收水、压实、找坡、抹平以满足做防水层的平整度的要求，这样有利于防水层适应基层裂缝的出现与延展。对于结构竖向墙的找平层，应在找平层施做前涂刷一道界面处理剂（如采用聚合物水泥或界面处理剂），再做找平层，以避免找平层的空鼓、开裂。

3. 卷材防水层的施工

（1）卷材防水层施工的一般规定

1）地下工程防水卷材的铺贴层数要根据地下水的最大水头而定，可参考表 5-15。

防水层卷材层数　　　　　　　　　　　　　　　　　　　　　　　　表 5-15

最大水头（m）	卷材层数
≤3	3
3～6	4
6～12	5

2）铺贴卷材时，橡胶、塑料类卷材的层数宜为一层，沥青类卷材层数应根据工程情况确定。不同品种的防水卷材的搭接宽度要求见表 5-16。

防水卷材搭接宽度（mm）   表 5-16

卷材种类	搭接宽度
弹性体改性沥青防水卷材、改性沥青聚乙烯胎防水卷材	100
自粘聚合物沥青防水卷材	80
三元乙丙橡胶防水卷材	100/80（胶粘剂/胶粘带）
聚氯乙烯防水卷材	60/80（单缝焊/双缝焊）
	100（胶粘剂）
聚乙烯丙纶复合防水卷材	100（胶粘剂）
高分子自粘胶膜防水卷材	70/80（胶粘剂/胶粘带）

3）粘贴卷材应展平压实，卷材与基层和各层卷材间必须粘结紧密，搭接缝必须粘结封严。沥青类卷材应在最外层表面涂刷一层热沥青胶结材料，厚度为 1～1.5mm。

4）卷材在转角处或特殊部位，应增贴 1～2 层相同的卷材或拉伸强度较高的卷材。

5）当设计地下水位与室外地坪高度差小于或等于 2m 时，地下室基础和防水层的构造和做法如图 5-19 所示。

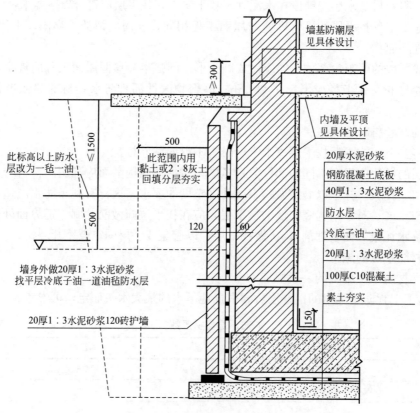

图 5-19　地下室沥青防水卷材（高层≤2m）

6）当设计地下水位与室外地坪高度差大于 2m 时，地下室基础及防水的构造层次与上述高度≤2m 相同，但保护墙及卷材防水层仅做到高于设计地下水位以上 500mm 处，如

图 5-20 所示。

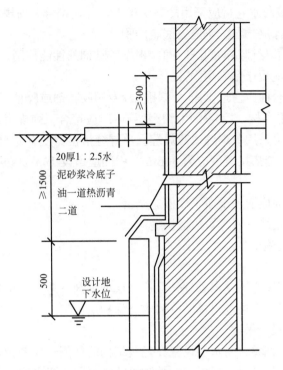

图 5-20　地下室沥青防水卷材（高层＞2m）

7）铺贴各类防水卷材应符合下列规定：

① 应铺设卷材加强层。

② 结构底板垫层混凝土部位的卷材可采用空铺法或点粘法施工，其粘结位置、点粘面积应按设计要求确定，侧墙采用外防外贴法的卷材及顶板部位的卷材应用满粘法施工。

③ 卷材与基面、卷材与卷材间的粘结法应紧密、牢固，铺贴完成的卷材应平整顺直，搭接尺寸应准确，不得产生扭曲和皱折。

④ 卷材搭接处和接头部位应粘贴牢固，接缝口应封严或采用材性相容的密封材料封缝。

⑤ 铺贴里面卷材防水层时，应采取防止卷材下滑的措施。

⑥ 双层铺贴时，上下两层和相邻两幅卷材的接缝应错开 1/3～1/2 幅宽，且两层卷材不得相互垂直铺贴。

8）不同材性防水卷材的铺贴规定如下：

弹性体改性沥青防水卷材和改性沥青聚乙烯胎防水卷材采用热熔法施工应加热均匀，不得加热不足或烧穿卷材，搭接缝部位应溢出热熔的改性沥青。

铺贴自粘聚合物沥青防水卷材应符合下列规定：

① 基层表面应平整、干净、干燥、无尖锐突起物或孔隙。

② 排出卷材下面的空气，应辊压粘贴牢固，卷材表面不得有扭曲、皱折和起泡现象。

③ 立面卷材铺贴完成后，应将卷材端头固定，或嵌入墙体顶部的凹槽内，并用密封材料封严。

④ 低温施工时，宜对卷材和基面适当加热，然后铺贴卷材。

铺贴三元乙丙橡胶防水卷材应采用冷粘法施工，并应符合下列规定：

① 基底胶粘剂应涂刷均匀，不应露底、堆积。

② 胶粘剂涂刷与卷材铺贴的间隔时间应根据胶粘剂的性能控制。

③ 铺贴卷材时，应辊压粘贴牢固。

④ 搭接部位的粘合面应清理干净，采用接缝专用胶粘剂或胶粘带粘结。

铺贴聚氯乙烯防水卷材，接缝采用焊接法施工时应符合下列规定：

① 卷材的搭接缝可采用单焊缝或双焊缝。单焊缝搭接宽度应为 60mm，有效焊接宽度不应小于 30mm，双焊缝搭接宽度应为 80mm，中间应留设 10～20mm 的空腔，有效焊接宽度不宜小于 10mm。

② 焊接缝的结合面应清理干净，焊接应严密。

③ 应先焊长边搭接缝，后焊短边搭接缝。

（2）卷材防水层的施工

1）施工工艺

卷材防水层的施工工艺：基层处理→涂抹基层处理剂→薄弱部位处理→基层弹线→基层卷材铺贴→上层弹线→上层卷材铺贴→验收→保护层施工。

2）卷材防水层的设置做法

地下防水工程一般把卷材防水层设置在建筑结构的外侧，称其为外防水。它与卷材防水层设在结构内侧相比较具有以下优点：外防水的防水层在迎水面，受压力水的作用而紧压在混凝土结构上，防水的效果良好。而内防水的卷材防水层则在背水面，受压力水的作用而易局部脱开，外防水造成渗漏的机会要比内防水少，故一般卷材防水层多采用外防水。地下工程卷材外防水的铺贴按其保护墙施工先后顺序及卷材设置方法可分为"外防外贴法"和"外防内贴法"。外防外贴法是待结构外墙施工完成后，直接把防水层贴在防水结构的外墙外表面，最后砌保护墙的一种卷材防水层的设置方法；外防内贴法是在结构外墙施工前，先砌保护墙，然后将卷材防水层贴在保护墙上，最后浇筑边墙混凝土的一种卷材防水层的设置方法。这两种设置方法的优缺点参见表 5-17，施工时可据具体情况选用。

外贴法和内贴法的比较　　　　　　　　　　　　表 5-17

方法	优点	缺点
外贴法	大部分防水层直接贴在结构层的外表面，受结构沉降变形影响小，防水质量可靠，后贴立面防水层，浇筑混凝土时不会损坏防水层；防水层的质量检查、修补方便	工序多，工期长，土方量大；卷材接头处需认真处理
内贴法	工序简单，工期短；占地少，土方量小；节约模板，卷材可连续铺贴	受结构沉降变形影响大；防水层和混凝土结构抗渗质量不易检查，渗漏修补困难

① 外防外贴法。先在垫层上铺贴底层卷材，四周留出接头，持底板混凝土和立面混凝土浇筑完表面。具体施工顺序如下：

浇筑防水结构底板混凝土垫层，在垫层上抹 1∶3 水泥砂浆找平层，抹平压光。

然后在底板垫层上砌永久性保护墙，保护墙的高度为 $B +$（200～500）（B 为底板厚度），墙下平铺油毡条一层。

在永久性保护墙上砌临时性保护墙路，保护墙的高度为 150×（油毡层数＋1），临时性保护墙宜用石灰砂浆砌筑。

在永久性保护墙和垫层上抹 1：3 水泥砂浆找平层，转角要抹成圆弧形；在临时性保护墙上抹石灰砂浆找平层，并刷石灰浆；若用模板代替临时性保护墙，应在其上涂刷隔离剂。保护墙找平层基本干燥后，满涂冷底子油一道，但临时性保护墙不涂冷底子油。

在垫层及永久性保护墙上铺贴卷材防水层，转角处加贴卷材附加层；铺贴时应先底面、后立面，四周接头甩槎部位应交叉搭接，并贴于保护墙上；从垫层折向立面的卷材永久性保护墙的接触部位，应采用空铺法施工，与临时性保护墙或围护结构模扳接触部位，应将卷材临时贴附在该墙或模板上，并将顶端固定。

卷材铺贴完毕，在底板垫层和永久性保护墙上抹热沥青或玛琋脂，并趁热撒上干净的热砂，冷却后在垫层上浇筑一定厚度的细石混凝土，在永久性保护墙和临时性保护墙上抹1：3 水泥砂浆，作为卷材防水层的保护层。浇筑防水结构的混凝土底板和墙身混凝土时，保护墙作为墙体外侧的模板。

防水结构混凝土浇筑完工并检查验收后，拆除临时性保护墙，清理出甩槎接头的卷材，如有破损处，应进行修补后，再依次分层铺贴防水结构外表面的防水卷材。此处卷材可错槎接缝，上层卷材盖过下层卷材不应小于 150mm；接缝处加盖条，卷材防水层的甩槎、接槎做法如图 5-21 所示。

卷材防水层铺贴完毕，立即进行渗漏检验，有渗漏立即修补，无渗漏时砌永久性保护墙；永久性保护墙每隔 5～6m 及转角处应留缝，缝宽不小于 20mm，缝内用油毡条或沥青麻丝填塞；保护墙与卷材防水层之间缝隙，边砌边用 1：3 水泥砂浆填满，保护墙做法如图 5-22 所示。保护墙施工完毕，随即回填土。

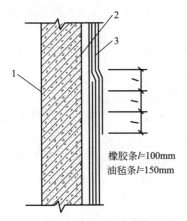

图 5-21　卷材防水层错槎接缝示意图

1—围护结构；2—找平层；3—卷材防水层

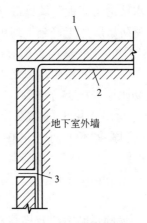

图 5-22　保护墙留缝做法

1—保护墙；2—卷材防水层；3—油毡或麻丝

采用外防外贴法铺贴卷材防水层时，应符合下列规定：

A. 铺贴卷材应先铺平面，后铺立面，交接处应交叉搭接。

B. 临时性保护墙应用石灰砂浆砌筑，内表面应用石灰砂浆做找平层，并刷石灰浆。如用模板代替临时性保护墙时，应在其上涂刷隔离剂。

C. 从底面折向立面的卷材与永久性保护墙的接触部位，应采用空铺法施工。与临时保护墙或围护结构模板接触的部位，应临时贴附在该墙上或模板上，卷材铺好后，顶端应临时固定。

D. 当不设保护墙时，从底面折向立面的卷材的接槎部位应采取可靠的保护措施。

E. 主体结构完成后，铺贴立面卷材时，应先将接槎部位的各层卷材揭开，并将其表面清理干净，如卷材有局部损伤，应及时进行修补。卷材接槎的搭接长度，高聚物改性沥青卷材为150mm，合成高分子卷材为100mm。当使用两层卷材时，卷材应错槎接缝，上层卷材应盖过下层卷材。

② 外防内贴法。先浇筑混凝土垫层，在垫层上将永久性保护墙全部砌好，抹水泥砂浆找平层，将卷材防水层直接铺贴在垫层和永久性保护墙上。施工顺序如下：

做混凝土垫层，如保护墙较高，可采取加大永久性保护垫层厚度做法，必要时可配置加强钢筋。

在混凝土垫层上砌永久性保护墙，保护墙厚度可采用一砖厚，其下干铺油毡一层。

保护墙砌好后，在垫层和保护墙表面抹1：3水泥砂浆找平层，阴阳角处应抹成钝角或圆角。

找平层干燥后，刷冷底子油1～2遍，冷底子油干燥后，将卷材防水层直接铺贴在保护墙和垫层上；铺贴卷材防水层时应先铺立面，后铺平面。铺贴立面时，应先转角，后大面。

卷材防水层铺贴完毕后，及时做好保护层，平面上可浇一层30～50mm的细石混凝土或抹一层1：3水泥砂浆，立面保护层可在卷材表面刷一道沥青胶结料，趁热撒一层热砂冷却后再在其表面抹一层1：3水泥砂浆找平层；并搓成麻面，以利于与混凝土墙体的粘结。

浇筑防水结构的底板和墙体混凝土、回填土，当施工条件受到限制时，可采用外防内贴法铺贴卷材防水层并应符合下列规定：

A. 主体结构的保护墙内表面应抹20mm厚的1：3水泥砂浆找平层，然后铺贴卷材；卷材宜先铺立面，后铺平面。铺贴立面时，应先转角，后大面。

B. 卷材防水层经检查合格后，应及时做保护层。

C. 顶板卷材防水层上的细石混凝土保护层，应符合下列规定：采用机械碾压回填土时，保护层厚度不宜小于70mm；采用人工回填土时，保护层厚度不宜小于50mm；防水层与保护层之间宜设置隔离层；底板卷材防水层上的细石混凝土保护层厚度不应小于50mm，侧墙卷材防水层宜采用软质保护材料或铺抹20mm厚1：2.5水泥砂浆层。

D. 防水卷材的粘贴方法及提高卷材防水层质量的技术措施可以从以下几个方面着手：卷材防水层是粘附在具有足够刚度的结构层或结构层上的找平层上面的。当结构层因种种原因产生变形裂缝时，要求卷材有一定的延伸率来适应其变形，采用条粘、点粘、空铺的施工工艺则可以充分发挥卷材的延伸性能，有效地减少卷材被拉裂的可能性，采用条粘法、点粘法、空铺法施工是提高卷材防水层质量的重要技术措施；对于变形较大，易受破坏或者老化的部位，如变形缝、转角、三面角、穿墙管道周围、地下出入口通道等处，均应铺设卷材附加层，附加层可采用同种卷材加铺 1~2 层，亦可采用其他材料做增强处理，增铺卷材附加层也是提高卷材防水层质量的技术措施之一；提高卷材防水层质量的技术措施还有做密封处理，为使卷材防水层增强适应变形的能力，提高防水层的质量，在分格缝、穿墙管道四周，卷材搭接缝以及收头部位应做密封处理。

③ 地下工程卷材防水层的施工做法

铺贴高聚物改性沥青卷材应采用热熔法施工；铺贴合成高分子卷材采用冷粘法施工。铺贴时应展平压实，卷材与基层和各层卷材间必须粘结紧密；铺贴立面卷材防水层时，应采取防止卷材下滑的措施；两幅卷材短边和长边的搭接宽度均不应小于 100mm。采用合成树脂类的热塑性卷材时，搭接宽度宜为 50mm，采用焊接法施工，焊缝有效焊接宽度不应小于 30mm，采用双层卷材时，上下两层和相邻两幅卷材的接缝应错开 1/3~1/2 幅宽，且两层卷材不得相互垂直铺贴；卷材接缝必须粘结封严，接缝口应用材性相容的密封材料封严，宽度不应小于 10mm；在立面与平面的转角处，卷材的接头应留在平面上，距立面不应小于 6mm。

热熔法施工时应符合下列规定：

卷材表面应加热应均匀，严禁烧穿卷材或加热不足；卷材表面热熔后立即滚铺，排除卷材下面的空气，并粘结牢固；铺贴卷材应平整、顺直，搭接尺寸准确，不得扭曲、皱折；搭接缝部位应溢出热熔的改性沥青，并粘结牢固，封闭严密。

采用冷粘法施工合成高分子卷材时，必须采用与卷材相容的胶粘剂，并应涂刷均匀。

采用冷粘结法铺贴三元乙丙橡胶防水卷材时应符合以下规定：

基底胶粘剂应涂刷均匀，不露底、堆积；胶粘剂涂刷与卷材铺贴的间隔时间应根据胶粘剂的性能控制；铺贴卷材时，用力拉伸卷材，排除卷材下面的空气并辊压粘结牢固；铺贴卷材应平整、顺直，搭接尺寸准确，不得扭曲、皱折、损伤；搭接部位的粘合面应清理干净，并应采用接缝专用胶粘剂或胶粘带满粘。

铺贴自粘聚合物改性沥青防水卷材应符合以下规定：

基层表面应平整、干净、干燥、无尖锐突起物或空隙；铺贴卷材时，应将有黏性的一面朝向主体结构；排除卷材下面的空气，应辊压粘贴牢固；卷材表面不得有扭曲、皱折和起泡等现象；立面卷材铺贴完成后，应将卷材端头固定或嵌入墙体顶部的凹槽内，并应用密封材料封严；低温施工时，宜对卷材和基面适当加热，然后铺贴卷材。

④ 卷材防水层细部构造的施工

转角部位的处理。阴角、阳角、三面角等平立面的交角处，防水卷材铺贴较困难，也是防水的薄弱环节，应按以下方法做加强处理：

A. 两面角。底板与墙的交角处，先粘贴 1~2 层和大面相同的卷材，或拉伸强度较高的卷材作附加层，然后再铺贴卷材，如图 5-23 所示。

在主墙阳角处，先铺一条宽为 200mm 的卷材条作附加层，各层卷材铺贴完后，再在其上铺一层 200mm 宽的卷材附加层。

在主墙阴角处，先将卷材对折，然后自下而上粘

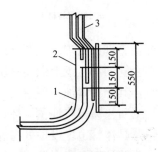

图 5-23　转角处卷材接头
1—交叉接法；2—预留外
贴搭接头；3—外贴卷材

贴左边部分卷材，左边贴好后，用刷油法粘贴右边卷材。

B. 三面角。有三面组成的阴阳角处，先铺两层与大面相同的卷材，或一层再生橡胶沥青卷材或沥青玻璃丝布卷材作附加层。附加层尺寸为 300mm×300mm，折成如图 5-24 所示的形状。折叠层之间应满涂沥青胶。附加两层卷材时，先贴一层卷材，另一层则待防水层做完后再贴。

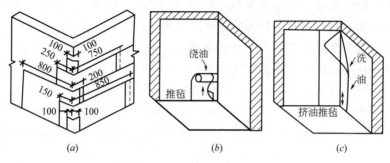

图 5-24　主墙两面角粘贴示意图

附加层铺贴好后，再贴第一层卷材。铺贴第一层卷材时，卷材的压边距转角处一面为 1/3 幅宽，另一侧为 2/3 幅宽；第一层粘贴好后，再粘贴第二层卷材，第二层卷材与第一层卷材长边错开 1/3 幅宽，接头错开 300～500mm。在立面与底面的转角处，卷材的接缝应留在底面上，距墙根不小于 600mm，转角处卷材铺贴方法如图 5-25 所示。

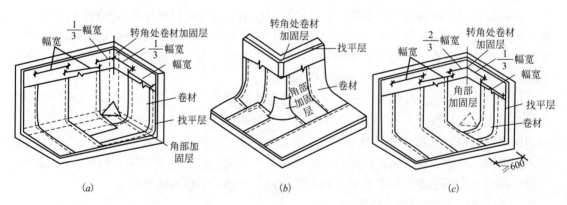

图 5-25　三面角卷材铺贴示意图

（a）阴角卷材铺贴法；（b）阳角的第一层卷材铺贴法；（c）阳角的第二层卷材铺贴法

穿墙管部位处理。穿墙管处应埋没带有法兰盘的套管。施工时先将穿墙管穿入套管，然后在套管的法兰盘上做卷材防水层。首先将法兰盘及夹板上的污垢和铁锈清除干净，刷上沥青，其上再增加一层卷材，卷材的铺贴宽度至少为 100mm，铺设完毕后表面用夹板夹紧。为防止夹板将油毡压坏，夹板下可衬垫软金属片、石棉纸板、无胎油毡或沥青玻璃布油毡。具体管道埋设件处与卷材防水层连接处做法如图 5-26 所示。

变形缝处理。变形缝应满足密封防水、适应变形、施工方便、检查容易的要求。在不受水压的地下建筑物或构筑物变形缝处，应用加防腐填料（如氯化钠）的沥青浸过的毛毡、麻丝或纤维板填塞严密，并用防水性能好的油膏封缝，其结构如图 5-27 所示。

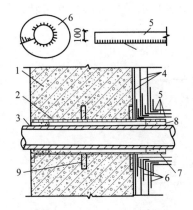

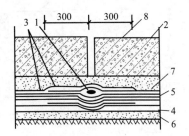

图 5-26　卷材防水层与管道连接处做法

1—防水结构；2—预埋管道；3—管道；4—三毡

四油；5—卷材防水层；6—附加卷材；

7—沥青麻丝；8—铅捻口；9—止水环

图 5-27　不受水压结构变形缝做法

1—浸过沥青的垫卷；2—底板；3—加铺的油毡；

4—砂浆找平层；5—卷材防水层；6—混凝土垫层；

7—砂浆结合层；8—填缝材料

在受水压的地下建筑物或构建物变形缝处，变形缝绝不仅要填塞防水材料，还要装入止水带，以保证结构变形时有良好的防水能力。变形缝处通常可采用橡胶止水带、塑料止水带、紫铜板或不锈钢板制成的金属止水带等，如图 5-28 所示，当变形缝处于 50℃ 温度以下并不受强氧化作用下，宜采用橡胶或塑料止水带（图 5-29）。

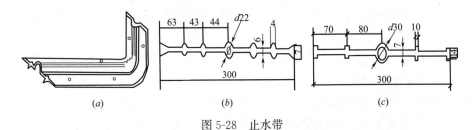

图 5-28　止水带

（a）金属止水带；（b）橡胶止水带（剖面）；（c）塑料止水带（剖面）

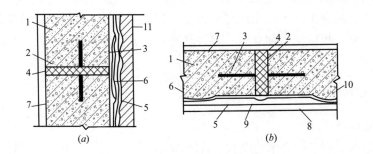

图 5-29　塑料或橡胶止水带的埋设

（a）墙身止水带的埋设；（b）底板止水带的埋设

1—结构层；2—浸过沥青的木丝板；3—止水带；4—填缝油膏；5—附加层；6—卷材防水层；

7—砂浆面层；8—混凝土垫层；9—砂浆找平层；10—砂浆结合层；11—保护层

当有油侵蚀时，应选用相应的耐油橡胶或塑料止水带；当受高压和水压作用时，变形缝处应采用1～2mm厚的紫铜板或不锈钢板制成的金属止水带，金属止水带转角处应做成圆弧形，用螺栓安装，如图5-30所示。

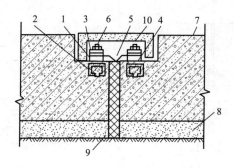

图5-30 金属止水带的施工

1—预埋钢板；2—锚筋；3—垫圈；4—衬垫材料；5—止水带；6—锚栓；
7—钢筋混凝土底板；8—混凝土垫层；9—填缝材料；10—盖板

4. 护层的施工

防水层经检查合格后，应及时做保护层。

卷材防水层的保护层宜采用50～70mm厚的C15细石混凝土，当采用机械碾压回填土时，其保护层厚度不宜小于70mm；采用人工回填土时，保护层厚度不宜小于50mm。顶板卷材防水层上的细石混凝土保护层其厚度不应小于70mm；防水层与保护层之间应设置隔离层；底板卷材防水层上的细石混凝土保护层其厚度不应小于50mm，侧墙卷材防水层宜采用软质保护材料或铺抹20mm厚1：2.5水泥砂浆。

保护层应根据工程条件和防水层的特性选用与其相适应的保护层材料。侧墙卷材防水层宜采用软质保护材料或铺抹20mm厚的1：2.5水泥砂浆，保护层应能经受回填土或施工机械的碰撞与穿刺，并在建筑物出现不均匀沉降时起到滑移层的功能，另外，保护层不能因回填土而形成含水带，导致细菌生长和对工程产生静水压，危害主体结构。

埋置深度较浅，并采用人工回填土时，可直接采用6mm厚闭孔泡沫聚乙烯（PE）板与卷材表层材料相容的胶粘剂粘贴或采用热熔点粘。当结构埋置较探（10mm以上），回填采用机械施工，其保护层可以采用复合做法，如先贴4mm聚乙烯板后砌砖或其他砌块以抵抗回填土、施工机械撞击和穿刺。同时避免了防水层与防水层之间的摩擦作用而损坏防水层。

5.3.5 卷材防水层施工质量验收

1. 质量验收标准

（1）卷材防水层应采用高聚物改性沥青防水卷材和合成高分子防水卷材。所选用的基层处理剂、胶粘剂、密封材料等均应与铺贴的卷材材性相容。

（2）铺贴防水卷材前，基层应干净、干燥，并应涂刷基层处理剂；当基面较潮湿时，应涂刷湿固化型胶粘剂或潮湿界面隔离剂。

（3）防水卷材厚度选用应符合相关的规定。

（4）两幅卷材短边和长边的搭接宽度均不应小于100mm。如果采用多层卷材时，上下两层和相邻两幅卷材的接缝应错开 1/3 幅宽，且两层卷材不得相互垂直铺贴。

（5）冷粘法铺贴卷材应符合下列规定：胶粘剂涂刷应均匀，不露底，不堆积。铺贴卷材时应控制胶粘剂涂刷与卷材铺贴的间隔时间，排除卷材下面的空气，并辊压粘结牢固，不得有空鼓；铺贴后的卷材应平整、顺直，搭接尺寸正确，不得有扭曲、皱折；接缝口应用密封材料封严，其宽度不应小于 10mm。

（6）热熔法铺贴卷材应符合下列规定：火焰加热器加热卷材应均匀，不得过分加热或烧穿卷材；厚度小于 3mm 的高聚物改性沥青防水卷材，严禁采用热熔法施工；卷材表面热熔后应立即短笛卷材，排除卷材下面的空气，并辊压粘结牢固，不得有空鼓、皱折；滚铺卷材时接缝部位必须溢出沥青热熔胶，并应随即刮封接口使接缝粘结严密；铺贴后的卷材应平整、顺直，搭接尺寸正确，不得有扭曲。

（7）卷材防水层完工并经验收合格后应及时做保护层。保护层应符合下列规定：

1）顶板的细石混凝土保护层与防水层之间宜设置隔离层。

2）底板的细石混凝土保护层厚度应大于 50mm。

3）侧墙宜采用聚苯乙烯泡沫塑料保护层，或砌砖保护墙（边砌边填实）和铺抹 30mm 厚水泥砂浆。

（8）卷材防水层的施工质量验收数量，应按铺贴面积每 100m² 抽查 1 处，每处 10m²，且不得少于 3 处。

（9）主控项目和一般项目的内容及验收要求见表 5-18 和表 5-19。

主控项目质量要求及验收要求　　　　　　　　　　　　表 5-18

编号	项目内容	质量要求	检验方法
1	卷材及配套材料质量要求	必须符合设计要求	检查产品合格证、产品性能检测报告和材料进场检验报告
2	薄弱部位处理	必须符合设计要求	观察检查和检查隐蔽工程验收记录

一般项目质量要求及检查方法　　　　　　　　　　　　表 5-19

编号	检查项目	质量要求	检查方法
1	卷材搭接缝	卷材防水层的搭接缝应粘结或焊接牢固，密封严密，不得有扭曲、皱折、翘边等缺陷	观察检查
2	卷材搭接宽度及允许偏差	采用外防外贴法铺贴时，立面卷材的搭接宽度，合成高分子类卷材应为 100mm，高聚物改性沥青类卷材为 150mm；卷材搭接宽度允许偏差为 −10mm	观察检查和尺量检查
3	保护层	侧墙卷材防水层的保护层与防水层应结合紧密，保护层厚度应符合设计要求	观察检查和尺量检查

2. 质量验收文件

卷材防水层工程质量验收的文件如下：

（1）防水卷材出厂合格证、现场取样试验报告；

（2）胶结材料出厂合格证、使用配合比资料、粘结试验资料；

（3）隐蔽工程验收记录。

3. 质量验收记录

卷材防水层检验批质量验收记录表见表 5-20。

卷材防水层检验批质量验收记录（GB 50208—2002） 表 5-20

单位(子单位)工程名称					
分部(子分部)工程名称				验收部位	
施工单位				项目经理	
施工执行标准名称及编号					
		施工质量验收规范的规定		施工单位检查评定记录	监理(建设)单位验收记录
主控项目	1	卷材及配套材料质量	第4.3.10条		
	2	细部做法	第4.3.11条		
一般项目	1	基层质量	第4.3.12条		
	2	卷材搭接缝	第4.3.13条		
	3	保护层	第4.3.14条		
	4	卷材搭接宽度允许偏差	−10mm		
施工检查评定结果		专业工长(施工员)		施工班组长	
		专业质量检查员			年 月 日
监理(建设)单位验收结论		专业监理工程师			
		(建设单位项目技术负责人)			年 月 日

质量验收记录表填写说明见表 5-21。

质量验收记录表 表 5-21

项目	质量要求主控项目	检查方法
主控项目	(1)卷材防水层所用卷材及主要配套材料必须符合设计要求。 (2)卷材防水层及其转角处、变形缝、阴阳角等细部做法均须符合设计要求	主控项目(1)项检查出厂合格证、质量检验报告、计量措施和现场抽样试验报告；主控项目(2)项观察检查和检查隐蔽工程验收记录
一般项目	(1)卷材防水层的基层应牢固,基面应洁净、平整,不得有空隙、松动、起砂和脱皮现象;基层阴阳角处应做成圆弧形。 (2)卷材防水层的搭接缝应粘(焊)结牢固,密封严密,不得有皱折、翘边和鼓泡等缺陷。 (3)侧墙卷材防水层的保护层与防水层应粘结牢固,结合紧密,厚度均匀一致。 (4)卷材搭接宽度的允许偏差为−10mm	一般项目(1)～(3)项观察检查；(4)项观察和尺量检查

5.4 地下工程涂膜防水

5.4.1 地下工程涂膜防水概述

（1）涂料防水层包括无机防水涂料和有机防水涂料。无机防水涂料可选用掺外加剂、掺合料的水泥基防水涂料或水泥基渗透结晶型防水涂料。有机防水涂料可选用反应型、水乳型、聚合物水泥防水涂料等。

（2）无机防水涂料宜用于结构主体的背水面,有机防水涂料宜用于结构主体的迎水面。用于背水面的有机防水涂料应具有较高的抗渗性,且与基层有较强的粘结性。

（3）防水涂料品种的选择应符合下列规定:

1）潮湿基层宜选用与潮湿基面粘结力大的无机防水涂料或有机防水涂料,或采用先涂水泥基类无机泛水涂料而后再涂有机防水涂料构成复合防水涂层。

2）冬期施工宜选用反应型涂料，如采用水乳型涂料，温度不得低于5℃。

3）埋置深度较深的重要工程、有振动或有较大变形的工程，宜选用高弹性防水涂料。

4）有腐蚀性的地下环境宜选用耐腐蚀性较好的有机防水涂料并做刚性保护层。聚合物水泥防水涂料应选用Ⅱ型产品。

5）采用有机防水涂料时，基层阴阳角应做成圆弧形，阴角直径宜大于50mm，阳角直径宜大于10mm，应在阴阳角及底板转角部位增加一层胎体增强材料，并增涂2～4遍防水保护涂料。

6）防水涂料可采用外防外涂、外防内涂两种做法，如图5-31和图5-32所示。

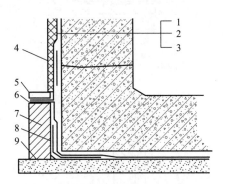

图 5-31　防水涂料外涂法做法

1—结构层；2—涂料防水层；3—涂料保护层；4—增强层；5—防水层搭接部位保护层；6—搭接部位；7—永久保护层；8—增强层；9—混凝土垫层

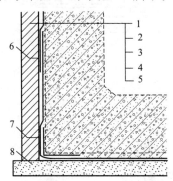

图 5-32　防水涂料内涂法做法

1—结构层；2—砂浆保护层；3—涂料防水层；4—砂浆找平层；5—保护层；6、7—涂料防水加强层；8—混凝土垫层

7）掺外加剂、掺合料的水泥基防水涂料的厚度不得小于3.0mm；水泥基渗透结晶型防水涂料的用量应小于1.5kg/m²，且厚度不应小于1.0mm；有机防水涂料根据材料的性能，其厚度宜不小于1.2mm。

8）地下室涂膜防水层的构造层次如图5-33、图5-34所示。

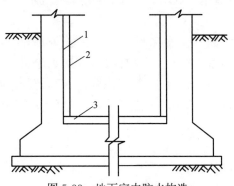

图 5-33　地下室内防水构造

1—防水层；2—砂浆或饰面保护层；3—细石混凝土保护层

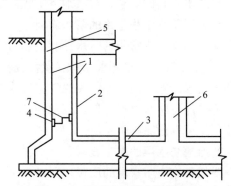

图 5-34　地下室外防水涂层构造

1—防水涂层；2—砂浆保护层；3—细石混凝土保护层；4—嵌缝材料；5—砂浆或砖墙保护层；6—内隔墙、柱；7—施工缝

9）涂膜防水层的甩槎、接槎构造如图 5-35、图 5-36 所示。

10）涂膜防水层保护墙可根据具体情况选用聚苯乙烯泡沫塑料板保护墙或抹砂浆进行保护，采用水泥基防水涂料或水泥基渗透结晶型防水涂料时，则可以不设保护墙或砂浆保护层。

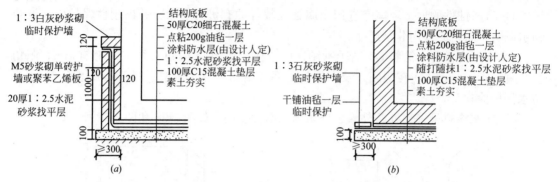

图 5-35　涂膜防水层甩槎构造

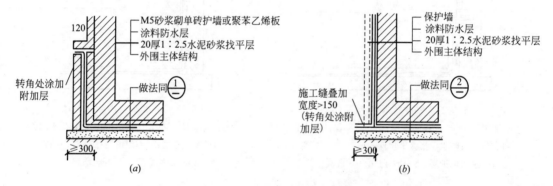

图 5-36　涂膜防水层接槎构造

5.4.2　涂膜防水层的组成材料

对防水涂料的要求符合《地下工程防水技术规范》（GB 50108—2008）的规定。

1. 地下防水工程常用的防水涂料

地下防水工程常用的防水涂料有高聚物改性沥青防水涂料（氯丁橡胶—沥青防水涂料）、再生橡胶—沥青防水涂料（包括胶粉沥青防水涂料）、丁基橡胶沥青防水涂料、合成高分子防水涂料（聚氨酯、丙烯酸、硅橡胶、氯磺化聚乙烯、氯丁橡胶、丁基橡胶）水泥基渗透结晶型防水材料、聚状复杂的基面，还有面积窄小的节点部位，凡是可以涂刷到的部位，均可以做涂膜防水层。

2. 涂膜防水层的施工要求

要保证涂膜防水层的质量，所涉及问题的因素较多，其中主要有：材料、基层条件、自然条件，施工工艺、涂布遍数及厚度、涂布间隔距离、保护层的设置等。

（1）地下工程防水层大部分位于最高地下水位以下，长年处于潮湿环境中，用涂膜防水层时，宜采用中、高档防水涂料：如合成高分子防水涂料、高聚物改性沥青防水涂料等，不得采用乳化沥青类防水涂料。如采用高聚物改性沥青防水涂膜防水层时，为增强涂膜强度，宜增铺胎体增强材料，进行多布多涂防水施工。涂膜防水层应按设计规定选用材料，对所选用的涂料及其配套材料的性能应详细了解，胎体材料的选用应与涂料的材性相搭配。储存表面或饮用水等公共设施的建（构）筑物，应选用在使用中不会产生有毒和有害物质的涂料。

（2）涂料等原材料进场时应检查其产品合格证及产品说明书，对其性能指标应进行复验，合格后方可使用。材料进场后应由专人保管，注意通风严禁烟火，保管温度不超过40℃，以提高防水的可靠性；地下工程涂膜防水层宜涂刷在补偿收缩水泥砂浆找平层上，找平层的平整度应符合要求。无机防水涂料基层表面应干净平整、无浮浆和明显积水；有机防水涂料基层表面应基本干燥，无气孔、凹凸不平、蜂窝麻面等缺陷。

（3）涂料防水层严禁在雨天、雾天、五级及以上大风时施工。涂料施工前，其自然条件最佳气温为 10～30℃。不得在施工环境温度低于 5℃及高于 35℃或烈日暴晒时施工。无遮蔽条件时，涂膜防水层不能在 5 级以上大风、雨天或将要下雨或雨后未干燥时施工。涂膜固化前如有降雨可能时，应及时做好已完涂层的保护工作。

（4）涂料施工前，基层阴阳角应做成圆弧形钝角直径宜大于 50mm，阳角直径宜大于10mm，对于阴阳角、预埋件、穿墙管等部位应先于施工进行密封或加强处理。

（5）涂料的配制及施工，必须严格按涂料技术要求进行。

（6）涂料防水层的总厚度应符合设计要求。防水涂料应分层涂刷或喷涂。应待前一道涂层实干后进行；涂层必须均匀，不得漏刷漏涂。施工缝接缝宽度不应小于 1mm。

（7）铺贴胎体材料时，应使胎体层充分浸透防水涂料，不得有露槎及褶皱。

（8）由于地下防水工程工序较多，施工人员交叉活动频繁，故有机防水涂料施工完后应及时做好保护层，保护层应符合下列规定：

1）底板、顶板应采用 20mm 厚 1：2.5 水泥砂浆层和 40～50mm 厚的细石混凝土保护，顶板防水层与保护层之间宜设置隔离层。

2）侧墙背水面应采用软质保护材料或 20mm 厚 1：2.5 水泥砂浆层保护。

5.4.3 防水层的施工工艺

1. 工艺流程

地下涂膜防水工程的工艺流程如图 5-37 所示。

（1）基层的干燥程度应视涂料产品的特性而定，溶剂型涂料基层必须干燥，水乳型涂料基层干燥程度可适当放宽。

（2）配料采用双组分或多组分涂料时，配料应根据涂料生产厂家提供的配合比现场配制，严禁任意改变配合比。配料时要求剂量准确（过秤），主剂和固化剂的混合偏差不得大于 5%。涂料的搅拌配料先放入搅拌容器或电动搅拌内，然后放入固化剂，并立即开始搅拌。搅拌筒应选用圆的铁桶，以便搅拌均匀。采用人工搅拌时，要注意将材料上下、前后、左右及各个角落都充分搅匀，搅拌时间一般在 3～5min。掺入固化剂的材料应在规定时间内。

（3）涂膜防水层施工前，必须根据设计要求的涂膜厚度及涂料的含量确定（计算）每平方米涂料用量及每道涂刷的用量以及需要涂刷的遍数。如布涂，即先涂底层，铺加胎体增强材料，再涂面层，施工时就要按试验用量，每道涂层分几遍涂刷，而且面层最少应涂

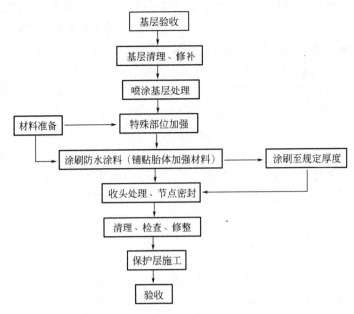

图 5-37　地下涂膜防水工程的工艺流程

刷 2 遍以上。合成高分子涂料还要保证涂层达到 1mm 厚才可铺设胎体增强材料，有效地、准确地控制涂膜厚度，从而保证施工质量。确保涂膜防水层的厚度，是地下防水工程的一个重要问题。不论采用何种防水涂料，都应采取"分次薄涂"的操作工艺，并应注意质量检查。每道涂层必须实干后，方可涂刷后续涂层。防水层厚度可用每平方米的材料用量控制，并辅以针刺法检验。

（4）涂刷防水涂料前必须根据其表干和实干时间确定每遍涂刷的涂料用量和间隔时间。

2. 喷涂（刷）基层处理剂

涂刷基层处理剂时，应用刷子用力薄涂，使涂料尽量刷进基层表面毛细孔中，并将基层可能留下的少量灰尘等无机杂质，像涂料一样混入基层处理剂中，使之与基层牢固结合。

3. 涂料的涂刷

涂料涂刷可采用刷涂，也可采用机械喷涂。涂布立面最好采用蘸涂法，涂刷应均匀一致，涂刷平面部位倒料时要注意控制涂料的均匀倒洒，避免造成涂料难以刷开、厚薄不匀的现象。前一遍涂层干燥后应将涂布上层的灰尘、杂质清理干净后再进行后一涂层的涂刷。每层涂料涂布应分条进行，分条进行时，每条宽度应与胎体增强材料宽度相一致，每次涂布前，应严格检查前一涂层的缺陷和问题，并立即进行修补后，方可再涂布后一遍涂层。

地下工程结构有高低差时，在平面上的涂刷应按"先高后低，先远后进"的原则涂刷。立面则由上而下，先转角及特殊部位，再涂大面。同层涂层的相互搭接宽度宜为 30～50mm。涂刷防水层的施工缝（甩槎）应注意保护，搭接缝宽度应大于 100mm，涂刷结束后将表面处理干净。

4. 胎体增加材料的铺设

胎体增强材料可以是单一品种的，也可以采用玻纤布和聚酯毡混合使用。如果混用时，一般下层采用聚酯毡，上层采用玻纤布。

胎体增强材料铺设后，应严格检查表面是否有缺陷或搭接不足等现象。如发现上述情况，应及时修补完整，使它形成一个完整的防水层。

5. 收头处理

为防止收头部位出现翘边现象，所有收头均应密封材料压边，压边宽度不得小于10mm。收头处的胎体增强材料应裁剪整齐，如有凹槽时应压入凹槽内，不得出现翘边、皱折、露白等现象，否则应先进行处理后再涂密封材料。

6. 涂膜保护层的施工

涂膜施工完毕后，经检查合格后，应立即进行保护层的施工，及时保护防水层免受损伤。保护层材料的选择应根据设计要求及所用防水涂料的特性易造成渗漏的薄弱部位，应参照卷材防水做法，采用附加防水层加固。此时在加固处，可做成"一布二涂"或"二布三涂"，其中胎体增强材料亦优先采用聚酯无纺布。

5.4.4　薄弱部位处理

1. 阴阳角

在基层涂布底层涂料之后，应先进行增强涂布，同时将玻纤布铺贴好，然后再涂布第一道、第二道涂膜，阴阳角的做法如图 5-38 和图 5-39 所示。

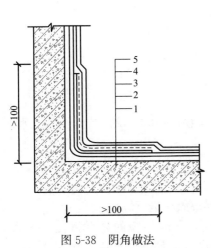

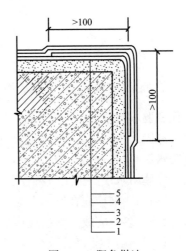

图 5-38　阴角做法

1—防水结构；2—砂浆找平层；3—底涂层；
4—玻璃纤维布增加层；5—涂膜防水层

图 5-39　阳角做法

1—防水结构；2—砂浆找平层；3—底涂层；
4—玻璃纤维布增加层；5—涂膜防水层

2. 管道根部

先将管道用砂纸打毛，用溶剂洗除油污，管道根部周围基层应清洁干燥。在管道根部周围及基层涂刷底层涂料，在底层涂料固化后做增强涂布，增强层固化后再接涂刷涂膜防水层，如图 5-40 所示。

施工缝或裂缝的处理应先涂刷底层涂料，待固化后再铺设 1mm 厚 10m 宽的橡胶条，

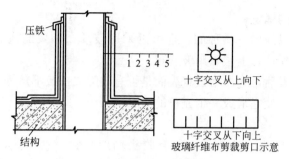

图 5-40　管道根部涂膜防水做法

1—穿墙管；2—地胶；3—铺十字交叉玻璃纤维布，并用铜线绑扎增强层；

4—增强涂布层；5—第二道涂膜防水层

然后方可再涂布涂膜防水层，如图 5-41 所示。

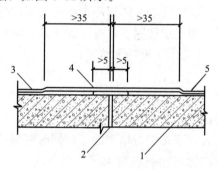

图 5-41　施工缝或裂缝处理

1—结构层；2—施工缝或裂缝；3—底胶；

4—100mm 自粘胶条；5—涂膜防水层

5.4.5　涂膜防水层施工质量验收

1. 质量验收标准

（1）涂膜防水层应采用反应型、水乳型、聚合物水泥防水涂料或水泥基、水泥基渗透结晶型防水涂料。

（2）涂膜防水层的施工应符合下列规定：

1）涂料涂刷前应先在基面上涂一层与涂料相容的基层处理剂。

2）涂膜应多遍完成，涂刷应待前遍涂层干燥成膜后进行。

3）每遍涂刷时应交替改变涂层的涂刷方向，同时涂膜的先后搭槎宽度宜为 30～50mm。涂膜防水层的施工缝（甩槎）应注意保护，搭接缝宽度应＞10mm，接涂前应将其甩槎表面处理干净。

4）涂刷程序应先做转角处、穿墙管道、变形缝等部位的涂料加强层，后进行大面积涂刷。

5）涂膜防水层中铺贴的胎体增强材料，同层相邻的搭接宽度应大于 100mm，上下层接缝应错开 1/3 幅宽。

（3）涂膜防水层的施工质量检验数量，应按涂层面积每 100m² 抽查 1 处，每处 10m² 且不得少于 3 处。

（4）主控项目和一般项目的内容及验收要求见表 5-22 和表 5-23。

主控项目内容及验收要求 表5-22

项次	项目内容	规范编号	质量要求	检验方法
1	涂料质量及配合比	第4.4.7条	涂膜防水层所用材料及配合比必须符合设计要求	检查出厂合格证、质量检验报告、计量措施和现场抽样实验报告
2	细部做法	第4.4.8条	涂膜防水层及其转角处、变形缝、穿墙管道等细部做法均须符合设计要求	观察检查和检查

一般项目内容及验收要求 表5-23

项次	内容	质量要求	检验方法
1	基层质量	基层应牢固、洁净、平整,不得有空鼓、松动、起砂和脱皮现象,阴阳角处应做成弧形	观察检查和检查隐蔽工程验收记录
2	表面质量	涂膜防水层应与基层粘结牢固、表面平整、涂刷均匀,不得有流淌、折皱、鼓泡、露胎体和翘边等瑕疵	观察检查
3	涂膜层厚度	涂膜防水层平均厚度应符合设计要求,最新厚度不得小于设计厚度的80%	针测法或取 20mm×20mm 实测
4	保护层和防水层的粘结	应粘结牢固,结合紧密	观察检查

2. 质量验收文件

涂膜防水层工程质量验收的文件如下:

(1) 防水涂料及密封、胎体材料的合格证、产品的质量验收报告和现场抽样试验报告。

(2) 专业防水施工资质证明及防水工的上岗证明。

(3) 隐蔽工程验收记录:

1) 基层墙面处理验收记录;

2) 防水层胎体增强材料铺贴验收记录。

(4) 施工记录、技术交底及"三验"记录。

(5) 本分项工程检验批的质量验收记录。

(6) 施工方案。

(7) 设计图纸及设计变更资料。

3. 质量验收记录

涂膜防水层检验批质量验收记录表见表5-24。

涂膜防水层检验批质量验收记录表 (GB 50208—2002) 表5-24

单位(子单位)工程名称			
分部(子分部)工程名称		验收部位	
施工单位		项目经理	
施工执行标准名称及编号			
施工质量验收规范的规定	施工单位检查评定记录		监理(建设)单位验收记录

主控项目	1	材料质量及配合比	第4.4.7条		
	2	细部做法	第4.3.8条		
一般项目	1	基层质量	第4.7.9条		
	2	表面质量	第4.7.10条		
	3	涂料层厚度(设计厚度)	第4.7.12条		
	4	保护层与防水层的粘结	80%		
施工检查评定结果		专业工长(施工员)		施工班组长	
		专业质量检查员			年 月 日
监理(建设)单位验收结论		专业监理工程师(建设单位项目技术负责人)			年 月 日

质量验收记录表填写说明：

（1）主控项目

1）质量要求

① 涂膜防水层所用材料及配合比必须符合设计要求。

② 涂膜防水层及其转角处、变形缝、穿墙管道等细部做法均须符合设计要求。

2）检查方法

主控项目①项检查出厂合格证、质量检验报告、计量措施和现场抽样试验报告；主控项目②项观察检查。

（2）一般项目

1）质量要求

① 涂膜防水层的基层应牢固，基面应洁净、平整，不得有空鼓、松动、起砂和脱皮现象；基层阴阳角处应做成圆弧形。

② 涂膜防水层应与基层粘结牢固，平整涂刷均匀，不得有流淌、皱折、鼓泡和翘边等缺陷。

③ 涂膜防水层平均厚度应符合设计要求，最小厚度不得小于设计厚度的80%。

④ 涂膜防水层的保护层与防水层应粘结牢固，结合紧密，厚度均匀一致。

2）检查方法

一般项目①、②、④项观察检查；③项用针测法。

5.5 地下工程其他柔性防水

除了卷材和涂膜防水外，常见的还有塑料板防水层、电火花灼伤防水板水层和金属板防水层等柔性防水。

5.5.1 塑料板防水层

1. 塑料板防水层的设计

塑料板防水层设计的要点如下：

（1）塑料防水板防水层应由塑料防水板与缓冲基本稳定后并经验收合格后方可进行铺设。

（2）塑料防水板防水层可根据工程地址、水文地质条件和工程防水要求采用全封闭、半封闭和局部封闭铺设。

（3）铺设防水板的基层宜平整、无尖锐物。基层平整度应符合 $D/L=1/10\sim1/6$ 的要求。式中 D 为初期支护基层相邻两凸面凹进去的深度；L 是初期支护基层相邻两凸面间的距离。

（4）铺设防水板前应先铺缓冲层。缓冲层应用暗钉圈固定在基层上，如图 5-42 所示。

（5）塑料防水板防水层应牢固地固定在基面宜为 0.5～0.8mm，边墙宜为 1.0～1.5m，底部宜为 1.5～2.0m。局部凹凸较大时，应在凹处加密固定点。

（6）铺设防水板时，边铸边将其与暗钉圈焊接牢固。两幅防水板的搭接宽度应为 100mm，搭接缝应为双焊缝，单条焊缝的有效焊接宽度应≥10mm，焊接严密，不得焊穿。环向铺设时，先拱后墙，下部防水板应压住上部防水板。

（7）防水板的铺设应超前内衬混凝土的施工，其距离宜为 5～20m，并设临时挡板防止机械损伤和电火花灼伤防水板。

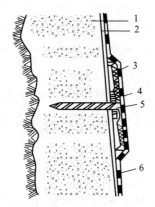

图 5-42　暗钉圈固定缓存层示意图
1—初期支护；2—缓冲层；3—热塑性圆垫圈；
4—金属垫圈；5—射钉；6—防水板

（8）内衬混凝土施工时应符合下列规定：

振动棒不得直接接触防水板；浇筑拱顶时应防止防水板绷紧。

2. 塑料板防水层对材料的要求

（1）塑料防水板可选用乙烯—醋酸乙烯共聚物、乙烯—沥青共混聚合物、聚氯乙烯、高密度聚乙烯类或其他性能相近的材料。

（2）塑料防水板应符合下列规定：

1）幅宽宜为 2～4m；2）厚度应≥1.2mm；3）应具有良好的耐穿刺性、耐久性、耐水性、耐腐蚀性、耐菌性；4）塑料防水板主要性能指标应符合表 5-25 规定。

塑料防水板的主要性能指标　　　　　　　　　　　表 5-25

项目	性能指标			
	乙烯—醋酸乙烯共聚物	乙烯—沥青共混聚合物	聚氯乙烯	高密度聚乙烯
拉伸强度（MPa）	≥16	≥14	≥10	≥16

项目	性能指标			
	乙烯—醋酸乙烯共聚物	乙烯—沥青共混聚合物	聚氯乙烯	高密度聚乙烯
断裂延伸率(%)	≥550	≥500	≥200	≥550
不透水性(120min/MPa)	≥0.3	≥0.3	≥0.3	≥0.3
低温弯折性	−35℃无裂纹	−35℃无裂纹	−35℃无裂纹	−35℃无裂纹
热处理尺寸变化率(%)	≤2.0	≤2.5	≤2.0	≤2.0

缓冲层宜采用无纺布或聚乙烯泡沫塑料，缓冲层材料的性能指标应符合表 5-26 的规定。

缓冲层材料特性　　　　　　　　　　　　　　　　表 5-26

性能指标 材料名称	抗拉强度 (N/50mm²)	伸长率 (%)	质量 (g/m²)	顶破强度 (kN)	厚度 (mm)
聚乙烯泡沫塑料	>0.4	≥100	—	≥5	≥5
无纺布	纵横向≥700	纵横向≥50	>300	—	—

3. 塑料防水板防水层的常用材料

塑料防水板可选用乙烯—醋酸乙烯共聚物（EVA）、乙烯共聚物沥青混合物（ECB）、聚氯乙烯（PVC）、高密度聚乙烯（HDPE）、低密度聚乙烯（LDPE）或其他性能相近的材料。

在选用塑料防水板时，我们应注意到以下几点：

（1）在地下工程中，塑料防水板置于初期支护与二次衬砌之间，在塑料防水板施工和二次衬砌浇筑时，会受到一定的拉力，故应选用具有足够抗拉强度的塑料防水板产品。

（2）塑料防水板长期处于地下水的渗透作用，防水板制品必须具有优良的抗渗性，在地下水的长期作用下，不会被渗透。

（3）地下工程塑料防水板防水层一旦施工完毕，是无法进行修补和替换的，且长期处于地下水的侵蚀状态，故其制品必须具有良好的耐久性、耐腐蚀性。

（4）地下工程的初期支护一般都不做找平处理，其基层平整度则较差；二次衬砌施工时，绑扎钢筋、浇筑混凝土等，均可能会对塑料防水板造成损伤。所以在选用塑料防水板时，要充分考虑到其制品的耐穿刺性，以免其被刺破。

5.5.2　塑料防水板防水层的施工

塑料防水板防水层的基面应平整、无尖锐突出物；基面平整度 D/L 不应大于 1/6（D 为初期支护基面相邻两凸面间凹进去的深度；L 为初期支护基面相邻两凸面间的距离）。铺设塑料防水板前应先铺缓冲层，缓冲层应采用暗钉圈固定在塑料防水板的铺设应符合下列规定：（1）铺设塑料防水板时，宜由拱顶向两侧展铺，并应边铺边用压焊机将塑料板与暗钉圈焊接牢靠，不得有漏焊、假焊和焊穿现象。两幅塑料防水板的搭接宽度不应小于100mm，搭接缝应为热熔双焊缝，每条焊缝的有效宽度不应小于10mm。（2）环向铺设时，应先拱后墙，下部防水板应压住上部防水板。（3）塑料防水板铺设时宜设置分区预埋设注浆系统。（4）分段设置塑料防水板防水层时，两端应采取封闭措施。

焊缝焊接时，塑料防水板的搭接层数不得超过三层。塑料防水板铺设时应少留或不留接头，当留设接头时，应对接头进行保护。再次焊接时将接头处的塑料防水板擦拭干净。铺设塑料防水板时，不应绷得太紧，宜根据基面的平整度留有充分的余地。

防水板的铺设应超前混凝土施工，超前距离宜为 5～20m，并应设临时挡板防止机械损伤和电火花灼伤防水板。

二次衬砌混凝土施工时应符合下列规定：（1）绑扎、焊接钢筋时应采取防刺穿、灼伤防水板的措施；（2）混凝土出料口和振动棒不得直接接触塑料防水板。

塑料防水板防水层铺设完毕后，应进行质量检查，验收合格后，方可进行下道工序的施工。

1. 塑料防水板防水工程施工质量验收

主控项目和一般项目的内容及验收要求见表 5-27 和表 5-28。

主控项目内容及验收要求　　　　　　　　　　　表 5-27

项次	项目内容	规范编号	质量要求	检验方法
1	塑料板及配套材料质量	第 4.5.4 条	防水层所用塑料防水板及配套材料必须符合设计要求	检查出厂合格证、质量检验报告、现场抽样实验报告
2	搭接缝焊接	第 4.5.5 条	塑料板的搭接缝必须采取热风焊接,不得有渗漏	双焊缝间空腔充分检查

一般项目及验收要求　　　　　　　　　　　　表 5-28

项次	项目内容	规范编号	质量要求	检验方法
1	基层质量	第 4.5.6 条	塑料板防水层基面应坚实、平整、圆顺、无漏水现象;阴阳角处应做成圆弧形	观察及尺量检查
2	塑料板铺设	第 4.5.7 条	塑料板的铺设应平顺并与基层固定牢固,不得有下垂、绷紧及破损现象	观察检查
3	搭接宽度允许偏差	第 4.5.8 条	塑料板搭接宽度允许偏差为 —10mm	尺量检查

（1）质量验收文件

地下工程塑料板防水工程质量验收的文件如下：

材料出厂合格证、质量检验报告和现场抽样试验报告、隐蔽工程验收记录。

（2）质量验收记录

塑料板防水层检验批质量验收记录表见表 5-29。

塑料板防水层检验批质量验收记录表　　　　　　表 5-29

单位(子单位)工程名称			
分部(子分部)工程名称		验收部位	
施工单位		项目经理	
施工执行标准名称及编号			
施工质量验收规范的规定		施工单位检查评定记录	监理(建设)单位验收记录

主控项目	1	塑料板及配套材料质量	第4.5.4条										
	2	搭接缝焊接	第4.5.5条										
一般项目	1	基层质量	第4.5.6条										
	2	塑料板铺设	第4.5.7条										
	3	搭接宽度允许偏差	−10mm										
施工检查评定结果		专业工长(施工员)			施工班组长								
		专业质量检查员						年 月 日					
监理(建设)单位验收结论		专业监理工程师(建设单位项目技术负责人)						年 月 日					

质量验收记录说明：

1) 主控项目

① 质量要求

A. 防水层所用塑料板及配套材料必须符合设计要求。

B. 塑料板的搭接缝必须采用热风焊接，不得有渗漏。

② 检查方法

主控项目a项检查出厂合格证、质量检验报告、现场抽样试验报告；b项双焊缝间空腔内充气检查。

2) 一般项目

① 质量要求

A. 塑料板防水层的基面应坚实、平整、无漏水现象；阴阳角处应做成圆弧形。

B. 塑料板的铺设应平顺并与基层固定牢固，不得有下垂、绷紧和破损现象。

C. 塑料板搭接宽度允许偏差为−10mm。

② 检查方法

一般a、b项观察检查；c项尺量检查。

5.6 金属防水层

1. 金属防水层的设计要点

(1) 金属板防水层主要应用于工业厂房、地下烟道、电炉基坑、热风道等有高温高热的地下防水工程以及振动较大、防水要求严格的地下防水工程。

(2) 金属板的拼接应采用焊接。

(3) 主体结构内侧设置金属板防水层时.金属板应与结构内的钢筋焊实，也可以在金属板防水层上焊接一定数量的锚固件，如图5-43所示。

(4) 在结构外设置金属板防水层时，金属板应焊在混凝土或砌体的预埋件上。金属板防水层经焊缝检查合格后，应将其与结构间的空隙用水泥砂浆灌实，如图5-44所示。

(5) 金属板防水层应用临时支撑加固。金属板防水层底板上应须留浇捣孔，并应保证混凝土浇筑密实，待底板混凝土浇筑完后应补焊严密。

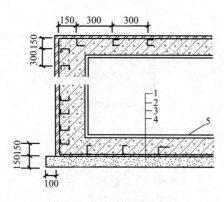

图 5-43　金属板外防水层

1—砂浆防水层；2—结构层；3—金属防水层；

4—垫层；5—锚固筋

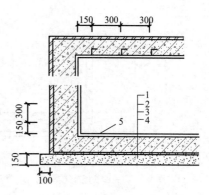

图 5-44　金属板内防水层

1—金属防水层；2—结构层；3—砂浆防水层；

4—垫层；5—锚固筋

（6）金属板防水层如先焊成箱体，在整体吊装就位前，应在其内部加设临时支撑，防止箱体变形。

（7）金属板防水层采取防锈措施。金属板防水层一般设在构筑物的内侧，可为整体式或装配式，如图 5-45 和图 5-46 所示，为严禁地下水渗入的铸造浇筑坑和电炉钢水坑的金属防水层构造。

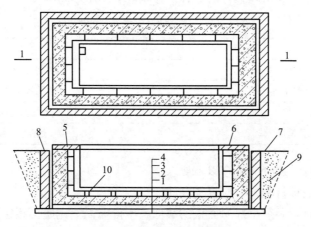

图 5-45　钢板内补浇筑坑

1—15cm 厚 C10 混凝土垫层抹水泥砂浆找平层；2—卷材防水层；

3—C20 防水混凝土；4—6mm 钢板内衬；5—30mm 厚钢盖板；

6—通气孔；7—保护墙；8—压顶；9—黏土；10—锚固筋

2. 金属防水板对材料的要求

金属板材主要是采用钢板作为防水层板材，均应有出厂合格证。抽样检验时，其各项技术性能均应符合相应的国家标准的规定。连接材料如焊条、螺栓、型钢、铁件等各项技术性能也均应符合国家标准。

（1）金属板防水层所用的金属板和焊条等连接材料的规格及材料性能，均应符合设计要求。对于有缺陷的材料均不能用于金属板防水层，以避免降低金属板防水层的抗渗性。

（2）金属板防水层和混凝土结构层必须紧密结合，金属板防水层仅起防水作用，其承

125

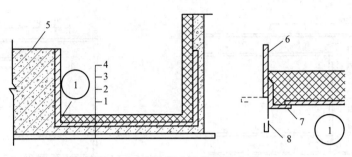

图 5-46　电炉钢水坑钢板防水层

1—C10 混凝土垫层；2—钢筋混凝土；3—10mm 厚钢板；4—耐火砖；

5—电炉基础；6—10mm 厚钢板；7—L100×100 角钢；8—Φ12 钢筋

重部分仍以钢筋混凝土承担，一般采用钢筋锚固法，即在防水钢板上每 300mm×300mm，焊一根≥Φ12 钢筋与结构层牢固结合，其具体的做法必须根据水压情况进行验算设计，以确定锚固钢筋的大小、锚固深度以及焊接长度（焊缝高度≥6mm）。

3. 金属防水层的常用材料

金属防水层应按设计规定选用材料。所用的材料（金属板）和连接材料（焊条、螺柱、型钢、铁件等），应有出厂合格证和质量证明书，并符合国家标准。

金属压型板连接件及密封材料的选择应符合表 5-30 的要求。

金属压型板连接件及密封材料的选用　　　　　　　　　　　　表 5-30

名称	材质
自攻螺钉	钢质(镀锌)或不锈钢材质
密封垫圈	橡胶制品
泡沫堵头	聚氨酯泡沫
拉铆钉	铝质抽芯拉铆钉

金属压型板储运、保管应符合以下要求：

（1）不同型号的板材和配件应分类存放。

（2）人工搬运时，必须手提屋面板的端部，不得提无填充屋面板边搭接口，并要避免划破表面保护层；机械吊装应采用专用吊索及提升架。

（3）长期存放宜在有顶盖的仓库存放，板重叠存放应符合产品说明书的规定。运输时应按产品说明书要求进行。

4. 金属防水层的施工

金属板在进行焊接前应除锈，钢板防水结构内外均应涂防锈漆一道，其防腐蚀措施应根据具体水质情况由设计部门确定。

金属防水层一般采用 4～6mm 厚的低碳钢，含碳量<0.22%，焊条采用 E43，钢板厚度≤4mm 时，采用搭接焊接法，钢板厚度>4mm 时采用对接焊接法，竖向钢板的垂直接缝应相互错开，钢板的每条拼缝应有两条焊缝，所有焊缝都应进行真空泵试验以保证焊缝质量。

金属防水层分内防水和外防水两种做法。采用内防水时，防水板底板应预留浇捣孔，以保证混凝土浇筑密实，待底板混凝土浇筑完后再补焊严密；采用外防水时，金属防水层应焊在混凝土或砌体的预埋件上，焊缝检查合格后，应将其与主体结构间的空隙用水泥砂浆灌实。金属防水层如先焊成整体式箱体再吊装就位时，应在其箱体内部加设临时性支撑，以防止箱体变形。

5. 金属板防水工程施工质量验收

（1）质量验收标准

主控项目和一般项目的内容及验收要求见表 5-31 和表 5-32。

主控项目内容及验收要求　　　　　　　　　　　　　　　表 5-31

项次	项目内容	规范编号	质量要求	检验方法
1	金属板及焊条质量	第4.6.6条	金属防水层所用金属板及焊条必须符合设计要求	检查出厂合格证，质量检验报告、现场抽样试验报告
2	焊工合格证	第4.6.7条	焊工必须经考试合格并取得相应的执业资格证书	检查焊工执业资格证书和考核日期

一般项目内容及验收要求　　　　　　　　　　　　　　　表 5-32

项次	项目内容	规范编号	质量要求	检验方法
1	表面质量	第4.6.8条	金属板表面不得有明显凹面和损伤	观察检查
2	焊缝质量	第4.6.9条	焊缝不得有裂纹、未熔合、夹渣、焊瘤、咬边、烧穿、弧坑、针状气孔等瑕疵	观察检查和无损检验
3	焊缝外观及保护涂层	第4.6.10条	焊缝的焊波应均匀，焊渣和飞溅物应清除干净，保护涂层不得有漏焊、脱皮和反锈现象	观察检查

（2）质量验收文件

金属板防水层质量验收的文件如下：

1）材料出厂合格证、质量检验报告和现场抽样试验报告；

2）焊工执业资格证书、隐蔽工程验收记录。

（3）质量验收记录

金属板防水层检验批质量验收记录表见表 5-33。

金属板防水层检验批质量验收记录表　　　　　　　　　　表 5-33

		单位（子单位）工程名称				
		分部（子分部）工程名称			验收部位	
		施工单位			项目经理	
		施工执行标准名称及编号				
		施工质量验收规范的规定		施工单位检查评定记录		监理（建设）单位验收记录
主控项目	1	金属板和焊条质量	第4.6.6条			
	2	焊工合格证	第4.6.7条			
一般项目	1	表面质量	第4.5.8条			
	2	焊缝质量	第4.5.9条			
	3	焊缝外观及保护涂层	第4.5.10条			

续表

施工检查 评定结果	专业工长(施工员)		施工班组长		
	专业质量检查员				年　月　日
监理(建设) 单位验收结论	专业监理工程师 (建设单位项目技术负责人)				年　月　日

质量验收记录表填写说明：

1）主控项目

① 质量要求

A. 金属防水层所用金属板衬及焊条（剂）必须符合设计要求。

B. 焊工必须经考试合格并取得相应的执业资格证书。

② 检查方法

主控项目A项：检查出厂合格证、质量检验报告、现场抽样试验报告；B项检查焊工执业资格证书和考核日期。

2）一般项目

① 质量要求

A. 金属板表面不得有明显凹面和损伤。

B. 焊缝绝不得有裂纹、未熔合、夹渣、焊瘤咬边、烧穿、弧坑、针状气孔等缺陷。

C. 焊缝的焊接应均匀，焊渣和飞溅物应清理干净；保护涂层不得有漏涂、脱皮和反锈现象。

② 检查方法

一般项目A、C项观察检查；B项观察检查和无损检验。

5.7　地下工程注浆防水

注浆防水是指在渗漏水的地层、围岩、回填、衬砌内，利用液压、气压或电化学原理，通过注浆管把无机或有机浆液均匀地注入其内，浆液以填充、渗透和挤密等方式，将土颗粒或岩石裂隙中的水分和空气排除后，并将原来松散的土粒或裂隙胶结成强度大、防水性能高和化学稳定性良好"结石体"的一种防水技术。

注浆防水可分为预注浆和后注浆，预注浆是指当地下室、隧道等地下工程在开凿前或开凿到接近含水层以前所进行的注浆工程；后注浆是指当地下室、隧道等地下工程掘砌以后，采用注浆工艺，治理水害和地层加固的注浆工程。

注浆防水按注浆使用的浆液材料可分为水泥注浆、黏土注浆、化学注浆；按浆液在地层中运动方式可分为充填注浆、挤压注浆或劈裂注浆、置换注浆、高压喷射注浆；按浆液进入地层产生能量的方式可分为静压注浆、高压喷射注浆。

各种防水混凝土虽然在地下工程中已经广泛应用，但仍有不少工程存在渗漏，人们发现渗漏水（部分或大部分都发生在施工缝、裂缝、蜂窝麻面埋设件、穿墙孔以及变形缝部位），这种渗漏水一般是由于施工不慎或基础沉降所造成的。

5.7.1 注浆防水方案选择

注浆包括预注浆（高压喷射注浆）、后注浆（衬砌前围岩注浆、回填注浆、衬砌内注浆、衬砌后围岩注浆等），应根据工程地质及水文地质条件按下列要求选择注浆方案：（1）在工程开挖前，预计涌水量大的地段、断层破碎带和软弱地层，应采用预注浆。（2）开挖后有大段涌水或大面积渗漏水时，应采用衬砌前围岩注浆。（3）衬砌后渗漏水严重的地段或充填壁后的空隙地段，宜进行回填注浆。（4）衬砌后或回填注浆后仍有渗漏水时，应采用衬砌内注浆或衬砌后围岩注浆；注浆防水方案选择及选用材料见表5-34。

注浆防水方案选择及材料选用 表5-34

注浆方式	基本条件	材料选用
预注浆	工程开挖前，涌水量较大，软弱地层	水泥浆、水泥—水玻璃或化学浆液
衬砌前围岩注浆	开挖后大量涌水或大面积渗漏水	水泥浆、水泥—水玻璃或化学浆液
回填注浆	衬砌后渗漏水严重的位置或充填壁后的空隙地段	水泥浆、水泥砂浆或掺有石灰、黏土、粉煤灰的水泥浆液
衬砌内注浆	衬砌后仍有渗漏	水泥浆液、化学浆液
衬砌后围岩注浆	回填注浆后仍有渗漏	水泥浆或化学浆液

在注浆方案选择中，应进行实地调查，收集基本资料，作为注浆设计和施工前的依据。主要注浆防水资料收集内容有：工程地质纵横剖面图及工程地质、水文地质资料，入围岩孔隙率、渗透系数、围岩节理裂隙发育情况、涌水量、水压和土壤标准贯入实验值及其物理力学指标等；工程开挖工作面的岩性、岩层产状、节理裂隙发育程度及超、欠挖值等；工程衬砌类型、防水等级等；工程的位置、渗漏的形式、水量大小、水质、水压等。

注浆实施前应符合下列规定：

（1）预注浆前先做止浆墙（垫），其在注浆时应达到设计强度。

（2）衬砌后围岩注浆应在回填注浆固结强度达到70%后进行。

（3）在岩溶发育地区，注浆防水应从勘测、方案、机具、工艺等方面作出专项设计。

（4）在注浆施工期间及工程结束后，应对水源取样检查，如有污染，应及时采取相应措施。

5.7.2 注浆防水的施工

1. 注装防水的施工要求

（1）注浆孔数量、布置问题、钻孔深度除应符合设计要求外，尚应符合下列要求：

1）注浆孔深小于10m时，孔位最大允许偏差为100mm，钻孔偏斜率最大允许偏差为1%。

2）注浆孔深大于10m时，孔位最大允许偏差为50mm，钻孔偏斜率最大允许偏差为0.5%。

（2）岩石地层或衬砌内注浆前应将钻孔冲洗干净。

（3）注浆前，应进行压水试验，测定注浆孔吸水率和地层吸浆速度。

（4）回填注浆时，对岩石破碎、渗漏水量较大的地段，宜在衬砌与围岩间采用定量、重复注浆法分段设置隔水墙。

（5）回填注浆、衬砌后围岩注浆施工顺序，应符合下列要求：

1）沿工程轴线由低到高，由下到上，从少水处到多水处。

2）在多水地段，应先两头，后中间。

3）对竖井应由上往下分段注浆，在本段内应从下往上注浆。

（6）注浆过程中应加强监测，当发生围岩或衬砌变形、堵塞排水系统、串浆、危及地面建筑物等异常情况时，可采取下列措施：

1）降低注浆压力或采用间歇注浆，直到停止注浆。

2）改变注浆材料或缩短浆液凝胶时间。

3）调整注浆实施方案。

（7）单孔注浆结束的条件，应符合下列规定：

1）预注浆各孔段均达到设计要求并稳定 10min，且进浆速度为开始进浆速度的 1/4 或注浆量达到设计注浆量的 80％。

2）衬砌后回填注浆及围岩注浆达到设计终压。

3）其他各类注浆，满足设计要求。

（8）预注浆和衬砌后围岩注浆结束前，应在分析资料的基础上，采取钻孔取芯法对注浆效果进行检查，必要时应进行压（抽）水试验。当检查孔的吸水量大于 1.0L/（min·m）时，必须进行补充注浆。

（9）注浆结束后，应将注浆孔及检查孔封填密实。

2. 注浆工艺流程

整个注浆工艺包括裂缝清理、粘贴嘴子（或开缝钻眼下嘴）、裂缝和表面局部封闭、试气和施灌等工序，注浆工艺有单液注浆和双液注浆，双液注浆还可再分为双液单注和双液双注两种。不同种类浆液的注浆工艺稍有出入，但基本方法是相同的。注浆的工艺流程如图 5-47～图 5-49 所示。

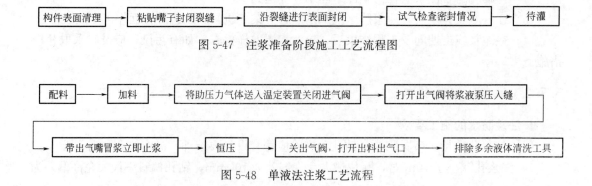

图 5-47　注浆准备阶段施工工艺流程图

图 5-48　单液法注浆工艺流程

（1）混凝土表面处理

利用小锤、钢丝刷和砂纸将修理面上的碎屑、浮渣、铁锈等物除去，应注意防止在清理过程中把裂缝堵塞。裂缝处宜用蘸有丙酮或二甲苯的棉丝擦洗，一般不宜用水冲洗，因怕树脂与水接触。如必须用水洗刷也需待水分完全干燥后方能进行下道工序。

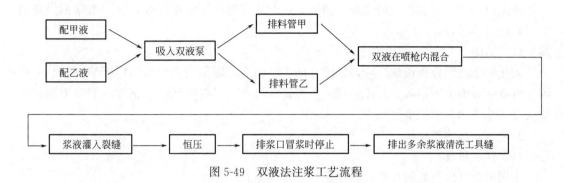

图 5-49　双液法注浆工艺流程

（2）封闭

要保证注浆的成功，必须使裂缝外部形成一个封闭体。封闭作业包括贴嘴、贴玻布（或满刮腻子并勾缝）。封闭时先进行布嘴，其方法是：

1）无论何种缝，缝端应设嘴，如果缝是断续的，为了保险起见，在断续处两边各加一嘴。

2）嘴与嘴的距离，直斜缝一般为 40～50cm，水平缝则必须加设嘴子。

3）贯通的直斜缝，两面都要设嘴，而且布置时应该错开。用泥刀把环氧腻子刮在用溶剂擦净的注浆嘴的底盘上，厚约 1～2mm；静置 15～20min 后粘贴到所定位置上。为防止嘴子周边漏气，沿底盘周围还要用腻子加封。当不贴玻璃布时嘴子间的裂缝也要用腻子骑缝抹成宽 2～3cm 厚的长带，以封闭裂缝，而离缝两侧各 2～4cm 范围应满刮腻子一遍。

混凝土是多孔材料，离缝两侧一定区域内浆液仍有渗漏的可能，故需贴玻璃布加以封闭。贴布前应将混凝土的泡眼或凹凸不平处凿平，然后用棕刷蘸稀腻子刷在混凝土表面上，停留 5～10min，将玻璃布贴上去，然后在布上再刷一道稀腻子即可。贴布时必须防止空鼓、起皱、不服帖等现象。玻璃布的宽度一般为 4～6cm，裂缝必须居于布的中心，如玻璃布必须搭接时，接头长度不小于 2cm。玻璃布贴完后 2～3d 便可试气。

（3）试气

试气有三个目的：

1）通过压胎气吹净残留于裂缝内的积尘。

2）检验裂缝的贯通情况。

3）检查封闭层有无漏气。

试气方法为，将肥皂水满刷在闭层上，如漏气肥皂水必起泡，漏处须用腻子修补。试气的压力一般在表压 0.3MPa 以下，应做好详细记录供注浆时分析判断之用。

（4）注浆操作顺序

根据试气正确记录裂缝内部的形状特征并制定施灌计划。一般注浆应遵照自下而上或自一端向另一端循序渐进的原则，切不可倒行逆施，以免空气混入浆内影响浆液的密实性。注浆压力视裂缝宽度、厚度和浆液的黏度而异，较粗的缝（0.5m 以上）宜用 0.2～0.3MPa 的压力，较细的缝宜用 0.3～0.5MPa 的压力，当然还应根据具体情况加以灵活的调整。

注浆分单液、双液两种方法，单液注浆通常采用气压顶浆法，双液注浆通常由两个计量齿轮分别将甲乙组加压输送至混合器混合后压入裂缝。注浆时先将浆液倒入料罐，拧紧罐的密封盖，然后通气加压，使浆液通过与钢嘴相结合的插头进入缝隙。

施工过程中有时会发生局部漏浆情况，这时应立即卸压停止注浆，在采取堵漏措施后方可允许继续进行。

（5）清洗

固化后浆液混合物很难清除，因此在施工结束后，即须用丙酮或二甲苯清洗工具。粘附于混凝土表面上的钢嘴，在注浆后一昼夜就能敲下，只要把残存于钢嘴内的浆液固化物烧去并清除干净，便能重复利用。

3. 注浆防水施工机具

（1）钻孔机具

常用风动（内燃）钻孔机，钻孔操作要点如下：

1）钻孔操作者双手持钻孔机对正位置，使钻钎与钻孔中心在一条直线上。

2）钻孔时应先小开风门，待钻入岩石，能控制方向，方开大风门；气量和风压应符合钻孔机要求；钻入一定深度应稍提起空转。

3）开始应用短钎，每钻 500mm 左右换一次长钻钎，操作要扶稳，喷水吹风要勤，至要求深度要把孔内粉末冲净。

4）换钻钎、检查风动钻孔机和加油时，应先关风门或风管，然后工作。

5）如发现堵孔现象，应立即开动风门，全力提起钻钎，并反顺转钻钎或稍灌水，或敲击至能自由上下运行为止。

6）钻孔操作应严格按照设计图纸定位放线，保证钻孔孔径、孔位、角度、孔数、深度均满足设计要求。

7）操作中有不正常的声响或振动时，即停机检查，及时排除故障，方可继续作业。

（2）注浆机具

无机浆材和有机（化学）浆材所采用的注浆机具是各不相同的，无机注浆可采用 UBJ 系列灰浆挤压泵进行注浆，化学浆材可采用手动注浆泵、低压电动泵、高压灌注机等进行注浆。

1）UBJ 系列灰浆挤压泵。UBJ 系列灰浆挤压泵可应用于工程洞孔、缝隙压浆、锚杆支护、面层喷涂作业，也可适用于桥梁后张拉工艺施工洞孔的压力注浆，基础工程中深层搅拌桩、锚杆压力注浆。

压浆泵操作要点如下：

空车运转正常后停车，再灌水运转，或将已熟化透的白灰膏约 30kg，入筛过滤进入料斗，启动正转按钮，将灰膏浆压入管道作润滑管道用，完毕后停机；料斗内白灰膏送完时，即可加入水泥浆，进行正常工作；使用压缩空气时，调整灌浆嘴上气嘴和喷嘴的距离（一般为 15～25mm），根据浆量大小，选用合适喷嘴。

结束清洗。

开反转按钮，吸回输送管内的材料，停机，回收料斗内剩余浆液，必须把海绵球塞进料斗送料口（此时切勿启动电机）清洗料斗，拔掉外角管上的橡皮塞，排除污水，然后塞好橡皮塞。在料斗内放入清水，卸下灌浆嘴；启动正转按钮，直到海绵球从输送管口出来为止，喷出清水，即可停机（最大挤压次数约 2min）。拆下三通接头随灌浆嘴冲洗干净，再清洗整机。

2）手动注浆泵。手动堵漏注浆泵是进行化学注浆的重要设备之一，该机具具有体积小、重量轻、不用电、堵漏快、结构简单、操作灵活、性能可靠、清洗方便等特点。可广泛应用于小剂量、单组分或双组分（环氧注浆材料配好后）的化学注浆工程，选用适当的材料及工艺，在很短的时间内快速封堵各种建设工程的严重渗漏水。如地下工程的修缮堵漏和结构补强、伸缩缝、变形缝、施工缝、混凝土疏松孔洞、渗漏点、电梯坑等注浆堵漏之用，该设备还可根据工程需要也可以采取复合注浆工艺。

主要技术性能指标如下：最大使用压力 1MPa，常用注浆压力 0.3～0.5MPa，泵体重量 0.5～6kg，罐体储量为 6～8kg。

3）低压电动泵。低压电动泵是由空气压缩机、储气罐、料罐、钢嘴与插头、皮管、双液齿轮计量泵等组成。

4）高压灌注机。此系列产品为地下结构、隧道、水库、地铁、屋顶渗漏水补漏的专用工具，整套设备含有止水针头、水性或油性聚氨酯堵漏剂及其零附件，其灌注压力可达 70MPa，可进入 0.02mm 以上的发丝裂缝，产品流量大，可快速止水，抽吸式进料。

4. 预注浆防水

（1）预注浆的类型

预注浆的类型主要有地面预注浆、工作面预注浆和帷幕注浆。

1）地面预注浆

地面预注浆是在开挖地层前，将浆液先压入地层，待其凝结硬化后，在工程所经过的地段形成隔水帷幕，改善被注浆地段的地质条件，以加快施工速度，保证工程质量的一种注浆工艺。适用于在涌水量大的裂隙性岩层、断层破碎带和流砂层或土层中构筑竖井，以及用矿山法构筑的隧道工程。地面注浆堵水通常采用水泥或水泥—水玻璃为主的浆液材料，在地表土中碰到流砂时，则注入化学浆液以胶结固砂。

2）工作面预注浆

工作面预注浆是在隧道或竖井开掘时，遇到含水层之前，利用含水层上部的不远水层作为防护岩帽或构筑混凝土止浆垫，然后从作业面的周边或断层内设置注浆孔，将浆料注入地层中，待浆硬化后，在隧道或竖井的周围形成隔水帷幕，改善被注浆地段的地质条件，以确保安全作业和工程质量的一种注浆工艺。

3）帷幕注浆

帷幕注浆是在松散而不稳定的含水层如流砂、砂质黏土中开挖竖井或掘开式工程时，在高水位或涌水量大的地区沿着特定的方向钻孔，向地层中注入惰性材料或化学浆液，构成具有一定宽度的隔水帷幕，从而切断地下水流向地下工程的补给通道，以达到降低排水量和地下水害作用的一种注浆工艺。

（2）预注浆的施工

注浆有单液注浆和双液注浆两种，双液注浆又可分为双液单注和双液双注两种。

注浆机具的布置如图 5-50 所示。

单液注浆法是将注浆材料全部混合搅拌均匀后，用一台注浆泵注浆的系统。这种方法适用于胶凝时间大于 30min 的注浆，如图 5-50（a）所示。

双液单注法是用 2 台注浆泵或 1 台双缸注浆泵。按一定比例分别压送甲、乙两种浆液，在孔口混合器混合后，再注入岩层中。采用这种方法将胶凝时间可缩短些（一般为几十秒到几分钟），如图 5-50（b）所示。双液双注法是将两种浆液透过不同管路注入钻孔

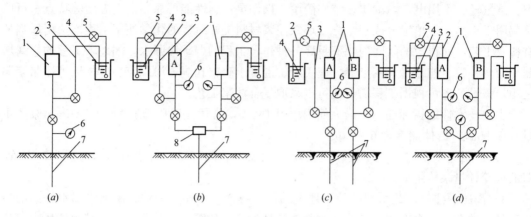

图 5-50　注浆机具布置简图

(a) 单液系统；(b) 双液单注系统；(c) 双液双注系统；(d) 双液间隔注系统

1—注浆泵；2—吸浆管；3—回浆管；4—贮浆槽；5—调节阀；6—压力表；7—注浆管；8—混合器

内，使其在钻孔内混合。这种方法，适于胶凝时非常短的浆液。将甲、乙浆液分别压送到相邻的两个注浆孔中，然后进入岩层或砂粒之间孔隙混合而成凝胶，如图 5-50（c）所示。双液间隔注法是将两种浆液靠改变三运转芯阀，用单孔交替注入甲、乙两种浆液，在注浆孔内混合，如图 5-50（d）所示。

注浆施工是以注浆设计为基础的，应根据注浆工艺流程和施工现场具体情况合理安排施工程序，一般可按图 5-51 安排施工程序。

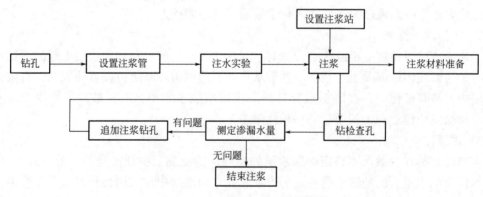

图 5-51　注浆施工程序示意图

1）钻孔

开孔时，加压要轻、慢速、大水量，避免把孔开斜，钻错方向。钻孔过程中应做好钻孔的详细记录，如取岩芯钻进，应记录钻进进尺、起止深度、钻具尺寸、变径位置、岩石名称、岩石裂隙发育情况、出现的涌水位置及涌水量、终孔深度等；如不取岩芯钻进，应记录钻进进尺、起止深度、钻具尺寸和变径位置。特别要注意钻孔速度快慢、涌水情况，由此判断岩石的好坏。

如遇断层破碎带或软泥夹层等不良地层时，为取得正确详细的地质资料，可采用干钻或小水量钻进，甚至用双层岩芯管钻进。

对宽 2.3～5m、高 4.2m 的导洞内，可安装 3 台 TXU—75 型钻机同时钻进效果较好。多台钻机布置如图 5-52 所示。

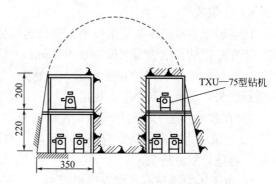

图 5-52　多台钻机布置图

一般情况下，对设计的注浆孔可分三批钻进：第一批钻孔间距可大些（即按设计钻孔间隔钻进）；第二批钻孔间距小些，最后钻检查孔。根据检查情况决定是否须再追加注浆孔。

采用多台钻机同时钻孔时，应处理好注浆与钻进的平行作业问题。

当一个作业面投入 3 台以上的钻机同时钻进时，为保证注浆顺利进行，要准备两套注浆设备和注浆管。当采用多台钻机同时钻进时，要根据现场条件和注浆设备能力做到钻进和注浆平行作业，应对钻机进行合理编组，并按设计注浆孔的方向、角度、上下左右孔位，开孔时间先后错开，避免同时钻进，造成注浆时串浆，虽然采取了这种措施，但还是要防止串浆。所以，要做防串浆的技术措施。

2）测定涌水量

在钻孔过程中测定涌水量，以决定注浆方法。

3）设置注浆管

根据钻孔出水位置和岩石好坏，确定注浆管上的止浆塞在钻孔内的位置。止浆塞应设在出水点岩石较完整的地段，以保证止浆塞受压缩产生横向变形与钻孔密封。如止浆塞位置不当，或未与钻孔密封，不仅会使浆液外流，而且还会把注浆管推出孔外，造成事故。

4）注水试验

利用注浆泵压注清水，经注浆系统进入受注岩层裂隙。注入量及注入压力须由小到大。压水时间视岩石裂隙状况而定，大裂隙岩石需 10～20min，小裂隙约 15～30min 或更长些。

注水试验的主要目的是：检查止浆塞的止浆效果；把未冲洗净还残留在孔底或黏滞在孔壁上的杂物推到注浆范围以外，以保证浆液的密实性和胶结强度；测定钻孔的吸水量，进一步核实岩层的透水性，为注浆选用泵量、泵压和确定浆液的配合比提供参考数据。

5）注浆

采用水泥—水玻璃浆液时，一般采用先单液后双液，由稀浆到浓浆的交替方法。要先开水泥泵，用水泥浆把钻孔中的水压回裂隙，再开水玻璃泵，进行双液注浆。注浆时，要严格控制两种浆液的进浆比例。一般水泥与水玻璃浆的比例为 1∶0.6～1∶1。

注浆初期，孔的吸浆量大，采用水泥—水玻璃双液注浆，缩短凝结时间，控制扩散范围，以降低材料消耗和提高堵水效果。到注浆后期可采用单液水泥浆，以保证裂隙充堵效果。

对裂隙不太发育的岩层，可单用水泥浆，但浆不宜过稀，水灰比以 1∶1～2∶1 为宜，注浆压力要稍高。

当注浆压力和进浆量达到设计要求时，则可停止注浆，压注一定量的清水，然后拆卸注浆管，用水冲洗各种机械进行保养。

6）注浆效果的检查

注浆后，为检验注浆堵水效果，在孔洞范围内钻 3～5 个检查孔取岩芯并测定渗漏水量。当在坚岩钻孔中渗漏水量为 0.4L/(min·m)，一处为 10L/(min·m) 以上；在破碎岩层中渗漏水量为 0.2L/(min·m)，一处为 10L/(min·m) 以上时，则应追加注浆钻孔，再进行注浆，直至达到小于上述指标为止。

7）在预注浆施工时发生异常情况时的处理

① 注浆压力突然升高，应停止水玻璃注浆泵，只注入水泥浆或清水，待泵压恢复正常时，再进行双液注浆。

② 由于压力调整不当而发生崩管时，可只用一台泵进行间隙性小泵量注浆，待管路修好后再行双液注浆。

③ 当进浆量很大，但压力长时间不升高，发生跑浆时，则应调整浆液浓度及配合比，缩短凝胶时间，进行小剂量、低压力注浆，以使浆液在岩层裂隙中有较长停留时间，以便凝胶；有时也可采用在注浆过程中停一会再注，但其停注的时间不能超过浆液的凝胶时间，当须停较长时间时，则先停水玻璃泵，再停水泥浆泵，使水泥浆冲出管路，防止堵塞管路。

5. 后注浆防水

（1）后注浆的类型

后注浆的类型主要有：堵水注浆、回填注浆、固结注浆等。

1）堵水注浆

当隧道开挖以后，其围岩虽已经预注浆，但因在掘进时爆破的震动，个别地段仍可能出现渗漏水。如不处理则将影响衬砌质量，需进行堵水注浆。后注浆可采用风钻打孔、手揿泵注浆的工艺。

手揿泵注浆其钻孔直径一般为 42mm，孔深 2m 左右，然后用 25mm 钢管的止浆塞进行注浆。采用手动泵注浆，电子设备小、移动方便，很适合地下工程施工，堵水注浆材料一般可采用超细水泥、水泥—水玻璃类、丙凝、聚氨酯等浆液。丙凝浆液调节胶凝时间方便且强度小，适用于爆破震动而产生的细微型缝渗漏水和混凝土干缩裂缝、温度裂缝、侵蚀性裂缝的渗漏水。

2）回填注浆

竖井施工时有超挖而又未回填密实，由于长期渗漏水携带大量泥砂，在井壁后形成空洞；料石或砖砌竖井，灰缝不密实渗漏严重；沉井壁后采用泥浆减阻的，均需进行回填注浆，以置换泥浆，固结井壁，恢复土壤对沉井井壁的固着力。土层中隧道回填不密实、塌陷，长期渗漏水携带大量泥砂形成空洞，亦需进行回填注浆，回填注浆充填大空隙时，一般采用水泥砂浆的配合比是水泥：砂＝1：1～1：3；水灰比是 0.6：1～1.1：1，也可采用水泥黏土砂浆（配合比是水泥：黏土：砂：水＝1：1.5：1.5：1.5）。大面积回填注浆时，可以采用黏土浆。在漏水量比较大的部位可用水泥砂浆与水玻璃双液浆，水泥砂浆与水玻璃配合体积比是 0.8：1～1：1。

3）固结注浆

在围岩裂隙发育，渗水、涌水严重，经回填注浆仍不能解决问题的，可以进行固结注浆。固结注浆是将钻孔深入岩石 3～3.5m，然后注入浆液，固结围岩细小裂隙，以减少渗漏水。对于岩层裂隙发育、渗漏水量较大的地段，可采用水泥—水玻璃双短注浆。水泥浆与水玻璃体积比为 1∶1 和 1∶0.8；凝固时间为 5～10min；对于岩层裂隙不甚发育，渗漏水较少地段，可采用水泥浆注入。土层中地道，还可与采用掺有速凝剂的水泥黏土（黏土掺量应小于 20%）进行固结注浆。

（2）后注浆的施工

各类型的后注浆其施工有相似之处以注浆的施工为例介绍后注浆的施工。

回填注浆常用的设备有搅拌机、注浆泵、注浆管、胶管、作业台。

1）注浆孔的布置

回填注浆的压力较小，其浆液的黏度较大，故布孔要加密。①竖孔一般为圆筒形结构，其井壁的受力较均匀，浆孔布置形式对结构影响不大，可根据井壁后围岩情况、空洞的大小和位置、渗漏水量的大小和位置，采取不均匀布孔，一般漏水地段孔距 3m 左右，漏水严重时则需加密，孔距 2m 左右，呈梅花状排列。②斜井和地道，可根据围岩情况、渗漏水情况，注浆孔排距 1～2.5m，间距 2.3m，呈梅花状排列。③对于竖井或斜井的透水层竖（斜）井与地道连接的地道处，不仅要减小孔距面积且要提高注浆压力，增加水泥用量，减少黏土的比例，使有较多的浆液压入透水层，尽量减少地下水沿井壁下渗而进入地道，力求在地道和井口结合处外壁，注入一道体积较大的挡水帷幕，以封住下渗水的通道。

2）注浆管的埋设和注浆压力

注浆管的结构和埋设方法如图 5-53 所示，在土层中地道埋设注浆管的方法如图 5-54 所示。

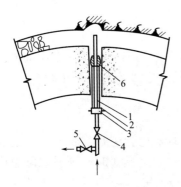

图 5-53　注浆管埋设图

1—内管；2—外管；3—紧固螺母；
4—注浆阀；5—固浆阀；6—止浆塞

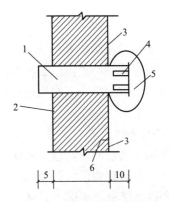

图 5-54　深埋地道壁后注浆埋设图

1—钢管；2—工程内；3—土层；
4—小槽孔；5—掏空土壤；6—衬砌

回填注浆压力不宜过高，压力高易引起衬砌变形，一般采用注浆泵注浆时，紧接在注浆泵处的压力不要超过 0.5MPa，采用风动砂浆泵注浆时，压缩空气压力不要超过 0.6MPa。

3）注浆作业

① 在注浆前，应清理注浆孔，安装好注浆管，并保证其畅通，必要时应进行压水试验。

② 注浆是一项连续作业，不得任意停泵，以防砂浆沉淀，堵塞管路，影响注浆效果。

③ 注浆顺序是由低处向高处，由无水处向有水处依次压注，以利于充填密实，避免浆液被水稀释离析。当漏水量较大时，应分段留排水孔以免多余水压抵消部分注浆压力，最后处理排水孔。

④ 注浆时，必须严格控制注浆压力，防止大量跑浆和结构裂隙。在土层中注浆为压密地层，在衬砌外形成防水层和密实结构应掌握压压停停，低压慢注逐渐上升注浆压力的规律。因为注浆压缩土层，主要是土壤中孔隙或裂隙中水和空气被挤出，土颗粒产生相对位移，但孔隙和裂隙水的挤出，土颗粒移动靠拢都需要一定过程，经过一定时间。

⑤ 在注浆过程中，如发现从施工缝、混凝土裂缝、黏石或砖的砌缝出现少量跑浆，可以采用快凝砂浆勾缝堵漏后继续注浆，当冒浆或跑浆严重时，应关泵停压，待 2～3d 后进行第二次注浆。

⑥ 采用料石或砖垒砌的竖井、斜井或地道注浆前则应先做水泥砂浆抹面防水，以免注浆时到处漏浆。

⑦ 在某一注浆管注浆时，邻近各浆管都应开口，以让壁外地下水从邻近管内流出，当发现管内有浆液流出时，应马上关闭。

⑧ 注浆结束标准：当注浆压力稳定上升，达到设计压力，稳定一段时间（土层中要适当延长时间），不进浆或进浆量很少时，即可停止注浆，进行封孔作业。

⑨ 停泵后立即关闭孔口阀门进行封孔，然后拆除和清洗管路，待砂浆初凝后，再拆卸注浆管，并用高强度水泥砂浆将注浆孔填满捣实。

⑩ 固结注浆与其他类型的注浆施工相同，但在注浆前应根据不同的结构形式进行注浆压力计算。一般包括：有内水压力作用的固结注浆压力计算；无内水压力作用时隧洞的注浆压力计算。

6. 衬砌裂缝注浆防水

衬砌裂缝注浆工艺包括裂缝清理、粘贴注浆嘴开缝钻眼下嘴、裂缝和表面局部封闭、试气和施注六道工序，不同类型浆液其注浆工艺略有不同，但基本方法是相同的。

（1）施工准备

1）施工条件

注浆用环氧浆液，其适宜的施工温度是 15～25℃，环氧树脂在低温条件下固化极慢且性能不好；甲凝浆液聚合温度低，注浆用甲凝时，在 5℃ 以上操作时必须采取降温措施，聚氨酯和丙凝浆液随温度的升高而变稠，其使用期也相应缩短。

2）表面治理

用小锤、钢丝刷和砂纸将混凝土基层表面、裂缝附近的浮尘和油污清理干净，在清理时应注意避免把裂缝堵塞。可采用砂轮机沿裂缝的两边各打磨 20cm 的宽度，除去混凝土表面的杂物，以免影响注浆管的布设和封缝效果。裂缝处宜用丙酮或二甲苯擦洗，一般不宜采用水擦洗，如必须用水洗刷不允许使用腐蚀性化学物质处理基层和裂缝。

3）布设注浆管

注浆管应沿裂缝布设，间距为 30～50cm。

4）表面封闭

要保证注浆的成功，必须使裂缝外部形成一个封闭体。表面封闭体系用于裂缝实施环氧树脂注浆的一面。若系贯穿性裂缝，还必须在另一面使用表面密封体系。

贴布前应将混凝土的泡眼或凹凸不平处填平，然后用刷蘸稀腻子刷在混凝土表面上，停留 5～10min 后将玻璃布贴上去，然后在布上再刷一遍腻子即可。贴布时必须防止空鼓、起皱、不服帖等现象。玻璃布的宽度一般为 4～6cm，裂缝必须居于布的中心。如玻璃布必须搭接时，接头长度不小于 2cm。

封闭的严密性是注浆成败的关键，通常只要不发生严重漏浆，注浆的质量是能够保证的。如果封闭不严密，一旦在施注过程中发生漏浆，不但需要停止工作去进行临时堵漏而浪费时间外，而且在再次注浆时极易形成局部缺浆而影响效果。所以在做封闭层时必须认真细致，切不可粗心大意。

5）试气

玻璃布贴好后 2～3d 便可进行试气，通过压缩空气吹净残留系统内的积尘，并检查裂缝的贯通情况和封闭层有无漏气。

试气的方法是将肥皂水满刷在封闭层上，如存在漏气，肥皂水则会起泡，漏气处须再用腻子修补，试气的压力一般在表压 0.3MPa 以下，应做好详细记录，供注浆时分析判断之用。

（2）注浆操作

表面密封体系需要一定的养护时间，在达到足够的强度后方可进行注浆。

根据试气记录确定裂缝内部的形状特征并制定施注计划。一般注浆应遵照自下而上或自一端向另一端循序渐进的原则，切不可倒行逆施，以免空气混入浆内影响浆液的密实性。注浆压力视裂缝宽度、厚度和浆液的浓度而异；较粗的缝（0.5mm 以上）宜用 0.2～0.3MPa 的压力，较细的缝宜用 0.3～0.5MPa 的压力。

注浆过程中，如发生漏浆情况，应用速凝材料进行堵漏止浆。

衬砌裂缝注浆应符合系列规定：

1）浅裂缝应骑槽粘埋注浆嘴，必要时沿缝开凿 V 形槽并用水泥砂浆封缝。

2）深裂缝应骑缝钻孔或斜向钻孔至裂缝深部，孔内埋设注浆管，间距应根据裂缝宽度而定。

3）注浆嘴及注浆管应设于裂缝的交叉处、较宽处及贯穿处等部位。对封缝的密封效果应进行检查。

4）采用低压低速注浆，化学注浆压力宜为 0.2～0.4MPa，水泥浆注浆压力宜为 0.4～0.8MPa。

5）注浆后待缝内浆液初凝而不外流时，方可拆下注浆嘴并进行封口抹平。

（3）扫尾工作

1）当裂缝完全得到充填，注入材料已得到足够时间的养护，并确认其不会再从裂缝中溢出后，方可清除表面密封体系。

2）彻底清除溢出在混凝土表面的固化材料和表面密封材料。裂缝表面应适当抛光，不得在埋设注入管的位置遗留凹坑或突起物。

3）现场试验取芯孔的充填。该工序包括：试验双组分胶粘剂；手工拌制原注入浆液；压入适当的塞子；表面使用与混凝土一色、纹理相当的涂料等。

5.7.3 工程施工质量验收

（1）注浆材料应符合下列要求：

1）具有较好的可注性。

2）具有固结收缩小，良好的粘结性、抗渗性、耐久性和化学稳定性。

3）无毒并不对环境污染。

4）注浆工艺简单，施工操作方便，安全可靠。

（2）在砂卵石层中宜采用渗透注浆法；在砂层中宜采用劈裂注浆法；在黏土层中宜采用劈裂或电动硅化注浆法；在淤泥质软土中宜采用高压喷射注浆法。

（3）注浆浆液应符合下列规定：

1）预注浆和高压喷射注浆宜采用水泥浆液、黏土水泥浆液或化学浆液。

2）壁后回填注浆宜采用水泥浆液、水泥砂浆或掺有石灰、黏土、粉煤灰等水泥浆液。

3）注浆浆液配合比应经现场试验确定。

（4）注浆过程控制应符合下列规定：

1）根据工程地质、注浆目的等控制注浆压力。

2）回填注浆应在衬砌混凝土达到设计强度70%后进行，衬砌后围岩注浆应在充填注浆固结体达到设计强度的70%后进行。

3）浆液不得溢出地面和超出有效注浆范围，地面注浆结束后注浆孔应封填密实。

4）注浆范围和建筑物的水平距离很近时，应加强对邻近建筑物和地下埋设物的现场监控。

5）注浆点距离饮用水源或公共水域较近时，注浆施工如有污染应及时采取相应措施。

（5）注浆的施工质量检验数量，应按注浆加固或堵漏面积每100m² 抽查1处，每处10m²，且不得少于3处。

第 6 章　隧道防水工程施工

6.1　隧道防水工程概述

隧道施工受到地面建筑物、地下管线、道路、地下水位、城市交通、城市环境保护、施工机具以及资金等诸多因素的影响，其施工技术要求更高，难度更大，造价也更贵；经过多年来的实践，我国隧道的建设得到了大力发展，常见隧道的施工方法详见表 6-1。

隧道由于长期受到地下水和地表水的影响，如果没有可靠的防排水措施，其安全稳定性和运营安全以及寿命都将受到严重的影响而危及人民生命财产安全，因此，隧道施工其防排水工程非常重要。

隧道的常见施工方法　　　　　　　　　　　　　　　　　　　　　　　　表 6-1

序号	施工方法	主要工序	适用范围
1	明挖法	(1)敞口明挖,现浇混凝土,回填土	地面开挖,场地开阔,土质稳定
		(2)钢板桩等支护后开挖,浇筑混凝土,回填土	施工场地狭窄,土质较差
		(3)地下连续墙:分段开挖,连续成墙,挖土,灌注混凝土,回填土	地层松软,地下水位较高,场地狭窄,开挖深度较大
		(4)盖挖法:用桩或连续墙支护,见顶盖恢复交通后在顶盖下开挖,浇筑混凝土,回填土	场地狭窄,地面交通繁忙
2	新奥法	(1)对岩石地层采取分部或全断面开挖,锚固支护	岩石地层
		(2)对地层加固后再开挖支护,衬砌	松软地层,地下水位较低
3	盾构法	采用盾构机开挖后,立即用管片衬砌或浇筑混凝土衬砌	松软地层,或在岩石中使用岩石掘进机
4	顶管法	采用顶管设备将管段顶进,边开挖,边顶进	穿越交通繁忙道路、城市地下管网和建筑物密集等障碍物地区
5	沉管法	分段制作沉管,浮运至现场,沉入,接头处理后,回填土	适合地下水位高,穿过江、河、湖、海等地区

根据《地下工程防水技术规范》（GB 50108—2008）、《地下防水工程质量验收规范》（GB 50208—2011）、《地铁设计规范》（GB 50157—2013），隧道工程应遵循"以防为主、刚柔结合、多道设防、因地制宜、综合治理"的原则，进行精心设计与施工，地下结构物的防水措施应根据场地的水文地质和地形条件、施工方法、结构形式、防水标准、使用要求和技术经济指标等综合考虑确定，一方面应提高混凝土的密实性和抗裂性，加强变形缝、施工缝的防水性能；另一方面应采用外贴防水卷材，涂抹防水涂料或防水砂浆等附加防水措施，以达到有效防水的最终目的。

隧道工程的防水是一个系统工程，应综合考虑结构形式、施工方法、水文地质条件等因素与防水的关系，其结构应能满足防水的需要，优先选用质量可靠、耐久性好、符合环保要求的材料，优先考虑结构自防水，根据需要采用附加防水层和注浆防水等附加防水措施，对施工缝、变形缝、后浇带进行精心施工；严格把握好施工质量关，坚定不留隐患。

混凝土结构自防水的措施是隧道防水的主要形式，地下结构防水混凝土的抗渗等级不小于 P8，处于侵蚀性介质中的防水混凝土的耐侵蚀系数不应小于 0.8，防水混凝土结构在设计和施工过程中，要求采取切实有效的防裂、抗裂措施，并保证混凝土良好的密实性、整体性，减少结构裂缝的产生，以提高结构自防水的能力，防水混凝土所使用的水泥强度等级不应低于 32.5MPa，水胶比不大于 0.55。防水混凝土中可掺入一定数量的优质粉煤灰、磨细矿渣粉、硅粉等材料，粉煤灰的级别不应低于二级，掺量不应大于 20%，硅粉掺量则不应大于 3%；特别部位的防水混凝土可根据工程抗裂需要掺入钢纤维或合成纤维；防水混凝土结构的裂缝宽度迎水面应≤0.2mm，背水面应≤0.3mm，且无贯通的裂缝，防水混凝土结构其厚度应≥250mm，钢筋保护层的最小厚度应符合相关规范的规定。

6.2 明挖法施工隧道工程的防排水

明挖法是修建地下隧道的一种常用的施工方法，其具有施工作业面多、施工进度快、工期短、易保证工程质量、工程造价低等优点而比较常见。

6.2.1 明挖法工艺的分类及基本要求

1. 明挖法施工工艺的分类

明挖法根据其主体结构的施作顺序可分为明挖顺作法和明挖覆盖法两大类施工做法。明挖顺作法施工的基坑可分为敞口放坡基坑和有围护结构的基坑这两大类；明挖覆盖法又称盖挖法，其又可进一步细分为盖挖顺作法、盖挖逆作法和盖挖半逆作法这三种施工工艺类型。

明挖顺作法是先从地表面向下开挖基坑至设计标高，然后在基坑内的预定位置由下而上地建造主体结构及其防水措施，最后回填土并恢复路面的一种施工方法。明挖顺作法的施工步骤如图 6-1 所示。

在路面交通不能长期中断的道路下修建地下铁道车站或区间隧道时，则可采用盖挖顺作法，盖挖顺作法施工工艺常用于现有道路上，按所需宽度、由地表面完成挡土结构后，以定型的预制标准覆盖结构置于挡土结构上并维持交通不受大的影响，继续往下反复进行开挖和加设横撑，直至设计标高，并按顺序由下而上建筑主体结构和防水措施，回填需要拆除挡土结构外露部分以恢复道路，盖挖顺作法的施工步骤如图 6-2 所示。

2. 明挖法的基本要求

（1）明挖法地下工程的结构自重应大于静水压头造成的浮力，在自重不足时必须采用锚桩或其他措施，施工期间应采用有效的抗浮力措施。

（2）明挖法地下工程施工时应符合以下规定：

1）地下水位应降至工程底部最低高程 500mm 以下，降水作业应持续至回填完毕。

2）工程底板范围内的集水井，在施工排水结束后应用微膨胀混凝土填筑密实。

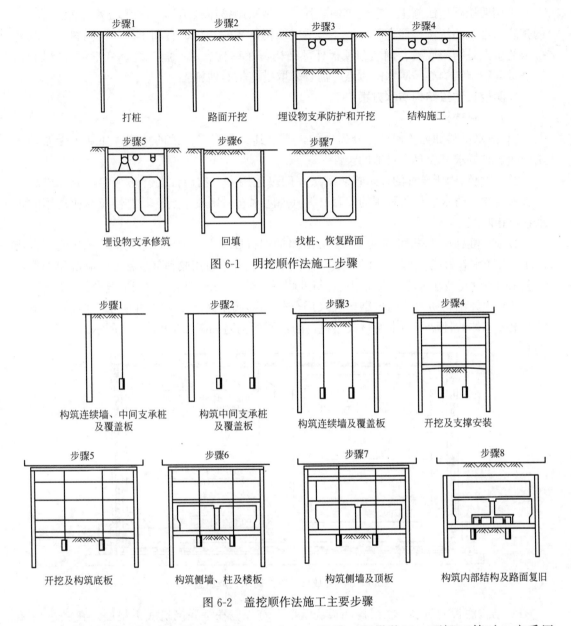

步骤1　打桩
步骤2　路面开挖
步骤3　埋设物支承防护和开挖
步骤4　结构施工

步骤5　埋设物支承修筑
步骤6　回填
步骤7　找桩、恢复路面

图 6-1　明挖顺作法施工步骤

步骤1　构筑连续墙、中间支承桩及覆盖板
步骤2　构筑中间支承桩及覆盖板
步骤3　构筑连续墙及覆盖板
步骤4　开挖及支撑安装

步骤5　开挖及构筑底板
步骤6　构筑侧墙、柱及楼板
步骤7　构筑侧墙及顶板
步骤8　构筑内部结构及路面复旧

图 6-2　盖挖顺作法施工主要步骤

3）工程顶板、侧墙留设大型孔洞，如出入口通道、电梯井口、顶棚口等时，应采用临时封闭、遮盖措施，确保施工安全。

（3）明挖法地下工程的混凝土和防水层的保护层在满足设计要求、检查合格后，应及时回填。

6.2.2　明挖顺作法工艺施工的隧道工程的防排水方案

采用明挖法施工的结构防水，一般由结构自防水和卷材、涂膜、防水砂浆防水层组成，通常卷材防水层、涂膜防水层、砂浆防水层都设置在主体结构外侧（即迎水面），并要求其防水层与结构的表面粘结良好。

采用明挖顺作法施工工艺施工的工程一般多采用整体式结构,这类现浇钢筋混凝土结构其防水性能和抗震性能均较好,能够适应结构体系的变化,有利于结构的防排水,其防排水的重点是结构底板、侧墙和顶板外部结构,在结构内部,施工缝、变形缝、穿墙管、后浇带等细部结构亦是防水的重点,需要采取措施精心地施工。

1. 明挖顺作法结构防水方案

（1）材料选择

1）防水材料如处于侵蚀性介质中的,要求其具有耐受侵蚀的功能;如处于受振动作用处的,则要求其应具有足够的柔性。

2）明挖结构所设置的外贴式防水层一般多选用高聚物改性沥青防水卷材或合成高分子防水卷材;防水卷材所采用的配套材料（如防水卷材用胶粘剂）其材性应与所选用的防水卷材相匹配。

3）通常顶板、底板可浇筑50～70mm厚的细石混凝土保护层,结构侧墙采用的聚合物改性沥青防水卷材或合成高分子防水卷材防水层,其外侧可用胶粘剂点粘5～6mm厚的聚乙烯泡沫塑料片材或在聚乙烯泡沫塑料片材外侧再砌筑120mm厚的砖墙组成复合保护层。

（2）主体结构防水。明挖结构应采用全外包膨润土防水板或柔性防水,两层各4mm厚的聚酯胎体改性沥青防水卷材或涂料,防水层的构造如图6-3和图6-4所示。

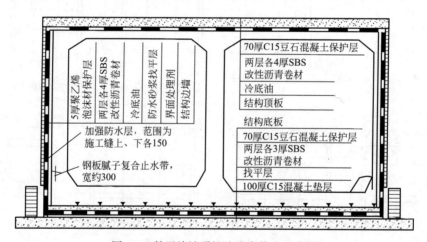

图6-3 敞开放坡明挖法防水构造示意图

1）结构底板的防水。在结构底板浇筑前,首先应在基底浇筑底板垫层。在浇筑垫层混凝土时,应保证基坑底部不得有明水,垫层混凝土应采用强度等级不小于C15的混凝土,厚度不小于150mm,垫层混凝土要求坚固密实,并且基本平整,以满足其不小于P6的抗渗等级;在防水层施工完毕后,应及时施作防水层的细石混凝土保护层,保护层的厚度应不小于50mm,在保护层达到一定强度后,方可进行底板施工。

2）侧墙的防水。侧墙防水层采用满粘法施工,铺设防水层前应在侧墙外表面上抹厚度不小于2cm的水泥砂浆找平层（砂浆保护层）,侧墙第二层（靠近回填土）铺设膨润土防水板或防水卷材（宜表面覆砂的改性沥青防水卷材）,以便在铺设完的防水层表面抹一定厚度的水泥砂浆保护层,侧墙防水层的保护层也可采用厚度不小于50mm的聚乙烯泡沫塑料等材料。

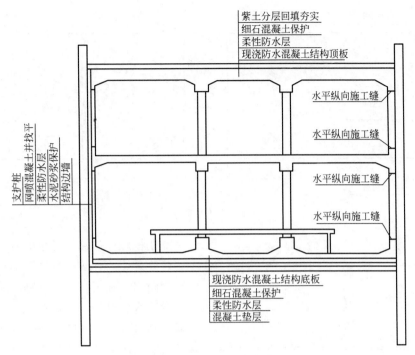

图 6-4　桩支护明挖法防水构造示意图

3）顶板的防水。顶板混凝土浇筑完成后，应进行二次收水压平抹实，经过二次抹实的混凝土起到一定的防水作用，然后在顶板结构层上面铺设膨润土防水板或改性沥青防水卷材。

4）结构内变形缝、施工缝、穿墙缝、后浇带等的防水。对于变形缝、施工缝、穿墙管、后浇带、预留孔等防水薄弱部位和施工阴阳角部位，都应采取附加防水措施的方法进行防水处理。

变形缝的防水构造形式和材料应根据工程特点、地基和主体结构变形情况以及水压和防水等级等因素来确定，缝宽一般为 20～30mm，水压较大的变形缝通常均采用埋入式橡胶止水带，对于防水等级较高的工程，应根据施工条件，可在变形缝外侧或内侧铺设其他防水材料，如嵌缝材料或高分子防水卷材进入加强处理。变形缝、施工缝及穿墙管的防水构造如图 6-5～图 6-7 所示。

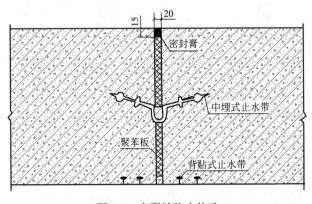

图 6-5　变形缝防水构造

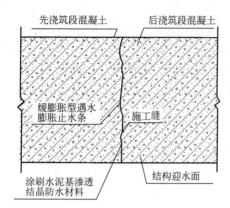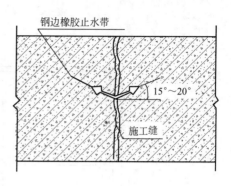

图 6-6 施工缝防水构造

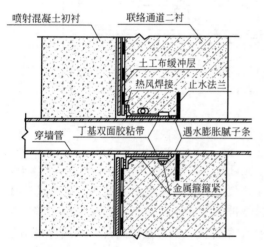

图 6-7 穿墙管防水构造

2. 明挖顺作法结构防水的施工

（1）采用"外防外贴法"铺贴卷材工艺的结构防水层施工。外防外贴法施工（以改性沥青防水卷材为例）是在混凝土底板和结构墙体浇筑前，先在墙体外侧的垫层上用砖砌筑一定高度的永久性和临时性保护墙体，即用水泥砂浆在结构墙体设计位置的外侧砌筑高度为结构混凝土底板厚度的永久性保护墙体和约 300～500mm 高的用 1：3 白灰砂浆砌筑的临时性保护墙，如图 6-8 所示。在垫层和永久性墙体的表面抹 1：3 的水泥砂浆找平层，临时性墙体表面抹石灰砂浆找平

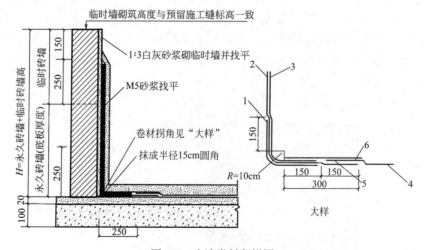

图 6-8 边墙卷材留槎图

1—SBS 改性沥青卷材拐角加强层；2、3—SBS 改性沥青卷材通用层与边墙通用层相接；

4—1.2mm 厚 ECB 底板防水层；5—ECB 封边膏（用 SBS 封边）；

6—接头覆盖密封层—起加强接头的薄弱部位

层，找平层的厚度、阴阳角的弧度和平整度都应符合设计要求，然后再将找平层清理干净，根据所用卷材的不同品种，在找平层上涂布相应的基层处理剂。如采用空铺法工艺铺设卷材，则可不涂布基层处理剂。

（2）采用"外防内贴法"铺贴卷材工艺的结构防水层施工。在地下围护结构墙体的防水施工采用"外防外贴法"铺贴工艺受到场地条件限制时则可采用"外防内贴法"铺贴工艺进行施工。外防内贴法平面（底板混凝土垫层）部位的卷材铺贴方法与外防外贴法相同。

在已浇筑的混凝土垫层和护坡墙体上抹不小于 15mm 厚 1：3 的水泥砂浆找平层，当找平层的强度达到设计要求后，即可在平、立面部位涂布基层处理剂，然后对特殊部位做增强处理；卷材宜先铺贴立面，后贴平面，立面部位的防水层应先铺贴特殊部位的增强层，底平面 300～500mm 范围内应满铺，立墙 300mm 范围内空铺，其上 200mm 范围满粘并在凹槽内用砂浆嵌固至找平层齐平，随后定位弹出基准线，然后按照基准线铺贴通用防水卷材，通用防水卷材和增强防水卷材之间全部实行满粘法。

防水层施工验收合格后，方可进行保护层施工。在墙体防水层上铺贴 6mm 厚卷材保护层，施工方法可根据防水层品种而定，其固定方法冷粘和热粘均可，平面部位一般浇筑 50～70mm 厚细石混凝土保护层，在完成防水层后可浇筑钢筋混凝土结构。

6.3 暗挖法施工复合式衬砌夹层的防水施工

相对于明挖法施工，暗挖法施工存在诸多不利防水的因素：隧道施工工作面狭长，结构构造复杂，施工工序多，防水施工条件差；暗挖法施工难以实现全外包防水；防水层接缝部位多，施工困难，质量难以保证；结构施工缝、变形缝较多，结构的边墙底部、顶纵梁的连接处以及其他阴阳角位置易出现混凝土充填不密实、振捣不充分等问题从而发生渗漏，因此暗挖法施工通常采取复合式衬砌的多道防水措施：结构外的注浆堵水、锚喷支护混凝土（初期支护）、设置在喷射混凝土初期支护和二次衬砌之间的夹层排水体系以及防水层、防水混凝土衬砌（二次衬砌）。

复合式衬砌的防水构造如图 6-9 所示，首先在喷混凝土的初期支护上铺设塑料板或膜为主体材料的防水隔离层，然后再进行二次衬砌混凝土的浇筑，一般在初期支护的表面与防水层之间增加一层缓冲层。

6.3.1 复合式衬砌夹层防水方案选择

夹层防水应本着"以防为主，多道防线，刚柔结合，综合治理"的原则进行，并根据工程的水文地质状况、构造型式、施工方法、防水标准和使用要求等因素选用相应的防水隔离层和缓冲层的材料以及铺设方法。

根据工程不同部位的防水要求，夹层防水层的材料可以几种不同的防水材料混用，但必须保证材料连接部位的质量。

（1）基层的要求。铺设防水板的喷射混凝土其基层不得有钢筋等尖锐突出物，基层变化或转弯处的阴角或阳角应抹成圆弧。在铺设防水板前，初期支护表面不得有明水；否则，则应采取措施确保基层满足敷设防水层的要求。

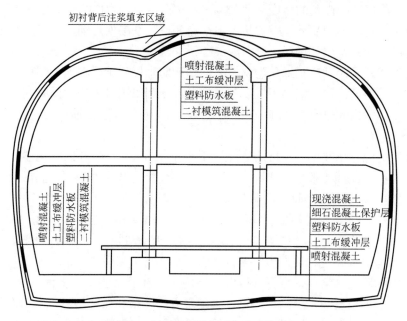

图 6-9　暗挖法复合衬砌防水构造

（2）防水材料的选择。防水层一般宜采用断裂伸长率大，抗穿刺性能好、耐久性好的热塑性防水板，如 PVC（聚氯乙烯）、EBC（乙烯共聚物沥青）、LDPE（低密度聚乙烯）等。

防水板与初期支护之间设置防水层的缓冲层（衬垫），缓冲层材料采用单位质量不小于 $400g/m^3$ 的无纺布或 5mm 厚的挤塑胶联聚乙烯板，底板（包括仰拱）部分的防水板铺设完毕后，应铺 150mm 厚的细石混凝土保护层或纤维板保护层。

（3）设置防水分区。在环向施工缝位置设置背贴式止水带，其应与防水板同材质，并焊接在防水板上，依靠止水带的齿条与二衬之间的咬合使隧道环向形成防水封闭区。一旦出现渗漏的情况时，便可发现漏水点即时注浆。

（4）注浆补强。在二衬混凝土浇筑完毕后，应对隧道拱顶部位的防水层和二衬防水混凝土结构之间进行回填注浆处理。

在防水板上一定间距内固定注浆底座和注浆管，在二衬混凝土施工完毕后，利用预埋的注浆管进行注浆，以填充防水板与混凝土之间的缝隙，并在结构迎水面修复混凝土可能出现的裂缝。

6.3.2　复合式衬砌夹层防水的施工

在基层的强度、凹凸度、干燥程度达到设计要求后，才能对防水层施工，夹层防水层施工如图 6-10 所示。施工的基本步骤详见如下所述。

（1）铺设防水衬垫（缓冲层）。衬垫铺设的顺序一般为先拱部后边墙，仰拱，但也可以先仰拱后边墙、拱部，并要求其与基层密贴。为了防止漏底，要求垫层间有 30～50mm 的搭接长度或宽度，垫层间接缝要求用热风枪焊接，衬垫铺设时要用射钉或木螺栓将塑料网垫片钉在初期支护上，其间距可视基层的凹凸度而定，一般为 50～150mm，呈梅花状布置，并应尽可能将其设在凹处，钉子不得超出塑料圆垫片平面。

（2）防水板的铺设。防水板的铺设顺序一般与衬垫铺设相同，但必须划线以便定位，防水板与衬垫间应紧密，防水板要有一定的余量，不能拉得太紧，接缝可用自动行走式热合机焊接，焊接时的焊接速度及焊接温度应根据隧道内的气温、焊机状况经试验决定，防水隔离层在铺设过程中，随即将其与塑料圆形垫片焊牢。

（3）充气检验防水板铺设好后，应进行充气试验，即在焊缝处给予 0.12～0.15MPa 的气压，保持 5min，允许压力下降 20％以内，发现漏气处应进行修补，试验时应注意不能刺穿两层防水板。

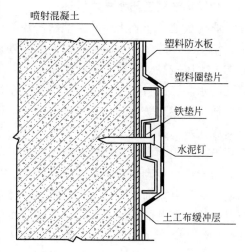

图 6-10　夹层防水施工构造图

（4）防水层的保护。绑扎钢筋浇筑二衬时不能破坏防水层，在焊接钢筋时要用石棉板等不燃物遮挡，以免火花烧坏防水隔离层，在浇筑混凝土时，振动棒不得接触防水隔离层。

6.3.3　盾构法施工地铁隧道的防排水

盾构法属于暗挖法，盾构机是盾构法工艺施工中的主要施工机械，其是一个既能承受围岩压力又能在地层中自动前进的圆筒形隧道工程机器，少数为矩形、马蹄形和多圆形断面等形式；盾构机的前端部分设置有支撑和开挖土体的装置，中段部分安装有顶进所需要的千斤顶，尾部可以拼装预制或现浇的隧道衬砌环，如图 6-11 所示。盾构机每推进一环，就在盾尾支护下拼装（现浇或预制的）一环衬砌管片，并向管片外围的空隙中压注水泥砂浆，以防止隧道及地面下沉，就这样连续不断地推进，不断地安装衬砌，直至隧道贯通。

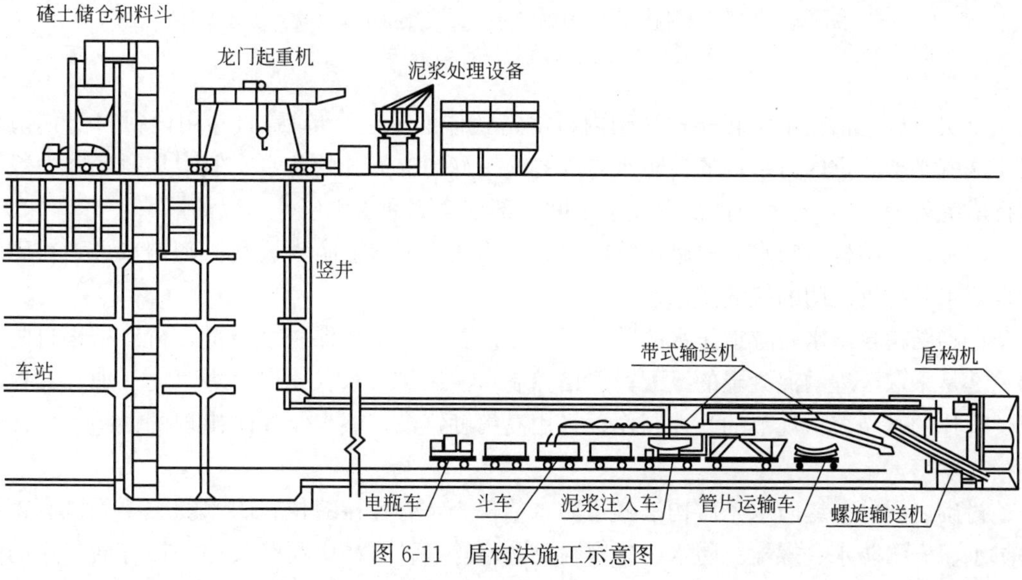

图 6-11　盾构法施工示意图

1. 盾构法隧道防水技术概述

盾构法适合于软土、软岩地区修建隧道，防水施工除了具有与新奥法相同的工作面狭小，结构工作缝多，难以实现结构的全外包防水等特点外，还将面临管段不均匀沉降，所处围岩水压较高等难题，盾构法防水主要工作包括管片防水、管片接缝防水、螺栓孔与注浆孔防水、二次衬砌防水、施工竖井防水以及盾尾自身防水、充填注浆等防水措施。

盾构法隧道防水的分类方法有多种，按其隧道衬砌结构形式可分为单层衬砌防水和双层衬砌防水；按其隧道衬砌的组成可分为衬砌结构自防水和衬砌接缝防水；按其隧道的构造可分为隧道衬砌防水和竖井接头防水。

（1）单层衬砌防水和双层衬砌防水。衬砌在施工阶段作为隧道施工的支护结构，其可以起到保护开挖面以防止土体变形、土体坍塌及泥水渗入、承受盾构推进时千斤顶顶力以及其他施工荷载的作用。同样，其也可单独作为隧道永久性的支护结构，这就是单层装配式衬砌结构。为了满足结构的补强，修正施工误差以及防水、防腐蚀、通风和减小流动阻力等特殊要求，有些盾构隧道在单层装配式衬砌结构的内面再浇筑整体式混凝土或钢筋混凝土内衬从而构成双层衬砌结构，如图 6-12 所示。单层衬砌的防水与单层衬砌的形式、构成以及拼装方式有关。

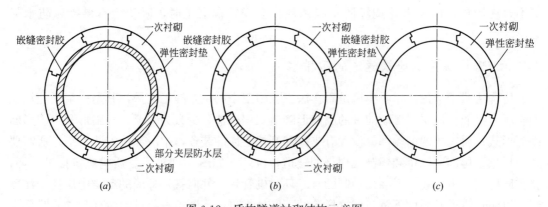

图 6-12　盾构隧道衬砌结构示意图
（a）一次衬砌后修筑二次衬砌的双层衬砌剖面；（b）仅底部设置二次衬砌的局部断面图；
（c）内部设置横向拉杆的单层衬砌剖面

双层衬砌包括在单层装配式衬砌内再浇筑整体混凝土，包括：1）用内衬自身作防水层，这就必须注重内衬结构的自防水与内衬施工缝，变形缝的防水，但附加衬砌间一般不进行凿毛处理。2）衬砌与内浇混凝土之间局部或全部铺防水层作为隔离层。

（2）衬砌结构自防水和衬砌接缝防水。盾构法工艺隧道防水按其衬砌构造分为衬砌结构自防水和衬砌之间的接缝防水。

衬砌结构自防水是隧道防水的关键，必须认真施工，确保防水质量，衬砌结构自防水的关键是采取合理的混凝土的级配；严格控制水泥用量、水灰比以及坍落度；加强养护以减少管片的微裂缝；规范的管片制作，采用高精度钢模，减少制作时出现的误差，保证管片接头紧密。

衬砌之间的接缝防水是盾构法隧道防水的核心，管片接缝位置防水的主要手段有密封垫防水、嵌缝防水、螺栓孔防水、二次衬砌防水等多种方法，而其关键是接缝面采用的防水密封垫材料及其设置方法。施工时可根据需要采取几种或全部防水措施，以确保防水的效果。

为了防止隧道周围土体发生变形，控制管段的不均匀沉降及防止地表沉降，在盾构施工过程中，应及时对盾尾和管片衬砌间的建筑空隙进行注浆，构成隧道防水屏障。虽然注浆主要是用来控制地面的沉降，但其实际上已成为了盾构地铁隧道防水的第一道防线。

2. 盾构法隧道防水的技术措施

盾构法隧道的防水应按照使用要求、用途、工程性质及水文地质条件，并根据《地下工程防水技术规范》（GB 50108—2008）等相关规范而确定，采用盾构法工艺施工的隧道其防水的技术措施见表 6-2。

盾构隧道防水技术措施　　　　　　　　　　　表 6-2

防水措施 防水等级	高精度管片	接缝防水				混凝土内衬或其他内衬	外防水涂料
		弹性密封垫	嵌缝	注入密封剂	螺栓密封圈		
一级	必选	必选	应选	可选	必选	宜选	宜选
二级	必选	必选	宜选	可选	应选	局部宜选	部分区段宜选
三级	必选	必选	宜选	—	宜选	—	部分区段宜选

采用盾构法工艺施工的隧道，其防水等级的确定可因部位的不同而不同，如地铁隧道顶部有接触网，则不允许滴漏；地铁隧道两侧范围内其要求则可稍低；寒冷地区盾构隧道入口处严禁渗漏，以防结冰导致车辆打滑，而内部要求则可稍低一些。其实际漏水量也可按总体和局部两个以上渗水指标考虑。

（1）衬砌结构自防水

采用盾构法修建的隧道，常用的衬砌方法有预制的管片衬砌、现浇混凝土衬砌、挤压混凝土衬砌以及先安装预制管片外衬后再现浇混凝土内衬衬砌，在这些众多的衬砌方法中，以管片衬砌最为常见。

管片是隧道预制衬砌环的基本单元，随着盾构的推进在盾尾依次拼装衬砌环，由无数个衬砌方向依次连接而成为衬砌结构。预制衬砌管片型式很多，主要有钢筋混凝土管片、钢纤维混凝土管片、钢管片、铸铁管片、复合管片等。预制管片按其结构型式可分为装配式钢筋混凝土管片等，按其使用要求可分为平板形管片和箱形管片（图 6-13、图 6-14）。一般钢筋混凝土管片均采用螺栓连接以增加结构的整体性和强度。

管片是衬砌的基本受力和防水的结构，不论采用单层衬砌防水还是双层衬砌防水，管片的防水技术均包括四项内容，即管片本体的防水及管片的外防水、管片接缝的防水、螺栓孔和注浆孔的防水、二次衬砌防水等。

衬砌结构自防水是盾构隧道防水的根本，只有衬砌结构满足了自防水的要求，盾构隧道的防水才能有基本的保证。目前，采用盾构法工艺修建的隧道大多采用由单层钢筋混凝土管片拼装而成的衬砌结构，故衬砌结构的自防水主要是指管片自身的防水，管片自身防水包括管片本体的防水和管片外涂层的防水。

1）管片本体的防水

衬砌自身应具有良好的防水能力，其关键是采用防水混凝土，包括正确选用材料以及

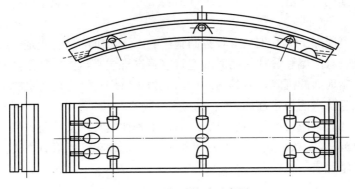

图 6-13　平板型管片示意图

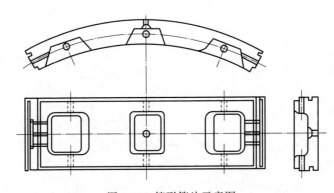

图 6-14　箱形管片示意图

混凝土的配合比、水灰比、坍落度等工艺参数，以满足混凝土的强度等级和抗渗要求。

在管片生产时，应采用合理的制作工艺，对混凝土的振捣方式、养护条件、脱模时间、防止温度应力而引起的裂缝等方面，均应提出明确有效的工艺要求。

最典型的管片其构造如图 6-15 所示。管片的结构自防水是首选的防水措施，管片应采用防水混凝土、聚合物混凝土或浸渍混凝土制作，并应符合相关的国家标准和施工规范提出的要求，以保证管片本身具有较高的强度等级和高抗渗指标，并有足够的精度。混凝土管片采用防水混凝土，其抗渗等级一般不小于 P8，渗透系数不宜大于 5×10^{-11} cm/s，当隧道处在侵蚀型介质的地层时，应采用相应的耐侵蚀混凝土或涂刷耐侵蚀涂层。

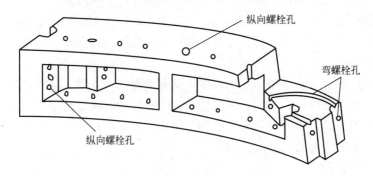

图 6-15　钢筋混凝土管片示意图

衬砌混凝土材料的配合比。预制管片的混凝土应严格控制水灰比，可以通过掺入减水剂来降低混凝土的水灰比。

管片的制作工艺流程。采用盾构法工艺的隧道，其衬砌所用的管片其制作与衬砌自防水有着紧密的关系，其制作的各个环节都可能会影到自防水的质量，管片的制作应当采用高精度的钢模，以减少制作误差，避免造成接缝的渗漏水。

钢筋混凝土管片的制作，其钢筋的加工、混凝土骨架的制作、混凝土原材料的计量偏差、混凝土耐久性设计、混凝土的生产和运输、混凝土的浇筑及养护均应符合《预制混凝土衬砌管片生产工艺技术规程》（JC/T 2030—2010）中的规定。

管片的技术要求。预制混凝土衬砌管片技术要求如下：

混凝土的设计强度等级不低于 C50，抗渗等级应符合工程设计要求，混凝土的配合比设计应符合《普通混凝土配合比设计规程》（JGJ 55—2011）的规定；管片脱模时的混凝土强度，当采用吸盘脱模时应不低于 15MPa，当采用其他方式脱模时应不低于 20MPa，管片出厂时的混凝土强度不低于该强度。管片成品的外观质量、尺寸允许偏差、水平拼装尺寸允许偏差应符合表 6-3 的规定；在设计检验试验压力的条件下，不得出现漏水现象，渗水深度不超过 50mm。

预制混凝土衬砌管片外观质量及允许偏差　　　　表 6-3

管片的外形及尺寸	项目	项目类型	质量要求	允许偏差（mm）
管片成品的外观质量要求	贯穿裂缝	A	不允许	
	拼接面裂缝	B	拼接面方向长度不超过密封槽，且宽度＜0.20mm	
	非贯穿裂缝	B	内表面不允许，外表面裂缝宽度不超过 0.20mm	
	内、外表面漏筋	A	不允许	
	麻面、粘皮、蜂窝	B	表面麻面、粘皮、蜂窝面积≤总面积的 5% 允许修补	
	孔洞	A	不允许	
	疏松、夹渣	B	不允许	
	缺棱掉角、飞边	B	不应有，允许修补	
	环、纵向螺栓孔	B	畅通、内表面平整，不得有塌孔	
管片的尺寸允许偏差	宽度（mm）	A		±1
	厚度（mm）	A		+3，−1
	保护层厚度（mm）	B		±5
水平拼装尺寸允许偏差	环向缝间隙（mm）	—		≤2
	纵向缝间隙（mm）	—		≤2
	成环后内径（mm）≤6000	—		±5
	成环后内径（mm）＞6000	—		±10

2）管片的外防水

由于在软土含水地层中常含有侵蚀性物质，在提高混凝土结构自防水能力的前提下，还可根据地层中侵蚀性介质的具体情况，针对防腐蚀等要求高的隧道衬砌管片采用外防水涂层。

管片采用外防水涂层则应根据管片的材质而确定，对钢筋混凝土管片而言，一般要求涂层应能在盾片弧面的混凝土裂缝其宽度达到 0.3mm 时，其仍旧能抗 0.8MPa 的水压，长期不渗漏；所选用的涂层应具有良好的抗化学腐蚀性能、抗微生物侵蚀性能和耐久性，涂层应无毒或低毒；涂层具有防止静电流的功能，其体积电阻率和表面电阻率要高；涂层要具有良好的施工季节适应性，施工简便且成本低廉。

管片外防水涂层可采用焦油氯磺化聚乙烯涂料为底涂料及改性焦油环氧Ⅱ型涂料为面涂料组成的复合型涂料，改性涂料因其底层具有较高的延伸率，面层则具有很好的耐腐性应用较为普遍。

（2）管片接缝的防水

高精度的管片虽然能极大限度地减少管片的接缝宽度，但若不采取接缝防水措施，则仍不能保证混凝土管段不渗漏水，采用盾构法工艺施工的隧道，其管片接缝防水包括管片之间的弹性密封垫防水、隧道内侧相邻管片间的嵌缝防水、接缝注浆、螺栓孔和注浆孔防水、二次衬砌防水等措施。

1）弹性密封垫防水

弹性密封垫是接缝防水的首道防线，也是接缝防水的主要防线，弹性密封垫防水如图 6-16 和图 6-17 所示，目前常用的弹性密封垫有硫化橡胶类弹性密封垫和复合型弹性橡胶密封垫。硫化橡胶类弹性密封垫的几种形式如图 6-18 所示，其具有高度的弹性，复原能力强，即使接头有一定量的张开，其仍可处在压密状态，有效地阻挡水的渗漏。由于其设计成不同的形状，不同宽度、高度，以适应水密性要求的压缩率和压缩的均匀度，当管片拼装稍有误差时，密封垫的一定长度可以保证一定的接触面积防水。为了使密封垫能够正确就位，牢固地固定在管片上，并使被压缩量得以储存，应在管片的环缝及在管片上的位置。

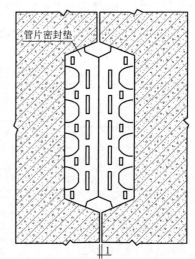

图 6-16　管片接缝防水（1）

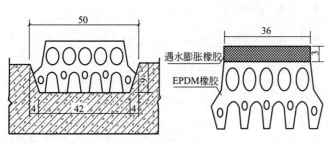

图 6-17　管片接缝防水（2）

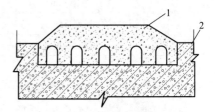

图 6-18　硫化橡胶类弹性密封垫
1—硫化橡胶类弹性密封垫；
2—钢筋混凝土衬砌管片

复合型密封垫是由不同材料组合而成的，是指用诸如泡沫橡胶类，且采用具有高弹性复原力材料为芯材，外包致密性及黏性好的覆盖层而组成的一类复合带状制品。芯材多用丁基橡胶、氯丁橡胶制作的橡胶海绵，覆盖层多采用未硫化的丁基胶或异丁胶为基材的致密自粘性腻子胶带、聚氯乙烯胶泥带等材料，复合型弹性密封垫的优点是集弹性、黏性于一体，芯材的高弹性使其在接头微张开下仍能不失水密性，覆盖层自粘性使其与接头面的混凝土之间和密封垫之间粘结紧密牢固，复合型弹性密封垫的几种形式如图 6-19 所示。

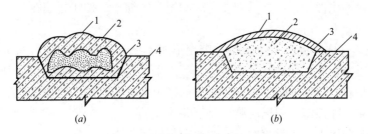

图 6-19　几种复合型弹性密封垫

（a）完全包裹型；（b）局部外包型

1—自粘性腻子带；2—海绵橡胶；3—粘合涂层；4—混凝土或钢筋混凝土管片

密封垫的施工。弹性密封垫其形式一般为预制品，但也有现场涂抹的，无论采用何种形式的密封垫，施工前都必须密封沟槽内的浮灰，油污渍除干净，密封沟槽内必须干燥，并涂刷底涂料以确保粘结良好。

对于预制型的密封垫，尤其是管片上有两道以上的密封槽时，一定要严格按照要求进行装配，不得装错，嵌入槽内的密封垫要用水锤敲击，以提高粘结效果，防止管片在运输过程中或在拼装过程时掉落或错位。

2）管片间的嵌缝防水

在管片拼装完毕之后，接缝防水是密封垫防水的补充措施，即在管片的环缝、纵缝沿管片内侧设置嵌缝槽，用止水嵌缝料在槽内进行填充来达到防水的目的，嵌缝槽的深宽比大于 2.5，槽深宜为 25～55mm，单面槽宽宜为 3～10mm，比较合适的嵌缝槽构造如图6-20 所示。

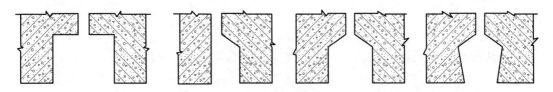

图 6-20　嵌缝槽型式图

嵌缝密封材料的类型：嵌缝密封材料可分为密封胶和预制密封材料两大类。

① 密封胶。应用于隧道衬砌接缝的密封胶，其品种主要有聚硫密封胶、单组分高模量聚氨酯密封胶等多种。聚硫密封胶是指适用于以液态聚硫橡胶为基料，金属氧化物为固化剂，使用时将主剂和固化剂按规定的比例调匀，经室温硫化，固化后形成类似橡胶的高弹性密封体的一类双组分建筑密封胶。当隧道衬砌接缝变形较大，超过±20％时，如变形缝和进出洞附近的管片接缝，可采用聚硫橡胶密封胶进行施工。

单组分高模量聚氨酯密封胶是一类以聚氨酯甲酸酯聚合物为主要成分的建筑密封胶，其适用范围和聚硫密封胶相似，在较高的水头或较宽的嵌缝槽条件下，可采用此类密封胶，单组分罐装聚氨酯密封胶具有施工简便的优点。

② 嵌缝密封材料的特性。采用盾构法工艺施工的地铁隧道，其嵌填密封主要采用弹性挤密、填实塞密或靠膨胀致密的做法。衬砌嵌缝密封的作用是防水、防腐蚀和隔汽。

盾构法隧道所采用的密封材料应具有良好的水密性、气密性、不透水性、耐腐蚀性、伸缩复原性和耐老化性能；产品具有硬化时间短、收缩小、便于进行施工及能适应结构的各种原因产生的变形等特性。

③ 嵌缝施工。嵌缝施工则应当在衬砌变形基本稳定之后且不在盾构千斤顶推力影响范围内进行，还应充分考虑到隧道挖进作业等因素的影响，其具体数值可视管片的结构形式、拼装方式及盾构设备的类型而定。隧道的稳定性还受到地面建筑加载、隧道的其他挖掘的影响。因此，加强施工现场的测试是至关重要的。

密封胶的嵌缝施工。密封胶的嵌缝作业施工要点如下：

A. 嵌缝前应将嵌缝槽内的油污、泥砂等杂物清除干净；嵌缝槽内应保持干燥，不能在渗水情况下施工，对于冒水、滴漏现象应采取堵漏止水措施；管片嵌缝槽内有碎裂、缺损处，应进行修补。

B. 如嵌填遇水膨胀腻子、密封胶类密封材料、外封聚合物水泥、合成纤维水泥类加固材料，则应先嵌填密封料，不外溢，若有控制膨胀材料，也应同样填塞密实，若单用密封胶，则应两面粘结。

C. 外封加固材料可以直接填塞于嵌缝槽面层，也可加封于嵌缝槽两侧，为了提高其与管片混凝土基面的粘结力，宜于结合面上先涂刷混凝土界面处理剂，在界面处理剂涂刷后2～4h 内，即应做外封加固材料，若已超过规定的时间，则应重新涂刷界面处理剂，然后再进行施工，外封加固材料较常采用的是氯丁胶乳水泥砂浆，外封加固材料应严格按照设计要求的外形和尺寸施工，以利于密封和防裂，拱顶部的外封加固材料应能速凝，以免坠落流淌。

D. 宜采用外封加固材料作嵌缝密封材料，则亦可参考上述施工方式进行施工。

E. 应保证十字接头处密封材料的紧密结合，嵌填密封胶时，必须捣实，方可保持防水的连续性整体性。

预制密封材料的嵌缝施工。预制密封材料的嵌缝作业施工要点如下：

A. 基层处理同密封胶的基层处理，但更应加强对嵌缝槽边沿的修补。

B. 将预制成型的橡胶或塑料密封胶填嵌入嵌缝槽内并正确安贴就位，通常在安装时可采用木槌敲击，使之紧密贴合在嵌缝槽内。

C. 密封条在环缝嵌缝槽内宜无接头，或仅有一个头，纵缝与环缝的密封条段与段的结合应紧贴。

D. 在预制成型密封件靠扩张材料与嵌缝槽密封时，扩张槽的设置要正确充分，尤其应针对接缝张开程度相应地扩张。

E. 采用泄水型的嵌缝方式时，要求将其接头设在排水沟附近。

3）接缝注浆、螺栓孔和注浆孔防水

接缝注浆是近年来开发的一种新的接缝防水技术，对于重要的盾构隧道工程，为了加强防水，可以在接缝面设置可供注入密封剂的浅沟槽。即在管片的四周端面上设置灌注槽，管片拼装成环后，由隧道内向管片的灌注槽内注入密封剂，如弹性聚氨酯类浆液，要求所压注的浆液流动性好，具有膨胀性，固结后无收缩，注下的浆液也可为改性丙烯胺浆液，这样既有利于所注浆液与衬砌混凝土粘结，又可适应接缝变形。接缝注浆常易引起衬砌变形，反而会降低防水效果，故须对管片的形状和压注方法进行仔细分析后方可实施。

尽管注入密封剂是作为接缝防水预设的，但实际上往往是在渗漏水发生后才加以利用，由其做防水治理，以克服在管片接缝上凿孔埋管压注的困难。同时也应看到，由于衬砌环纵缝相通，其间又往往设置传力衬垫片，必然会影响到浆液的到位不易在沟槽中形成连续的密封防水线，但如果能掌握好浆液的凝结速度，正确分段，由下而上进行压注浆液，则效果较好。

在拧紧螺栓时，密封圈受挤压变形充填在螺栓与孔壁之间，达到止水效果，螺栓孔和注浆孔的防水构造如图 6-21 所示。对于每一个螺栓孔、注浆孔均应设置密封垫圈，密封垫圈应具有良好的伸缩性、水密性、耐螺栓拧紧力和耐老化性能等。目前较为广泛的应用方法是在腔肋一侧的螺栓孔口加工成锥形，并设置氯丁橡胶或遇水膨胀橡胶密封圈。施工时螺栓位置偏于一侧的现象是经常发生的，应注意到这一点，必要时也可对螺栓孔进行注浆。在隧道曲线段，由于管片插入螺孔时常出现偏斜，螺栓紧固后台使防水垫圈局部受压，易导致渗漏水。此时，可按照图 6-22 所示防水方法，即采用铝制环形罩将弹性嵌缝材料压到螺母部位，并依靠专门夹具挤紧，待材料硬化后，拆除夹具，止水效果很好。

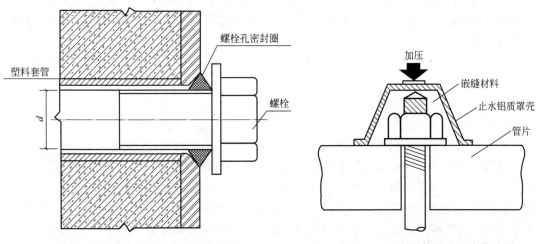

图 6-21　螺栓孔和注浆孔防水构造图　　　　图 6-22　铝杯罩螺栓孔防水构造图

4）二次衬砌防水

以拼装的管片作为单层衬砌，如其接缝防水的措施仍不能完全满足止水要求时，则可在管片内侧再浇筑一层混凝土或钢筋混凝土做二次衬砌，构成双层衬砌，以使地下隧道的衬砌符合防水的要求。采用二次衬砌的盾构隧道，可根据水文地质条件、地下水的具体渗透情况以及外层衬砌的防水效果，采取必要的防水措施。在二次衬砌施工前，首先应对外层管片衬砌其内侧出现的渗漏点进行修补渗漏，其基面最好凿毛，其上的污泥必须冲洗干净；待管片衬砌已趋于基本稳定后，方可进行二次衬砌施工。

二次衬砌防水做法各不相同，当水文地质条件较好，外层管片即能达到较好的防水效果时，可以在外层管片衬砌内直接浇筑混凝土内衬；当单层管片在不能满足防水要求时，则可在外层衬砌内表面先喷注一层 15～20mm 厚的找平层，然后粘贴高聚物改性沥青防水卷材或合成高分子防水卷材，再在此内贴式防水层上浇筑混凝土内衬。

在内衬防水混凝土与第一层衬砌（管片）之间，可设置防水层或排水层，以确保内衬混凝土的防水和防裂，防水层一般采用 PVC、EVA、HDPE 等防水材料，排水层则通常采用土工织物与塑料排水板的复合材料，此两类材料都应与疏水管、排水沟结合使用。其施工要点如下：

① 防水层、排水层施工前，应检查并紧固管片螺栓；清扫、冲刷第一层衬砌（管片）内壁；检查并防止隧道的渗漏水。

② 防水层、排水层的搭接由下而上，在拱顶与垂直方向的层与层之间的搭接，上层应置于内侧，搭接宽度应符合相关规定。

③ 水管的纵向排布延伸和接头的密封连接，均可采用密封胶或止水圈等。

④ 防水材料和排水材料与第一层衬砌之间的固定，可采用射钉，射钉穿透的防水材料和排水材料的孔眼，可采用加贴同种材料粘贴或热焊，也可在射钉上加设防水圈等方法来进行封闭。

⑤ 防水层、排水层端部应置入疏水管或包裹于疏水管外，使漏水引入疏水管然后再排出，两者连接处应严格按照施工图进行施工。

⑥ 防水层、排水层在适当长度区段内全部铺设后，再实施内衬的施工，在进行内衬绑扎或焊接钢筋时，应采取防止机械损伤或电火花烧伤防水层、排水层的防护措施（如设置临时挡板等）。

⑦ 防水层、排水层在施工时，不得穿带钉子或硬底的鞋在其上面行走；防水层和排水层所采用的材料除应满足阻燃要求外，铺设时还应注意防火安全。

⑧ 进行二次衬砌浇筑混凝土作业时，振动棒不得直接接触损伤防水层。

⑨ 若仅在接缝位置局部设置排水层时，应有封闭排水层两侧的措施。

（3）盾构始发井、到达井的防水

盾构始发井、到达井是采用盾构法工艺施工所特有的附属设施，在盾构掘进前，必须在地下开辟一个地下空间，以便在其中拼装（拆卸）盾构、附属设备和后续车架以及出渣、运料等；同时，拼装好的盾构机也是从这里开始掘进。因此，还需要在此设置临时性支撑结构，为盾构机推进提供必要的反力。始发井、到达井除了提供地下作业场地，满足结构受力的要求外，还应做好防水防渗工作。大量的渗水可导致浸泡和淹没施工设备，始发井和到达井的侧壁失稳，因此其防水亦是一项重要的工作。

始发井和到达井可采用地下连续墙法、沉井法、冻结法或普通矿山法等工艺进行施工，其防水亦应根据相关施工方法的防水设计与施工要求进行。

（4）盾尾间隙的注浆

盾构是在一定深度的地层中推进的，由于存在着建筑空隙（盾构外径与管片外径之差），盾构推进所产生的盾尾间隙，如不采取任何措施，地面会产生沉降，严重时则会有地表突沉的现象发生。要减小此类沉降，通常可采用注浆的方法将其建筑空隙进行填充。

在初期的盾构工程中，由于采用的是敞开型盾构，所以人们的目光都集中在防止开挖面上土体的崩塌，而且由于认为掘进是关键，所以后方运输车的安排也是以挖掘土方的运输最为优先，随着人们对保持管片环圆度，防止地面沉降的重要性认识的提高，开始注意采用尽可能快的及时的注浆方式。

由于盾构的盾尾密封技术的发展，特别是钢丝密封刷的开发，使在紧靠盾尾处的注浆得以实现。

盾尾间隙注浆现主要采用同步注浆的方式。同步注浆主要有从盾壳外侧注浆管注浆和从管片注浆孔注浆这两种方式。具体状况如图 6-23 所示。其注浆工序为：先将活塞设置于图 6-23 中①的位置上，然后按照先 A 液后 B 液的顺序开始进行注浆，注浆结束后则按照先 B 液后 A 液的顺序停止注浆，将活塞推到图 6-23 中②的位置，并待缸内残留的浆液从盾尾排出，接着向管道内注水，清洗缸体及 A 液管、B 液管，然后将活塞复归①的位置，一个注浆周期就此结束。目前，在工程中该装置的应用最多，A 液和 B 液的混合效果也不错，可靠性高。

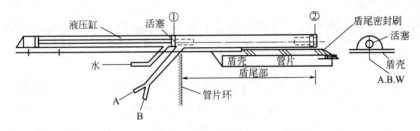

图 6-23　注浆管设在盾壳外侧

（5）双层衬砌中的防水施工

1）内衬施工中的防水作业

内衬施工可用无筋或有筋混凝土喷射混凝土或砂浆浇筑。可以在全断面或隧道下半部的一定范围处理。

内衬施工前必须紧固管片螺栓，使紧固力满足设计要求；对第一层衬砌内侧进行清扫、冲刷（以高压水冲洗为好）；隧道如有线流漏水或大面积渗水，应做堵漏处理或引水于非内衬区段，必要时在混凝土浇捣较小的、有足够厚度的环缝变形缝密封垫，以满足纵向变形后的防水要求；对双层衬砌来说变形缝前后环的管片（砌块）不应直接接触，间隙中应留有传力衬垫材料，其厚度应按线变位与角度量决定，应既可满足隧道纵向变形要求与防水要求，又可传递横向剪力。

2）内衬变形缝的设置

内衬变形缝的位置应尽量与初次衬砌变形缝相对应，至少应与初次衬砌的环缝相对应，以减少后者对它的约束作用。同时，还应在此变形缝对应位置的初次衬砌环缝内面粘贴设置防水卷材（宽 15～20mm），使之既有隔离作用，又有加强防水功能的作用。其设置方法是：对于初次衬砌环缝内面居中设 5cm 的隔离膜，再骑缝粘贴卷材。

3）内衬变形缝防水施工

① 完成内衬施工准备。

② 骑缝粘贴卷材。

③ 按设计要求设置变形缝防水材料，埋入橡胶止水带或止水紫铜片以及缝间填充材料。

④ 按内衬混凝土施工的要求，浇筑内衬混凝土，然后脱模、养护、验收。

⑤ 如为嵌缝式、附贴式变形缝，则最后嵌填高模量密封胶或内装可卸式止水带。

（6）夹层防水层（或排水层）施工

在内衬混凝土与第一层衬砌间，可设置防水层或排水层，以确保内衬混凝土的防水和防裂。若这时第一层衬砌与内衬混凝土不连成一体作排水层时，两层衬砌混凝土可局部隔开。

防水层一般采用 PVC、EBC、EVA、HDPE 等防水材料，排水层通常采用土工织物与塑料排水板的复合材料。两种材料都应与疏水管、排水沟结合使用。

1）施工准备

① 在防水层（或排水层）施工前紧固管片螺栓。

② 清扫、冲刷第一层衬砌内壁。

③ 防止隧道渗漏水。

④ 准备防水层（或排水层）材料，包括射钉枪、水泥钉、热风焊枪、焊缝真空检测器、焊条、疏水管及其连接件、常用机修工具等。

2）铺设作业

防水层（或排水层）的搭接由下而上，在拱顶与垂直方向的层与层的搭接时，上层应置于内侧，搭接宽度要符合规定；水管的纵向排布延伸和接头的密封连接，采用密封胶或止水圈等；防水层（或排水管）与第一层衬砌之间的固定，可采用射钉，射钉穿透的防水层（或排水层）孔洞用加贴同种材料粘贴或热焊，或在射钉上加防水圈等方法封闭；防水层（或排水层）端部应置入疏水管，或包裹于疏水管外，使漏水引入疏水管排出。两者连接处应严格按施工图处理；防水层（或排水层）适当的长度区段内全都铺设后，在实施内衬施工特殊情况下可以铺设内衬，但铺设的长度一般不少于 20m；在内衬绑扎或焊接钢筋时，应采用防止机械损伤或电火花烧伤防水层的防护措施。

6.3.4 盾构法施工质量要求

（1）钢筋混凝土管片制作应符合下列规定：

混凝土抗压强度和抗渗压力应符合设计要求；表面应平整，无缺棱、掉角、麻面和露筋。

（2）单块管片制作尺寸允许偏差应符合表 6-4 的规定。做抗压强度试件一组，每 10 环制作抗渗试件一组；管片每生产两环应抽查一块做捡漏测试，检验方法按设计抗渗压力保持时间不小于 2h，渗水深度不超过管片厚度的 1/5 为合格。若检验管片中有 25% 不合格时，应按当天生产管片逐块捡漏。

单块管片制作尺寸允许偏差　　　　　　　　　　　　　表 6-4

项目	允许偏差(mm)
宽度	±1.0
弧长、弦长	±1.0
厚度	+3,−1

（3）钢筋混凝土管片拼装应符合下列规定：管片验收合格后方可运出工地，拼装前应编号并进行防水处理；管片拼装顺序应先就位底部管片，然后自下而上左右交叉安装，每

环相邻管片应均匀摆放并控制环面平整度和封口尺寸，最后插入封顶管片，管片拼装后螺栓应拧紧，环向及纵向螺栓应全部穿进。

（4）钢筋混凝土管片接缝防水应符合下列规定：

管片至少应设置一道密封垫沟槽，封垫前应将槽内清理干净。封垫应粘贴牢固、平整、严密正确，并不得有起鼓、超长和缺口现象。管片拼装前应逐块对粘贴的密封垫进行检查，拼装时不得损坏密封垫。有嵌缝防水要求的，应在隧道基本稳定后进行。管片拼装接缝连接螺栓孔之间应按设计加设密封圈，必要时，螺栓孔与螺栓间应采取封堵措施。盾构法隧道的施工质量检验数量，应按每连续 5 环抽查 1 环，且不得少于 3 环。

盾构法隧道工程质量验收内容及验收要求见表 6-5。

盾构法隧道工程质量验收内容及验收要求　　　　表 6-5

检查项目	项次	项目内容	规范编号	质量要求	检验方法
主控项目	1	防水材料质量	第 5.4.8 条	盾构法隧道采用防水材料的品种、规格、性能必须符合设计要求	检查出厂合格证、质量检验报告和现场抽样试验报告
	2	管片抗压抗渗	第 5.4.9 条	钢筋混凝土管片的抗压强度和抗渗压力必须符合设计要求	检查混凝土压、抗渗试验报告和单块管片检漏测试报告
一般项目	1	隧道的渗漏水量	第 5.4.10 条	隧道的渗漏水量应控制在设计的防水等级要求范围内，衬砌接缝不得有线流和漏泥砂现象	观察检查和渗漏水量测
	2	管片拼装接缝	第 5.4.11 条	管片拼装接缝防水应符合设计要求	检查隐蔽工程验收记录
	3	螺栓安装及防腐	第 5.4.12 条	环向及纵向螺栓应全部穿进并拧紧。砌内表面外露铁件防腐处理应符合设计要求	观察检查

注：规范为地下防水施工工艺标准 XDQB 2002—JJ017

6.4　沉管隧道的防排水

沉管法是 20 世纪初发展起来的一种修建水下隧道的新方法，其具有工期短、对水上交通影响小、可浅埋、与靠近两岸的道路衔接容易以及可以设计多线车道等特点。沉管隧道修建于水体之下，防水工程的质量不言而喻。

6.4.1　沉管法隧道的构造及防水特点

沉管法隧道一般由敞开段、暗挖段、岸边竖中以及沉埋段组成，在沉管隧道发展早期，水下沉埋段多数采用圆形或近似圆形时的结构，现在以矩形断面为主。

矩形沉管隧道是目前沉管隧道的主要形式，矩形断面可以根据车道数量、管线敷设情况、隧道运营要求等设计成各种断面形式，矩形沉管隧道其横断面结构一般由底部防水钢板、底板、侧墙、顶板、顶部防水层以及隧道内设施构成；沉管隧道根据其采用的材料不同,可分为钢壳沉管隧道和混凝土沉管隧道,钢壳沉管隧道早期应用较多,目前随着混凝土沉管隧道的发展已逐渐减少。矩形断面的出现是基于钢筋混凝土结构防水技术的发展,因而矩形断面的沉管隧道一般都采用混凝土结构,但为了增强管段的整体性,防止管段预制时其管段侧墙下部和底板出现裂缝,同时与钢端壳及管节混凝土表面防水层组成完整的外防水板。管段钢筋混凝土底板是在底部防水钢板上预制的,底板、侧墙和预制板是共同构成管段的受力结构的,在顶板上方还要设置外防水钢板和防水保护层。

6.4.2 沉管隧道防水施工

沉管法隧道的防水,其关键在于沉管管节的防水。根据沉管法施工的特殊施工工艺,其防水原则还是以混凝土结构自防水为根本,以接头防水为重点,多道设防,综合治理,充分发挥结构自防水功能,因此,混凝土沉管隧道的防水应从沉管管节的混凝土结构自防水、沉管管节的管端接头防水、沉管管节各种施工缝防水、沉管管节的外防水等几个方面着手。

1. 沉管管节的管端接头防水

一般沉管管节的管端接头间的防水主要采用 GINA 止水带与 OMEGA 止水带组成的两道防水密封装置,上述两种止水带的材质均为耐腐蚀的橡胶类材料。

(1)GINA 止水带的安装

止水带的这四个转角要与端钢壳的转角基本对齐,吊装就位后,就要依靠现场的施工人员的手工安装,安装的次序是先安装止水带的四个转角,然后再固定管节顶板及侧墙的水平及竖直的平直段,橡胶止水带的弹塑性变形是现场安装时最值得注意的问题。缚系在钢梁上的缆绳的密度要经过计算,在安装过程中平移段的安装要间隔作业,以避免局部止水带过长而不能就位。

(2)OMEGA 止水带的安装

OMEGA 止水带与 GINA 止水带不同,其并不是预制成型的,而是在底板居中位置断开,但四个转角还是预制成型的,整条的安装次序大致与 GINA 止水带相同,即先固定止水带的四个转角,再安装侧墙、顶板、底板的平直段。

整根 OMEGA 止水带初步安装就位后,即可进行止水带接头的现场热接,现场热接是需要使用专用的热接模具,热接的材料是硫化的橡胶浆材,使用的橡胶要与 OMEGA止水带的材质相一致,通过热接模具的高温加热,使浆料在现场进行硫化,硫化时间大约要持续 2h 左右,现场硫化的关键在于与 0MEGA 止水带外形相匹配的模具,同时要保持硫化过程中长时间的高温恒温。在完全安装好 OMEGA 止水带后,还应对其进行水压检漏试验,在完成了 OMEGA 止水带的水压检漏试验后方可认为其已安装完毕。

2. 沉管管节在施工阶段的防水

沉管管节要经历一个陆上预制、水下沉放的过程,在整个施工阶段中管节结构主体会附有许多临时结构,诸如端封墙、钢板水箱等,这些临时结构的防水也是十分重要的。

(1)端封墙的防水

管节在沉放就位之前,其两端是靠封墙密封的,待管节沉放就位并结构稳定后,方可将封墙凿除,使隧道得以贯通。由此可见,端封墙的防水是十分重要的,其将直接影响到隧道的工程质量端封墙常见的有钢封墙和混凝土封墙两种,钢封墙的防水主要依靠钢板本体和采用满焊缝；混凝土封墙防水采用聚氨酯防水涂料较为理想。

（2）钢板水箱的防水

在管节的内部安装有钢板水箱；控制管节在安放过程中的沉浮依靠水箱中压舱水位的高低来实现，故钢板水箱如出现渗漏不但影响到管节内部的施工环境，而且更影响到管节的沉放。钢板水箱自防水薄弱点在于钢板与管节混凝土的接触面，考虑到钢板与管节混凝土接触面没有侧限，为了避免离散，采用遇水膨胀橡胶止水条较为合适，当管节混凝土的表面凹凸超出止水条自身调节的范围时，则可在混凝土基面上先用丁基橡胶腻子片材找平，再上遇水膨胀橡胶止水条，压上钢板水箱后就可以保持水箱的防水密封。

（3）海底隧道的防水

海底隧道的最大风险来自水，要将"水"的治理贯穿在施工的全过程，根据国内、外部分水下工程的经验，在不良地质地段，其防水主要的办法就是先探水、后堵水，必须以堵为主，综合整治，分别采取有效的防水措施，二次衬砌前达到初期支护表面仅有潮湿和个别渗水点；二次衬砌后达到"不滴、不漏、不渗"的要求。特别是隧道在穿越浅滩全强风化层和海域风化深槽地段，防水尤为关键。

3. 隧道施工超前水文地质预测预报

超前的水文地质预测预报包括 TSP 超前地质预测预报、红外线水文地质预测预报、超前探孔探测这三个方面的内容。

（1）TSP 超前地质预测预报

采集数据通过配套的 TSPWIN 专用软件分析、整理，便可了解隧道开挖面前方地质体的性质（软弱地带、破碎带、断层、含水岩层等）和位置及规模。

（2）红外线水文地质预报技术

目前，对地下水的探测，应用较广的是红外探测技术。在距掌子面 20m 范围内可定性告知有无水，其工作原理是根据测得的每个区域内红外线地湿场值、纵向场强分布，对比分析，判断开挖面及其前方测点中最大场和最小场红外波段长的能量差是否超过一定范围，判定前方是否存在含水体构造体。

（3）超前探孔探测

1）超前地质钻孔探测（图 6-24），不仅能最直接地揭示开挖面前方的地质特征，而且能直接预报地下水出露点位置及出水状态、出水量等，准确记录，并绘制成图表，结合已有勘测资料，进行隧道开挖面前方地质条件的预测预报。

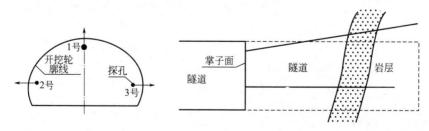

图 6-24　台车接杆超前钻孔布置图

2）钻孔台车超前钻孔探测（图 6-25）。主要是通过钻孔位置、钻孔速度、深度、钻机的推力、用力大小、钻孔有无渗流、渗流的清混、渗流压力和流量作出判断。通过上述探测取得的水文资料，结合根据设计文件提供的水文地质资料，经过技术人员现场判定开挖面前的水文情况，拟制定防水对策。

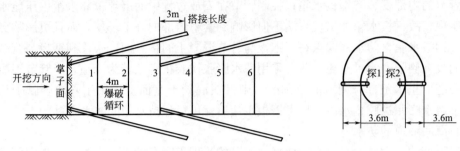

图 6-25　超前地质探孔剖面布置示意图

第7章 路桥工程防水施工

道路和桥梁工程总称为路桥工程，路桥工程反复受到各种车辆的动荷载作用的同时，还受到各种自然因素如风、霜、雨、雪、高低温等不利影响。

路桥防水层的作用主要是保护混凝土及钢筋，防止水腐蚀和影响钢筋、混凝土的强度和寿命。路桥设置防水层就是通过切断水的来源，有效地保护路桥免受破坏，延长其使用寿命，从而提高路桥的耐久性。

路桥防水包括路桥防水和路桥排水两个方面，具体内容为路桥的排水系统、路桥的防水层、路桥的伸缩缝设置、路桥面层的铺装等。

7.1 路桥工程的构造及防排水

7.1.1 道路工程的类型及构成

道路是供各种车辆、行人等通行的工程设施，是公路、城市街道、农村道路、工矿企业专用道路等各种道路的统称，是人类生存发展的主动脉，是人类组织生产、安排生活所必需的车辆，行人交通往来的载体。

1. 道路及路面的分类

道路按其在路网中的地位、交通功能以及沿线建筑设施的服务功能，划分为快速路、主干路、次干路、支路等；道路按其的横向布置，可分为单幅路、双幅路、三幅路、四幅路等。

道路工程的主体结构是由路基和路面所组成的，路基是地表按道路的线型（位置）和断面（几何尺寸）的要求开挖或堆积而成的构筑物；路面在路基顶面的行车部分采用各种混合料铺筑成的层状构筑物。路基和路面是相互联系的一整体。

路面按其力学特性可分为柔性路面、半刚性路面、刚性路面等。

道路路面按其面层作用以及采用的材料不同，路面可分为沥青路面、水泥混凝土路面、块料路面和粒料路面这四类。

2. 路面的结构及其组成

路基和路面是构成道路线形主体结构密不可分的两个主要组成部分。路基是路面的基础，结实而稳定的路基为路面结构长期承受车辆荷载提供了基本保证。层状结构路面的铺筑一方面隔离了路基，使路基避免了直接承受车辆和环境因素的破坏作用，确保路基长期处于稳定状态；另一方面，经铺筑路面后，提高了平整度，改善了道路条件，从而保证了车辆能以一定的速度，安全、舒适地全天候通行。

路面结构作为路基路面结构整体的一个组成部分，路面这一概念采用的是狭义的概念，即路面包括面层、基层、垫层这3个结构层次及表面用的路拱。但路面结构的承载力和耐久性在很大程度上是依赖于土基、路面排水及路肩。因此，广义上的路面结构还应包括路基、路面排水、路肩、路面结构层（图7-1）、路拱及横坡度。路面的防排水系统就路面防水而言，是至关重要的。

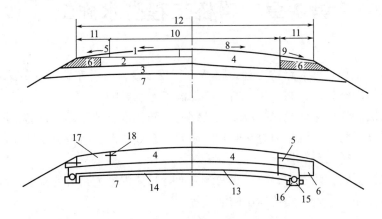

图 7-1　路面结构层

1—路面；2—基层；3—垫层；4—水泥混凝土面层；5—路肩面层；6—路肩基层；7—路基；
8—路拱横坡；9—路肩横坡；10—行车道宽度；11—路肩宽度；12—路肩顶宽；13—透水基层；
14—反滤层；15—纵向排水管；16—土工织物；17—水泥混凝土路面；18—拉杆

（1）路拱及横坡度

为了使路面上的雨水及时排出，减少雨水对路面的浸湿和渗透，路面其表面应做成两边低、中间高的路拱。

不同类型路面的路拱横坡度是各不相同的。高级路面平整度和水稳定性好，透水性较小，故一般均采用较小的路拱横坡度和直线形路拱；低级路面为了有利于迅速排除路表积水，通常采用较大的路拱横坡度和抛物线形路拱。各种不同类型路拱的平均横坡度值参见表7-1。路拱横坡度的选择，既要考虑到路面排水的要求，又要考虑到路面上行车的平稳，一般而言，在干旱和有积雪、浮冰的地区应采用低值；在多雨地区宜采用高值；道路纵坡较大或路面较宽，或行车速度较高，或交通量和车辆载重较大，或经常有拖挂车行驶时宜用低值；反之，则可采用高值。

路肩横坡度一般较路拱横坡度大1%，高速公路和下级公路当硬路肩采用与路面车行道相同结构时，路肩与路面车行道则可采用相同的横坡度。

各类路面的路拱平均横坡度	表 7-1
沥青混凝土、水泥混凝土	1~2
厂拌沥青碎石、路拌沥青碎（砾）石、沥青贯入碎（砾）石、沥青表面处治、整齐石块	1.5~2.5
半整齐石块、不整齐石块	2~3
碎、砾石等粒料路面	2.5~3.5
低级路面	3~4

（2）路面排水和防水

通过裂缝、接缝或空隙渗漏，或者由地下水位上升以及负温坡差作用下水分重分布进入路面结构内的水分，不仅会降低路基土和未稳定粒料的强度，而且会促使沥青混合料发生剥落，以及半刚性基层的损伤。处理路面中水分的方法有以下几种：

1）采取防止水分进入路面的措施，如拦截流向道路的地下水、设置路拱、设置防水层、填封路表面的各种缝隙、采用透水性小的密级配面层混合料等。

2）路面结构自身具有抗水性，如混合料自身具有足够强度以抵抗荷载和水的共同的作用。

3）采取各种措施，迅速排除进入路面结构内的水分。如通过在路面结构内设置排水层，将进入路面结构内的自由水横向排送到设在路肩下的纵向排水管内，然后再排出路基；也可以把基层或垫层的一部分设计成排水层。

7.1.2　桥梁工程的基本构造

桥梁是道路跨越江河、湖泊、峡谷以及线路等各种障碍时不可缺少的构筑物，以连接中断的路线，维持道路的正常运行，保证下面排除流水或通过船只、车辆和行人。各种类型的桥梁和涵洞既是交通线中的重要组成部分，往往又是全线贯通的关键节点。

1. 桥梁的基本组成部分

桥梁的基本组成部分是桥梁结构和桥面构造。

桥梁结构是指承受汽车或其他运输车辆荷载的桥跨上部结构与下部结构，即桥跨结构支座系统、桥墩、桥台和墩台基础，它们是桥梁结构安全性的保证（图 7-2）。

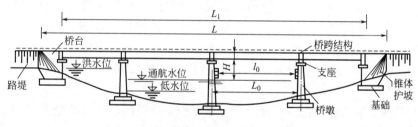

图 7-2　桥梁的"五大件"

桥面构造主要指桥面铺装、排水防水系统、栏杆、伸缩缝、灯光照明（图 7-3）。

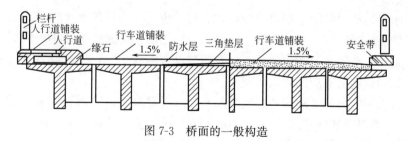

图 7-3　桥面的一般构造

桥面的铺装层、排水防水系统就桥梁的防水而言是至关重要的。桥面铺装又称行车道铺装，铺装的平整、耐磨性、不翘曲、不渗水是保证行车舒适的关键所在，尤其是在钢筋梁上铺设沥青路面时，其技术要求十分严格。

防排水系统应能迅速将桥面积水排除，使渗水的可能性降至最小限度，城市桥梁的排水系统应保证桥下无滴水以及在结构上无漏水现象。

2. 桥面铺装层的结构

桥面铺装层又称行车道铺装层或桥面保护层。桥面铺装层是车轮直接作用的部分，其作用是防止车轮或履带直接磨损桥面，保护主梁免受雨水侵蚀，分散车辆轮重的集中荷载，对桥面铺装层其性能的基本要求是行车舒适，防滑、不透水以及与桥面板一起作用时刚度好、抗车辙。

桥面铺装层的形式有多种，可采用水泥混凝土，也可采用沥青混凝土，沥青表面形式，还可以采用泥结碎石等材料，其中水泥混凝土和沥青混凝土桥面铺装层可以满足各项要求，故较为常用；水泥混凝土铺装层的耐磨性能较好，适合重载交通，但其养生期较长，修补亦比较麻烦；沥青混凝土桥面铺装层维修养护较方便，但其易老化和变形；沥青表面处治和泥结碎石则因其耐久性较差，故仅在低等级的公路桥梁上使用。

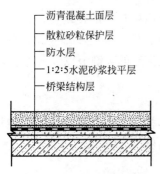

沥青混凝土面层
散粒砂粒保护层
防水层
1:2:5水泥砂浆找平层
桥梁结构层

图7-4 桥梁防水构造层

钢筋水泥混凝土桥面铺装层的构造。桥面铺装层其构造层次是由桥梁板、找平层、防水层、保护层、铺装层等组成，如图7-4所示。

（1）桥梁结构层（桥梁板）。桥梁板是桥梁的承重结构，为钢筋混凝土结构或双向预应力钢筋混凝土结构，桥梁板质量的好坏，直接关系到桥梁的使用寿命。其要求是混凝土强度要高、密实度要好，防水性能优良，具有一定的耐酸碱腐蚀性和抗冻性。尤其是易产生负弯矩的悬臂梁、连续梁、刚架连续板等位置，有钢梁的钢筋混凝土桥面，桥面易产生拉应力，故全桥面都应设防水层，以保护桥面的钢筋混凝土。

对于双向预应力钢筋混凝土结构的桥面，主梁上沿及桥面板上沿不产生拉应力，一般可不设防水层。桥梁机动车桥面和检修（人行）步道应设置防水层。

（2）水泥砂浆找平层。在桥面板上应做水泥砂浆找平层，其目的是使基层平整，基面阴阳角等处应做成圆弧或钝角状，以便于铺贴卷材或进行涂料施工，基面应干燥，无积水，不得有尘土、浮灰、杂质和油污等杂物，不应出现基面松散、浮浆、掉皮、空鼓或严重开裂的现象。

（3）防水层。桥梁的防水层可采用防水卷材，也可以采用防水涂料或其他防水材料。

（4）保护层。保护层设在防水层上面，其目的是防止桥面在铺装钢筋混凝土时，绑扎混凝土铺装钢筋扎破防水层，或防止桥面在铺装沥青混凝土时，碾压沥青混凝土铺装层破坏防水层，从而影响防水层的防水效果。

保护层所采用的材料是随着桥面铺装材料的不同而异。铺装钢筋混凝土桥面时，保护层应采用42.5级以上硅酸盐水泥砂浆；铺装沥青混凝土桥面时，保护层应采用细粒沥青混凝土或沥青砂浆；砂粒的撒布应均匀，与防水层的粘结要牢固。

（5）铺装层。铺装层位于桥梁面桥的最上层，直接承受着车辆行驶的碾压力、摩擦力和冲击力，铺装层由水泥混凝土或沥青混凝土制成。桥面铺装水泥混凝土时，要加一定量的钢筋，以提高桥面的强度和刚度，厚度一般控制在7~10cm，所设置的分格缝内，应嵌填嵌缝密封材料。桥面铺装沥青混凝土时，沥青混凝土的骨料和粉料级配要合理，除了要求有一定的强度外，还应具有柔性和自愈能力（对产生的裂缝有自愈能力）。

7.1.3 路桥的排水系统

1. 路面排水

路桥防水采用防排结合的方法，先是排水。路面设置排水设施的目的，是迅速将路面范围之内将水排出路基，以确保行车的安全和路基路面免受水的侵害。路面排水可分为路表排水和结构排水。

路表排水是指水沿着路拱横坡、路肩横坡，以及路线纵坡所合成的坡度慢流至路基边坡，后进入路基边沟，最后排出路基。高速公路和一级公路的路面排水，一般由路面（路肩）排水和中央隔带排水组成，必要时可采用路面结构排水。

2. 桥面排水

一个完整的桥面排水系统，是由桥面纵、横坡与一定数量的泄水管构成的，这样，才能保证迅速排除桥面雨水，防止积漏。

（1）桥面纵横坡

桥梁车行道桥面排水是按照不同类型的桥面铺装设置1.5％～3％横向坡，形成边侧排水。如有人行道时，则应设置向行车道侧倾斜的1％横向坡；如桥梁较长时，桥面排水应由设置的纵向坡来完成。设置桥面纵横坡，可迅速排除雨水，防止或减少雨水渗透，从而避免行车道极受雨水侵蚀，延长桥梁使用寿命。

（2）泄水管

是否设置泄水管以及泄水管的设置密度则取决于桥梁的长度和桥面的纵坡，桥越长，纵坡越缓，则所需设置的泄水管则越多。

当桥面纵坡大于2％而桥长小于50m时，雨水一般多能较快地从桥头引道排出，不至于出现积滞，可不设置泄水管；当桥面纵坡大于2％，且桥长大于50m时，桥面就需要设置泄水管以防止雨水积滞，一般每隔12～15m设置一个泄水管，泄水管可沿行车道两侧左右对称排列，也可以交错排列。

泄水管也可以布置在人行道下面，如图7-5所示。雨水从侧面的进水孔流入泄水孔，在泄水孔的三个周边设置相应的聚水槽，起到聚水、导流和拦截作用。

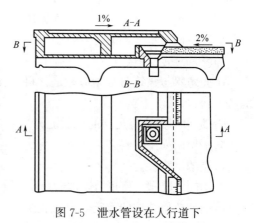

图 7-5 泄水管设在人行道下

7.1.4 路桥的防水技术

1. 道路的防水技术

道路防水层一般可采用土工布防水层、透水性的水泥稳定碎石基层、SMA路面等技术。

（1）土工布防水层

通常乳化沥青防水层能有效地提高路面的防渗能力，但随着时间的推移，路面会出现网裂现象，随之，乳化沥青防水层即丧失其防水作用。在粗粒式沥青混凝土层和细粒式沥青混凝土层之间加设土工布防水层，则能有效地提高面层的抗裂能力。

土工布防水层自下而上是由下乳化沥青层、土工织物层、上乳化沥青加石屑层组成。下乳化沥青粒式沥青混凝土表面已有沥青且相当平整，所以这一层用快裂型乳化沥青比较适宜。土工织物宜采用结构较稀的纤维织物，以保证上、下两层乳化沥青形成一体并具有加筋作用。为使防水层的防水性、整体性及与随后要铺设的细粒式沥青混凝土的良好结合，基层和土工织物铺设完后，应随即用沥青涂布，20～40min后再撒布中砂或石屑。这样就能使上、下乳化沥青层有效地结合，并使砂粒嵌入土工织物孔内。

（2）采用透水性的水泥稳定碎石基层

高速水泥稳定碎石的级配，应在组成级配试验时充分考虑到排水性的要求，水泥稳定碎石基层应具有透水、一定的强度及抗收缩的特性，设计级配选用骨架孔隙结构，用体积法来设计级配，以空隙率和 7 d 无侧限抗压强度为控制指标。把水泥、粉煤灰和膨胀剂一起当做胶结料，由空隙率测试、抗压强度试验、弯拉强度试验和干缩、温缩试验结果，确定了透水水泥稳定碎石基层材料组成的最佳胶结料含量和比例。

（3）碎石沥青砂胶混凝土（SMA）防水技术

我国于 20 世纪 90 年代初首次在首都机场高速公路上铺筑 SMA 路面，随后在一些省的高速公路和一般公路上分别铺筑了 SMA 路面，并应用于桥面工程。

2. 桥梁的防水技术

桥梁易受雨水的侵蚀，雨水对桥梁的腐蚀作用表现为雨水渗透引发混凝土内部环境的破坏，钙质的流失，势将造成混凝土溶蚀，钢筋生锈，强度降低，从而影响使用寿命，因此必须高度重视桥梁防水工程，确保桥梁工程的安全。

（1）桥面防水技术的特点及防水等级

1）桥面防水特点

桥面防水与建筑防水相似，是材料、设计、施工和维护管理系统工程，但是具有自己的特点：

① 防水层必须有足够的承载能力

防水层所采用材料必须能够承受热沥青混凝土碾压施工过程的施工损伤以及夏季高温下防水层的承载性能。

② 防水材料必须同时具有与水泥混凝土和沥青混凝土的较强亲和性，以保证沥青混凝土摊铺的桥面结构的稳定，以防止防水层产生挪动。

③ 桥面防水材料必须具有较好的低温柔性，达到低温抗裂指标要求，在冬季条件下能有效地遏制桥面裂缝。

④ 桥梁正式投入使用后，如产生渗漏，治理难度很大，因此桥面防水层的施工质量必须保证一次合格，而且必须保证桥面施工全过程中防水层不受损害，施工管理必须适应这种要求。

2）桥面防水等级

桥面防水工程应根据桥梁的类别、所处地理位置、自然环境、所在道路等级、防水层使用年限划分，见表 7-2。

项目	桥面防水等级		
	I		II
桥梁类别	(1)特大桥,大桥; (2)城市快速道路、主干路上的桥梁、交通量较多的城市次干路上的桥梁; (3)位于严寒地区、化冰盐区、酸雨、盐雾等不良气候地区的桥梁		I 级以外的 所有桥梁
防水层使用年限	≥15 年		≥10 年

桥面防水等级　　　　　　表 7-2

（2）防水材料的选择

目前国内的钢筋混凝土桥梁设置防水层，所选用的防水材料以柔性防水材料为主，其主要大类品种有路桥专用防水卷材、路桥专用防水涂料、路桥专用防水密封材料等。

由于桥面防水层的特殊功能要求，桥面防水材料必须具有较高的抗拉强度、耐高温和高热、高温抗剪、低温抗裂等一系列特殊性能，而且能有效地遏制桥面裂缝的产生。防水材料选用的要点详见如下所述：

1）材料不能溶于水，不受冻融循环的影响，耐抗冻、不渗水。

2）材料与混凝土的粘结性强，与沥青混凝土亲和力强，不会出现起泡、分层和滑动等现象。

3）材料的耐高温、耐刺穿、抗碾压性能好。在摊铺沥青时，能够承受摊铺滚压沥青施工现场的交通荷载。

4）耐疲劳，有良好的延伸率以及低温柔性，可适应混凝土中微裂缝产生的应力而不断裂，在冬季环境条件下，能有效遏制桥面的裂缝。

5）具有良好的柔韧性。

6）按照应用地域温度的不同，聚合物改性沥青防水卷材耐温性能应在－20～130℃，以保证在低温条件下不脆裂，在高压高温条件下沥青不流淌；防水涂料以路桥用水性沥青基防水涂料为例，在完成施工后，其涂膜层的耐温性应在－20～160℃之间。

7）桥面铺装层一般主要承受压应力，但连续桥梁等具有负弯矩的桥梁结构，对防水材料及桥面铺装层要求应有一定的抗裂性。

8）防水层是铺设在铺装层与桥面板之间的（图 7-6），要求其承受车辆行驶时所产生的垂直压力和水平方向剪切力，必须具备足够的剪切强度，尤其是在夏季高温状态下更为重要。

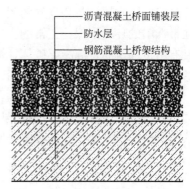

沥青混凝土桥面铺装层
防水层
钢筋混凝土桥架结构

图 7-6　钢筋混凝土桥梁防水的
一般做法

9）刚性防水涂料应具有良好的渗透性能，当混凝土出现微裂缝后，可以通过渗透结成凝胶体及微粒堵塞裂缝；柔性防水涂料形成的涂膜应具有与卷材相似的性能。

10）当采用沥青混凝土铺装面层时，防水层应采用防水卷材或防水涂料等柔性防水材料；当采用水泥混凝土铺装面层时，宜采用水泥基渗透结晶型等刚性防水，严禁采用卷材防水。

7.2 路桥卷材防水施工

做好路桥防水处理是保证路桥工程免遭破坏、延长使用寿命的必要措施，要做好路桥防水处理，重要的一条是要选用符合路桥要求的防水材料。国内常见的做法是在混凝土层铺设柔性防水层或者在混凝土中添加刚性防水剂，柔性防水层主要使用改性沥青防水卷材、改性沥青防水涂料和高分子防水涂料。

7.2.1 路桥防水卷材的选择

由于路桥防水层所需要的特殊功能要求，故所选用的防水材料不仅要具有较高的抗拉强度、耐高温高热、高温抗剪、低温抗裂等特殊性能要求，而且还应能起到有效地遏制路桥面裂缝产生的作用。

在设置路桥防水层时，其防水层不仅要起到防水的效果，而且还应担当路面构造和基层的连接层作用。路桥要不断遭受行车动载作用，桥梁结构经常处于高频率往复变形状态，因此要求防水层具有足够的抗变形能力及较高的强度，故路桥防水层需具备以下条件，并将其作为选材的原则。

（1）有较强的抗渗能力，可抵抗脉冲动态水压，不渗水和不溶于水，不受冻融循环的影响，耐抗冻盐。

（2）防水层和基层具有良好的粘结能力，对混凝土的粘结性能要高，不会起泡或分层，可适应混凝土表面的瑕疵而不会出现裂坏，在防水层和路面结构层之间不能形成滑动面。

（3）防水层具有良好的塑性变形能力和足够的厚度，足以抵制"零"延伸。

（4）防水层具有足够的抗拉强度，用以阻止或减缓反射裂缝进入路面面层结构。

（5）防水层应具备良好的耐高温和耐低温能力，适应当地的气候环境，应保证防水层在最严酷的环境中保持正常的工作状态。当选用热沥青混凝土作路桥面层时，防水层更要具有不被铺筑沥青混凝土破坏，即在铺设沥青混凝土时，能耐高温、耐穿孔和耐滑动，能够承受摊铺按压沥青现场的交通。

（6）防水材料应具有良好的柔韧性。一般的建筑防水材料是不能应用于路桥防水工程的，如防水层没有足够的抗拉强度以阻止或减缓反射裂缝进入路面，则将导致路面出现网状的裂缝；防水层如不能和基层紧密结合，可造成月牙形推挤裂纹，甚至导致路面断裂。

7.2.2 路桥卷材防水层的基本构造

路桥防水层的最佳选择应采用双层 3mm 厚水防水卷材，其总厚度应为 6mm，也可选择单层 4mm 厚的防水卷材，但也有使用过单层 3mm 厚防水卷材的。桥面防水卷材应选用卷材一面为页岩片的复面，底面覆 PE 膜，以保证施工时卷材表面不易受破坏。如采用双层做法，下层卷材应采用双 PE 膜，上层卷材底面为四膜，上面为页岩片复面，以便于上下两层卷材间的粘结牢固，卷材上面岩片覆面可保护防水层在摊铺沥青混凝土时不受破坏。

目前国内桥面铺装层采用沥青混凝土已成为最佳选择，其基本构造如图 7-7 所示。

为了防止水泥混凝土路面的水害产生，比较好的办法就是在水泥混凝土路面尚未发生大面积开裂前进行"白加黑"（在水泥路面上铺装沥青层）路面修复。为了消散和吸收水泥板块受力面产生的裂缝处集中的应力应变，防止反射裂缝的产生，同时阻止水的渗入，可在板缝处加盖一层聚氨酯改性沥青防水卷材，然后在防水层上面铺盖沥青混凝土层，"白加黑"路面防水层的构造如图7-8所示。

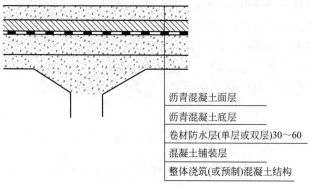

沥青混凝土面层
沥青混凝土底层
卷材防水层(单层或双层)30～60
混凝土铺装层
整体浇筑(或预制)混凝土结构

图7-7 沥青混凝土桥面防水层构造示意图

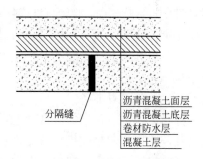

分隔缝

沥青混凝土面层
沥青混凝土底层
卷材防水层
混凝土层

图7-8 "白加黑"路面防水层构造示意

7.2.3 路桥卷材防水层的细部构造

路桥细部节点处理不当常常是路桥面产生渗漏水的原因所在，因此必须充分重视，并正确处理好各种细部构造，如桥头搭扳、隔离带、隔离墩、缘石底部均必须满铺防水卷材，不可间断，栏杆底座也须用卷材包上。伸缩缝和排水口的做法如图7-9、图7-10所示。在路桥直道中，伸缩缝的设置较为频繁，在施工中，此处搭接卷材时，应在卷材起始部位沿幅宽方向钉入3～5个水泥钢钉，这样做可增加卷材抵抗变形的能力。

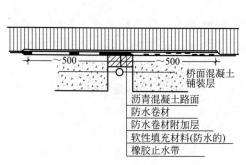

桥面混凝土铺装层
沥青混凝土路面
防水卷材
防水卷材附加层
软性填充材料(防水的)
橡胶止水带

图7-9 桥面伸缩缝防水构造示意图

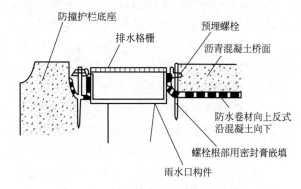

防撞护栏底座
排水格栅
预埋螺栓
沥青混凝土桥面
防水卷材向上反式沿混凝土向下
螺栓根部用密封膏嵌填
雨水口构件

图7-10 桥面排水口防水做法示意图

路桥弯道防水的关键是进行排水，应根据其弯道的大小、路面宽度、辐射坡度以及当地最大降水量等，设计排水孔。

路桥弯道不论是铺设沥青还是铺设改性沥青，不应同于直道，一般直道铺设40mm厚的沥青层就可以满足车载的要求；弯道则不同，在90°～135°，全弯道内需铺设厚度为57～95mm的沥青层方可满足要求。

7.2.4 路桥卷材防水层的施工

1. 施工准备

（1）材料准备

路桥专用防水卷材应符合相关的标准，并满足设计要求；经检测，应由监理单位对检测报告制定后方可使用。其外观质量应符合相关标准要求，储运卷材时应注意立式码放，高度不应超过两层，应避免雨淋、日晒、受潮，并注意通风。密封材料及铺贴卷材用的基层处理剂（冷底子油）等配套材料应有出厂说明书、产品合格证和质量说明书，并应在有效使用期内使用；所选用材料必须对基层混凝土有亲和力，且与防水卷材材性相融；一般来讲，基层处理剂（冷底子油）应由防水卷材的厂家配套供应。汽油等辅助材料由防水施工单位自备。

（2）施工机具准备

路桥防水施工常用的机具如下：

高压吹风机、刻纹机、磨盘机；热熔专用喷枪和喷灯、拌料桶、电动搅拌器、压辊、皮尺、弹线绳、滚刷、鬃刷胶皮刮板、切刀、剪刀、小钢尺、小平铲以及消防器材等。

（3）技术准备

防水施工方案已经审批完毕，施工单位必须具备各防水专业资质，操作工人应持证上岗。编制防水施工方案，经过审批后，应向相关人员进行书面的施工技术交底方可施工。

2. 施工工艺

（1）工艺流程

路桥防水工程施工工艺流程：基层处理→基层涂刷冷底子油→铺贴防水卷材增加层→弹基准线→铺贴防水卷材→检查验收。

（2）基层处理

路桥卷材防水层是在混凝土结构表面或垫层上铺防水卷材而形成防水层的。卷材防水层是用混凝土垫层或水泥砂浆找平层作为基层的。

基层表面质量是影响到上部各构造层次耐久性的重要因素，其直接表现为影响防水系统与混凝土结构的粘结强度。因此，在进行防水层施工之前，必须通过各种实验方法鉴定结构基层的状况并进行处理之。

1）基层的平整度。混凝土基层（找平层、面层）应平整，允许基面坡度平缓变化，采用 2m 直尺检查基面直尺与基面之间的空隙不应超过 5mm，但每米不多于 1 处。不得有明显的凹凸、尖硬接槎、裂缝、麻面等现象出现，不允许有外露的钢筋、钢丝等。

2）混凝土表面的质量。基面混凝土强度应达到设计强度等级，表面不得有松散的浮浆、起砂、掉皮、空鼓和严重的开裂现象。基面在涂刷冷底子油之前应确保其混凝土表面坚实、平整且粗糙度高的粘结强度，不依靠水泥混凝土的表面粗糙度即能满足路面面层对抗剪强度的要求。

3）混凝土基层的含水率。混凝土基层必须干净、干燥，其含水率应控制在 9% 以下才能施工。

4）基层的清洁。基层混凝土表面必须认真清扫，在铺贴防水层前，应用手提高压吹风机吹扫基面，将杂物、渣灰、尘土彻底清扫干净。

5）基层细部构造要求

基面阴阳角处均应抹角做成圆弧或钝角状，当用高聚物改性沥青防水卷材时，其圆弧半径应大于 15mm。阴阳角做成弧形钝角，可避免卷材铺贴不实、折断而造成渗漏。

基层的坡度应符合设计要求；泄水口周围直径 50mm 范围内的坡度不应小于 5％，且坡向长度不小于 100mm，泄水口档内基层应抹圆角并压光，PVC 泄水管口下坡的标高应在池水口槽内最低处。应避免桥面泄水管处雨水溢至桥面板结构层内；基面所有管件、地漏或排水口等都必须与防水基层安装牢固，不得有任何松动，并应采用密封材料做好处理；钢筋混凝土预制件安装后，桥面板间或主梁间如出现"错台儿"，则应在"错台儿"处用水泥砂浆抹成缓坡处理；梁机动车桥面与检修（人行）步道应设置防水层；预制安装主梁的纵向缝、横向缝顶处设置加强防水层时，其宽两侧各在 50～100m 范围之内不粘贴，以确保在结构变形时，防水层有足够的变形量。

缝处理。在进行卷材防水层施工之前处理，当其密封材料施工结束后，在顶部应设置加强防水层，在缝宽的两侧各 50～100mm 范围之内空铺一条油毡，再粘贴聚合物改性沥青防水卷材，以确保在结构发生变形时，防水层有足够的变形量；对于基层表面过于光滑之处，应视具体情况做刻纹处理，以增加粗糙度。

6）基层验收。通过试验，对基层进行检测，可任选一处（约 1m²）已经过处理的基层，涂刷冷底子油并使充分干燥后，按照技术要求铺贴防水卷材，在充分冷却后进行撕裂试验，如为卷材撕裂开，不露出基层，则可视为基层处理合格；基层在经过现场技术负责人及其监理方验收合格后，方可进行卷材防水层的施工。

（3）涂刷基层处理剂

涂刷基层处理剂应在已确认基层表面处理完毕并经职能部门验收合格后方可进行。

冷底子油使用前应倒入专用的拌料桶内搅拌均匀后方可使用，冷底子油可采用滚刷铺涂。涂刷（涂刮）冷底子油是为了粘贴卷材，一般情况下要涂刷（涂刮）两遍，第一遍可采用固含量为 35％～40％的冷底子油涂刷，这样可使 80％以上的冷底子油渗入到水泥中，表面留存的则很少，从而保证冷底子油渗入水泥混凝土中 7mm，待第一遍冷底子油完全干涸，并经彻底清扫后，可用固含量在 55％～60％的冷底子油进行第二遍涂刮。

在基层上涂刮冷底子油，涂刷时必须保证涂刷均匀，不留空白。冷底子油不仅要分布均匀，而且要不露底、不堆积，应保证其粘结牢固。

铺涂完毕后，必须给予足够的渗透干燥时间，冷底子油的干燥标准则以手触摸不粘手，且具有一定的硬度，涂刷冷底子油后的基层禁止人或车辆行走。

（4）铺贴卷材附加层

在冷底子油实干后，首先应按照设计的要求，在需做附加层的部位做好附加层防水，再进行卷材防水层的铺贴。

在桥面阴阳角，水平面与立面交界处，泄水孔卷材防水，也可以用涂膜防水。卷材附加层可采用两面覆 PE 膜的卷材，采用满粘铺贴法，全粘于基层上，要求附加层宽度和材质符合设计要求，并粘实贴平；如果用涂膜附加层，可先采用防水涂料涂刷，再用胎体材料增强，在做好附加层之后，方可再做卷材防水层。

（5）弹基准线

在冷底子油实干并做好附加层后，可按照防水卷材的具体规格尺寸、卷材的铺贴方向和顺序，在桥面基层上用明显的色油线弹出防水卷材的铺贴基准线，以保证铺贴卷材的顺直，尤其是在桥面的曲线部位，应按照曲线的半径放线，并确保铺贴接槎的宽度。

（6）铺贴卷材

1）卷材铺贴方向可横向，也可以是纵向进行铺贴，当基层面坡度小于或等于3％时，可平行于拱方向铺贴，当坡度大于3％时，其铺贴方向应视施工现场情况确定。

2）卷材铺贴的层数，应根据设计的要求和当地气候条件来确定，一般为2～4层，在采用优质材料的精心施工的条件下，可采用2层。

3）铺贴防水卷材所使用的沥青胶，其沥青的软化点应比垫层可能的最高温度高出20～25℃，且不低于40℃，加热温度和使用温度不低于150℃，粘贴卷材的沥青胶其厚度一般为1.7～2.5mm，不超过3mm。

4）铺贴卷材其搭接尺寸如下：卷材搭接宽度长边应不小于10cm，短边应不小于15cm。上下两层和相邻两幅卷材的接缝应相互错开，上下两层卷材不得相互垂直，并将搭接边缘用喷灯烘烤一遍，再用胶皮刮板挤压出熔化的沥青胶粘剂，并用辊子液压平整，形成一道封密条。使两幅卷材粘结牢固，以保证防水层的密实性。

5）卷材铺贴顺序应自边缘最低处开始，应根据基层坡度，顺水搭接。

6）路线石和防撞护栏一侧的防水卷材，应向上卷起并与其粘结牢固，泄水口槽内及泄水口周围0.5m范围内应采用改性沥青密封材料涂封，涂料层贴入下水管内50mm，然后铺设卷材，热熔满贴至下水管内50mm。

7）粘贴卷材应展平、压实，卷材与基层以及各层卷材之间必须粘结紧密，并将多铺的沥青胶结材料挤出，搭接缝必须封缝严实，当粘贴完最后一层卷材后，表面应再涂刷一层厚为1～1.5mm的热沥青胶结材料，卷材的收头应用水泥钉固定住。

8）铺贴防水卷材可选用热熔施工工艺和冷贴施工工艺，热熔施工速度快，适用于工期紧的路桥防水工程，相对比较容易达到质量要求，如果采用冷作业施工时，必须使用与规定相适应的胶粘剂，确保其胶粘强度，以满足质量要求。

9）铺贴卷材若为分块作业，纵向接槎需预留出不大于300mm的空间，横向接槎需预留出不大于200mm的空间，以便与下次施工卷材进行搭接。

（7）季节性施工

1）雨期施工。对于基层冷底子油施工前须保证基层干燥，其含水量应小于9％；经过雨后的基层必须晾干，经现场含水量检测合格后方可进行下一步施工；卷材严禁在雨天、雪天环境下施工，雨雪后基层晾干后方可施工，五级风以上不得进行施工。

2）冬期施工。冬季进行防水卷材施工，应搭设暖棚，保证各工序施工时的温度大于5℃时方可进行施工，采用热熔法工艺施工时，温度不应低于－10℃。

（8）施工注意事项

1）为防止粘结不牢、空鼓等现象的发生，施工时应严格执行操作工艺，确保基层干燥，卷材在粘结过程中要注意烘烤均匀，不漏烤且不要过烤，以防止卷材的胎体破坏，冷底子油应注意铺涂均匀，不留空白。

2）为防止出现防水卷材搭接长度不够，卷材在铺设作业前，应精确计算用料，并严格按照弹线铺贴，边角部位的加强层应严格按规定的要求施工，以保证卷材的搭接长度。

3）施工时，应规定防水卷材的长度，以防止在泄水口周围接槎不良导致漏水。

4）进入现场的施工人员均须穿戴工作服、安全帽和其他必备的安全防护用具，在防水层的施工中，操作人员均应穿着软底鞋，严禁穿带有钉子的鞋进入现场，以免损坏卷材防水层，严禁闲杂人员进入施工作业区。

5）如发现卷材防水层有空鼓或破洞时，应及时割开损坏部分进行修复，然后方可进行粗粒式沥青混凝土的施工。

6）施工时用的材料和辅助材料、多层易燃物品，在存放材料的仓库和施工现场必须严禁烟火，同时要配备消防器材，材料存放场地应保持干燥、阴凉、通风且远离火源。

7）有毒、易燃物品应盛入密封容器内，并入库存放，严禁露天堆放。

8）施工下脚料、废料、余料要及时清理回收，基层处理和清扫要及时，应采取防尘措施。

9）防水卷材施工完毕应封闭交通，严格限制载重车辆行车；在进行铺装层施工时，运料车辆应慢行，严禁调头刹车。

10）已铺设好的防水层严禁堆放构件、机械及其他杂物，应设专人看管，并设置护栏标志以引起注意。

11）卷材防水层铺贴完成并经检验合格后，应及时进行下道工序的施工。

12）卷材热熔施工工艺。

① 施工工艺流程。双层防水卷材的铺贴示意图如图 7-11 所示。

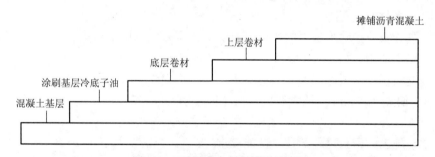

图 7-11　双层防水卷材铺贴示意图

② 展开卷材，首先排好第一卷防水卷材，然后弹好基线，按准确尺寸裁剪后，再收卷到初始位置。

卷材按铺贴的方向摆正，点燃喷灯或喷枪，用喷灯或喷枪加热基层和卷材的喷头，距离卷材 200mm 左右，加热要均匀，卷材表面熔化后，立即向前滚铺，铺设方向应按顺水方向，铺贴顺序应自边缘最低处开始，从排水下游向上游方向铺设，用火焰边熔化卷材，边向前滚铺卷材，使卷材牢固粘结在基面上，滚铺时不得卷入异物，依次重复进行铺贴，每卷卷材在端头搭接处应交错排列铺贴，同时必须保证搭接部位粘结质量；滚铺时还应排除卷材下面的空气，使之平展，不得出现皱褶，并应压实粘结牢固，粘结面积不得低于99.5%，卷材铺贴完后，随即进行热熔封边，将边缝及卷材接槎处用喷灯加热后，趁热用小抹子将边缝封牢。

用热熔机具或喷灯烘烤卷材底层近熔化状态进行粘结的施工方法，卷材与基层的粘贴必须紧密牢固，卷材热熔烘烤后，用钢压滚进行反复碾压。

（9）保护层施工

卷材防水层施工完毕后，应仔细检查并修补，质量验收合格后，做 40mm 厚 C20 细石混凝土保护层，然后方可进行钢筋混凝土路桥面的浇筑施工，振捣密实，湿养护至少 14d。

7.3 路桥密封防水工程

采用一种装置或一种材料来填充缝隙、密封接触部位，防止其内部气体或液体的泄漏、外部灰尘、水汽的侵入以及防止机械振动冲击损伤或达到隔声、隔热作用的称其为密封。凡具备防水这一特定功能（防止液体、气体、固体的侵入，起到水密、气密作用）的密封材料称其为防水密封材料。凡是能承受接缝位移以达到气密、水密目的而嵌入路桥建筑接缝中的密封材料被称为路桥用嵌缝密封材料。路桥用嵌缝密封料常应用于水泥混凝土路面的各种接缝、桥梁的伸缩缝等处。

水泥混凝土路面因受温度应力的影响或者施工的原因，须修筑纵向和横向的接缝，为使路表面水不致渗入接缝而降低路面基层的稳定性，必须在这些接缝处嵌填密封材料。

1. 路桥用嵌缝密封材料的品种及性能

水泥混凝土路面嵌缝密封材料主要有嵌缝板和密封料。嵌缝板主要有杉木板、塑料和橡胶泡沫板。

（1）嵌缝板的技术性能要求嵌缝板品种较多，根据材质种类可分为塑料、橡胶泡沫类、纤维类、木材类这三种。

木材类嵌缝板应挖除木板上的树节以及结疤并应采用原质木材进行修补，杉木板不宜在高等级公路中使用。

各类嵌缝板在吸水后的压缩应力应不小于不吸水的 90%，沥青浸泡后其木板厚度应为 20～25mm，偏差为 1mm。嵌缝板的厚度误差范围为 ±5%，长度和宽度误差范围为 ±2%。

（2）常温施工式密封材料的技术性能要求

常温施工式密封料的主要品种有预制嵌缝密封条和填缝密封料两大类。

预制嵌缝密封条其品种有鱼刺形缩缝密封条、空胀缝密封条等。鱼刺形缩缝密封条是用以水泥混凝土路面缩缝的，以预制硫化橡胶制成的一类定形密封材料。空胀缝密封条是用以水泥混凝土路面胀缝的一类预制硫化橡胶制品。预制嵌缝密封条的技术性能要求见表 7-3。

预制嵌缝密封材料性能指标（JT/T 589—2004）　　　　表 7-3

测试项目		A 类	B 类
公称硬度（IFCD）		70	80
公称硬度公差		±5	
最小拉伸强度（MPa）		12	
最小伸长率（%）		200	—
最大压缩永久变形（%）（100℃，22h 后）		40	45
耐老化性能（100℃，72h，热老化后）	硬度变化（IFCD）	0～+12	
	最大拉伸强度变化（%）	−20	−25
	最大扯断伸长率变化（%）	−25	—

测试项目		A类	B类
耐臭氧性能：(40℃,96h后,伸长 20%) 　一般条件,臭氧浓度(50×10⁻⁶) 　苛刻浓度,臭氧浓度(100×10⁻⁶)		不龟裂	—
(−10℃,7d后)硬度(IFCD)增加		10	—
(低于−40℃,7d后)试件		—	不脆性断裂
耐水性：标准室温,7d后体积变化(%)		0~5	
成品填缝件压缩 50%,最小回复率 0%	−10℃,72h后	88	—
	−25℃,22h后	83	—
	100℃,72h后	85	—

注：A类用于高速公路水泥混凝土路面接缝密封；B类用于其他等级公路水泥混凝土路面接缝密封。

填缝密封料可分为通用类和硅酮类两大类型，通用类包括聚（氨）酯类、聚硫类、氯丁橡胶类以及乳化沥青橡胶类等品种，聚氨酯密封胶是指以聚氨基甲酸酯为主要成分的非定型密封材料，聚硫密封胶是指以液态聚硫橡胶为主要成分的非定型密封材料。通用类常温施工式密封料的技术性能要求见表 7-4。硅酮类是指通用类具有更为优越的耐久性和抗位移能力，以聚硅氧烷为主要成分的非定型密封材料，其技术性能要求见表 7-5 的规定。

通用类常温施工式密封料的性能指标（JT/T 589—2004）　　表 7-4

测试项目	低弹性型	高弹性型
固含量	≥15%	≥15%
表干时间	≤3h	≤3h
实干时间	≤24h	≤24h
失黏(固化)时间	6~24h	3~16h
流动性	0mm	0mm
弹性(复原)率	≥75%	≥90%
(−10℃)拉伸量	≥15mm	≥25mm
与混凝土粘结强度(MPa)	≥0.2	≥0.4
粘结伸长率	≥200%	≥400%

注：低弹性型适宜在气候严寒和寒冷地区使用；高弹性型适宜在气候炎热和温暖地区使用。

硅酮类常温施工式密封料的性能指标（JT/T 589—2004）　　表 7-5

测试项目		非自流平型	自流平型
表干时间(min)		≤45	≤90
质量损失率(%)		≤6	≤5
失黏(固化)时间(h)		≤3	≤8
流动性(mm)		0	0
弹性(复原)率		≥80%	≥80%
拉伸模量(+100%)	温度条件:20℃	≤0.3	≤0.1
	温度条件:−20℃	≤0.3	≤0.1

续表

测试项目		非自流平型	自流平型
（−10℃）拉伸量(mm)		≥65	≥100
延伸性(%)		≥500	≥600
与混凝土粘结面积		粘结丧失面积≤20%,胶体内聚有局部破坏	
拉伸强度(MPa)	无处理	≤0.4	≤0.15
	热老化(80℃,168h)	≤0.8	≤0.2
	紫外线(300W,168h,41℃)	≤0.8	≤0.2
	浸水(4d)	≤0.4	≤0.15
伸长率(%)	无处理	≥400	≥800
	热老化(80℃,168h)	≥300	≥700
	紫外线(300W,168h,41℃)	≥300	≥700
	浸水(4d)	≥400	≥600

（3）嵌缝用密封胶的技术性能要求

道桥嵌缝用密封胶其产品按聚合物种类可分为聚氨酯（PU）、聚硫（PS）、硅酮（SR）密封胶；产品按包装形式可分为单组分（Ⅰ）和多组分（Ⅱ）；产品按流动性可分为非下垂型（N）和自流平型（SA）两个型号；产品按位移能力±20%、±25%分为20、25两个级别。

道桥嵌缝用密封胶的性能应符合表7-6的规定。多组分密封胶的适用期由供需双方商定，浸油处理后定伸粘结性、浸油处理后质量变化为可选项目，技术指标由供需双方商定。

密封胶性能（JC/T976—2005）　　　　表7-6

序号	项目			技术指标	
				25LM	20LM
1	流动性	下垂度(N型)	垂直度≤	3	
			水平度≤	无变形	
		流平度(S型)		光滑平整	
2	表干时间(h)≤			8	
3	挤出性①(mL/mm)≤			80	
4	弹性恢复率(%)≥			定伸100%时	定伸60%时
				70	
5	拉伸模量(MPa)	23℃≤		0.4和0.6	
		−20℃≤			
6	定伸粘结性			定伸100%时	定伸50%时
				无破坏	
7	浸水定伸粘结性			定伸100%时	定伸60%时
				70	

续表

序号	项目	技术指标	
		25LM	20LM
8	冷拉-热压后粘结性	拉伸-压缩率±25%时	拉伸-压缩率±20%时
		无破坏	
9	质量损失率(%)≤	8	
10	热处理定伸粘结性	定伸100%时	定伸60%时
		无破坏	
11	热处理后硬度变化/邵氏	10	

注：① 仅用于单组分密封胶。

2. 水泥混凝土路面接缝防水密封构造

水泥混凝土路面是高级路面，是由水泥混凝土面板、基层及垫层等组成，根据材料的要求、施工工艺的不同，水泥混凝土路面包括普通混凝土路面、钢筋混凝土路面、连续配筋混凝土路面、预应力混凝土路面、装配式混凝土路面、钢纤维混凝土路面等多种。目前，采用最为广泛的是就地浇筑的普通混凝土路面。普通混凝土路面是指除了接缝区和局部范围如边缘和角隅之外，均不配置钢筋的水泥混凝土路面。

（1）横向接缝的构造

横向接缝是指垂直于行车方向的接缝，横向接缝共有三种，即缩缝、胀缝和施工缝。产生收缩时沿该薄弱断面缩裂时避免产生不规则裂缝的一类接缝。

胀缩是保证混凝土板块在温度升高产生部分伸张时，避免产生路面板在热天的拱胀和折断破坏等现象，应尽可能选在胀缝处或缩缝处。

1）胀缝的构造

胀缝是用于释放混凝土板累积的膨胀变形量而设置的，是为了防止热天混凝土板的膨胀隆起所采取的一种措施。

普通混凝土路面应设置胀缝补强钢筋支架、嵌缝板和传力杆，胀缝的构造如图 7-12 所示。

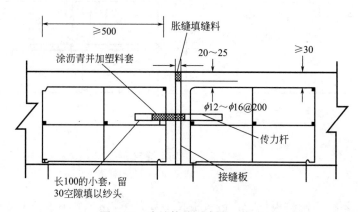

图 7-12　胀缝构造示意图（mm）

设置胀缝所采用的材料。嵌缝板又称胀缝板,应选用能适应混凝土板膨胀、收缩和施工时不变形,弹性复原率高,耐久性好的嵌缝板,在目前使用的各类嵌缝板材中,橡胶泡沫嵌缝板是性能和使用效果较为理想的高速公路胀缝板材料。《公路水泥混凝土路面施工技术细则》对嵌缝板提出的技术要求见表7-7。

胀缝板的技术要求 (JTG/T F30—2014)
表 7-7

实验项目	胀缝板种类		
	木板类	橡胶、橡胶泡沫类	纤维类
压缩应力(MPa)	5.0～20.0	0.2～0.6	2.0～10.0
弹性复原率(%)	≥55	≥90	≥65
挤出量(mm)	＜5.5	＜5.0	＜3.0
弯曲荷载(N)	100～400	0～50	5～40

注:木板应去除结疤,沥青浸泡后木板厚度应为(20～25)±1mm。

填缝料应具有与混凝土板壁粘结牢固,回弹性好,不溶于水,不渗水,高温时不挤出,不流淌,抗嵌入能力强,耐老化龟裂,负温拉伸量大,低温时不脆裂,耐久性好等性能。

填缝料根据施工方法不同,可分为常温施工式和加热施工式两种。常温施工式填缝料主要有聚(氨)酯、硅酮、氯丁橡胶、聚硫、乳化沥青橡胶等,加热施工式填缝料主要有沥青橡胶、沥青玛琋脂、聚氯乙烯胶泥等品种。高速公路、一级公路应优选使用树脂类、橡胶类或改性沥青类填缝料,并宜在填缝料加入耐老化剂。

填缝时应使用背衬材料(背衬垫条)控制填缝形状系数。背衬垫条应具有良好的弹性、柔软性、不吸水、耐酸碱腐蚀和高温不软化等性能。背衬垫条其材质有聚氨酯橡胶或微孔泡沫塑料等多种,其形状应为圆柱形,其直径应比接缝宽度大2～5mm。

2) 缩缝的构造

缩缝一般采用假缝形式,即只在混凝土板的上部设缝隙(图7-13),当混凝土板收缩时沿此最薄弱断面有规则地自行断裂。

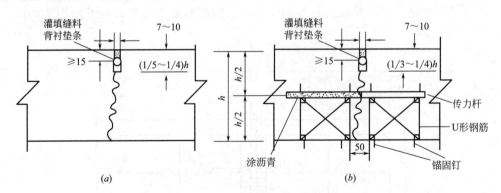

图 7-13 横向缩缝构造
(a)不设传力杆假缝型;(b)设传力杆假缝型

采用斜缝,不得不调整板长时,最大板长不宜大于6m,最小板长不宜小于板宽。

横向缩缝可分为不设传力杆假缝型和设传力杆假缝型两类。在中、轻交通的混凝土路面上，横向缩缝可采用不设传力杆假缝型，如图 7-13（a）所示，接缝凹凸不平，能起一定的传荷作用，故不必设置传力杆。在重交通的高速公路，一级公路缝或路面自由端的 3 条缩缝应采用假缝和传力杆（即设传力杆假缝型），如图 7-13（b）所示。

3）横向施工缝

混凝土已经初凝或摊铺中断时间超过 30min 时或每天摊铺结束后，应使用端头钢模板设横向施工缝，其位置宜与胀缝或缩缝重合，确有困难不能重合时，施工缝应采用带螺纹传力杆的企口缝形式。这样做的目的是在横向施工缝中不仅能保证优良的荷载传递，而且可拉成整体板，这种混凝土板中施工缝也会由于面板混凝土干缩产生微细裂缝，所以也需要切缝和灌缝。横向施工缝应与路中心线垂直。横向施工缝在缩缝处采用平缝加传力杆型（图 7-14），在胀缝处其构造与胀缝相同；施工缝采用设拉杆企口缝形式，如图 7-15 所示。

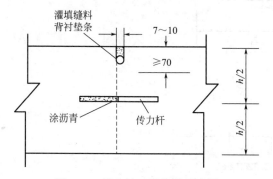

图 7-14　横向施工缝构造示意图

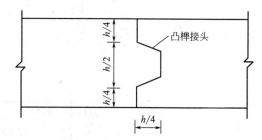

图 7-15　企口缝的构造形式

（2）纵向接缝的构造

纵向接缝是指平行于行车方向的接缝，纵向接缝一般分为假缝和施工缝两种。纵缝间距一放按 3～7.5m 设置。在路面等宽的路段内或路面变宽路段的等宽部分，纵缝的间距和形式应保持一致，路面变宽段的加宽部分与等宽部分之间，以纵向施工缝隔开，加宽板在变宽段起终点处的宽度不应小于 1m。

1）纵向施工缝的构造

当一次铺筑宽度小于路面和硬路肩总宽度时，应设置纵向施工缝，其位置应避开轮迹，并重合或靠近车道线，其构造可采用平缝加拉杆型，上部应锯切槽口，深度为 30～40mm，宽度为 3～8mm，槽内灌嵌缝密封料，构造如图 7-16（a）所示。当所摊铺的面板厚度大于或等于 260mm 时，也可采用插拉杆的企口型纵向施工缝，有利于板间传递荷载，如图 7-16（b）、图 7-16（c）所示。

2）纵向缩缝的构造

一次铺筑宽度大于 7.5m 时，应设置纵向缩缝，纵向缩缝采用假缝形式，锯切的槽口深度应大于施工缝的锯切槽口的深度，锯切的槽口深度与基层采用的材料有关，当采用粒料基层时，其槽口深度应为混凝土板厚的 1/3；当采用半刚性基层时，其槽口深度应为板厚的 2/5。纵缝位置应按照车道宽度设置，并在摊铺过程中用专用的拉杆插入装置插入拉杆。

3. 水泥混凝土路面接缝防水密封的施工

水泥混凝土路面接缝的施工是水泥混凝土路面防水施工的一项重要内容。混凝土路面

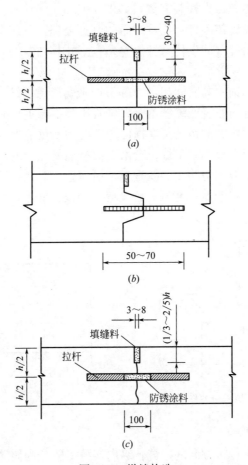

图 7-16　纵缝构造

(a) 纵向施工缝；(b) 纵向缩缝；(c) 企口缝加拉杆

接缝的施工主要包括设置传力杆、接缝的设置和填缝三个方面，混凝土路面接缝的填缝工艺：安装模板→设置传力杆→混凝土的拌合与运送→混凝土的摊铺与振捣→接缝的设置→表面整修→混凝土的养生与填缝。

（1）基层处理及材料准备

混凝土板养生期满后，缝槽口应及时进行填缝，填缝前，首先应将缝隙内的泥砂杂物清除干净，然后方可浇灌填缝料。

在填缝时，必须保持缝内清洁和干燥，可采用切缝机清除接缝中夹杂的砂石、凝结的泥浆等，再使用压力大于或等于 0.5MPa 的压力水和压缩空气彻底清除接缝中的尘土及其他污染物，以确保缝壁及内部清洁和干燥，缝壁检验以擦不出灰尘为填缝标准。

理想的填缝料应能长期保持弹性、韧性，填缝料应与混凝土缝壁粘结紧密，不渗水。常温填缝料应按规定比例将各组分材料按 1h 填缝量混拌均匀后使用，并随配随用；加热填缝料使用时应将填缝料加热至规定温度，在加热的过程中，应将填缝料融化，搅拌均匀并保温使用。

（2）浇灌填缝料（密封胶）

填缝的形状系数宜控制在 2 左右，填缝深度宜为 17～20mm，最浅不得小于 15mm。

在浇灌填缝料前，应先挤压嵌入直径为 9～12mm 的多孔泡沫塑料背衬条，然后方可灌缝，填缝顶面夏天应与板面平齐，缝隙缩窄时不软化挤出，冬天应稍低于板面，其为凹板面，其中心低于板面 1～2mm，缝隙增宽时能胀大并不开裂。填缝必须饱满、均匀、厚度一致并连续贯通，填缝料不得流淌、开裂，与混凝土粘牢，以防止土砂、雨水进入缝内。此外还要耐磨、耐疲劳、不易老化。高速公路、一级公路应使用专用工具填缝。

常温施工式填缝料的养生期，低温天宜为 24h，高温天宜为 12h，加热施工式填缝料的养生期，低温天宜为 2h，高温天宜为 6h，在填缝料养生期内（特别是反应型常温填缝料在固化前），应封闭交通。

（3）嵌填预制嵌缝条

必须在缝槽口干燥清洁的状态下嵌入嵌缝条。胶粘剂应均匀地涂在缝壁上部（1/2 以上深度），形成一层连接的约 1mm 厚的胶粘剂膜，以便粘结紧密，不渗水。嵌缝条在嵌入的进程中，应使用专用工具，在长度方向应既不拉伸也不压缩，保持自然状态，在宽度方向应压缩 40%～60% 嵌入，嵌缝条高度为 2.5cm，当填缝胶粘剂固化后，应将胀缝两端多余的嵌线条齐路面边缘裁掉。嵌缝条在施工期间和胶粘剂固化前，应封闭交通。

（4）纵缝填缝

纵向缩缝填缝应与横向缩缝相同。各级公路高填方（路基高度大于或等于 10m）路段、桥面、搭切缝并填缝，一般路段，上半部已饱涂沥青的纵向施工缝可不切缝、填缝。

（5）胀缝填缝

路面胀缝、无传力杆的隔离缝应在填缝前先凿去接缝板顶部嵌入的压缝板条，涂胶粘剂后，嵌入胀缝专用多孔橡胶条或嵌入适宜的填缝剂。从胀缝很大的变形量来看，胀缝中的填缝料不宜使用各种密实型填缝材料，因为夏季一定会被挤出、带走或磨掉，而冬季则会收缩成槽。宜使用土表面较厚的几种防护的多孔橡胶条为好。当胀缝的宽度不一致或有啃边、掉角等现象时，则必须填满。

第8章 垃圾填埋场防水施工

垃圾填埋场对防水抗渗的要求非常高，如果产生渗漏，垃圾产生的渗滤液会通过渗漏点进入土壤，造成环境污染。因此垃圾填埋场都是通过多层设防来达到防水抗渗的目的，其中防水卷材是防水设防中的主要层次，在垃圾填埋场防水设防中应用较常见。

8.1 防渗系统工程的概述

垃圾填埋场的渗沥液是由垃圾堆体所排出的一种组成复杂的高浓度有机废水，其亦称之为渗漏液、渗滤液、淋滤液等。

垃圾填埋场的渗沥液产生的主要原因：

（1）自然降水渗入所产生的水分，包括雨雪、冰雹、结露等自然现象，此为渗沥液产生的主要原因，尤其是雨水，可使渗沥液瞬间大量产生。

（2）垃圾原有的含水量和垃圾中的有机组分在填埋体内经厌氧分解所产生的水分，不同地区及不同的收集方向垃圾的含水量是不同的，一般垃圾的含水率在20％～50％，过水垃圾则可达70％以上。

（3）地表径流和地下水所产生的水分，如果垃圾填埋区其坑底处在地下水位以下，那么地下水则很快会渗进填埋坑内。

由于垃圾卫生填埋场渗沥液产生量较大，故必须防止其对地下水源的污染，垃圾卫生填埋场的防水防渗技术，不但能防止地下水因垃圾填埋场渗沥液的渗出而导致的污染，而且也是防止地下水进入填埋场的主要措施。

垃圾填埋场的防渗根据其防渗的不同形式可分为自然防渗和人工防渗，不具备自然防渗条件的垃圾填埋场必须进行人工防渗系统，防渗系统包括在垃圾填埋场场底和四周边披上为构筑渗沥液防渗屏障所选用的各种材料组成的体系。目前垃圾填埋场采用的防渗方法有帷幕灌浆垂直防渗和铺设水平防渗层两种。

1. 垂直防渗

通过在岩上设置截污坎及帷幕灌浆垂直防渗的措施，以防产生渗沥液污染地下水，其基本形式有以下两种。

（1）建立在山谷中的城市垃圾填埋场可在地下水汇集出口处建筑防渗帷幕，即利用压力灌浆的方法将地下水出口处的风化岩石裂隙或透水层空隙填灌浆料进行封闭，使垃圾填埋场底部的渗沥液及其下部受污染的地下水阻隔于帷幕前的水池中，不再向下游或邻近地区渗透。这种防渗技术要求在填埋区域内必须是一个独立的水文地质单元，而且填埋区域内的土壤或下层岩石层应具有良好的防渗性能。因为这样的地质条件不易找到，该方式应用较少。

（2）采用沿填埋场四周进行封闭型的帷幕灌填防渗处理措施，以防止填埋场渗沥液渗漏至地下水,这种防渗方法的要求在填埋区域内迁下地质层是连续的不透水层,建设帷幕灌浆防渗墙时,其深度必须达到不透水层,使帷幕灌浆防渗墙与不透水层形成一个完整的不透水区域。

2. 水平防渗

水平防渗是垃圾填埋场最主要的防渗形式,其形式根据使用的材料不同可以分为黏土防渗层、膨润土防渗层、高密度聚乙烯(HDPE)防渗层、土工合成材料膨润土垫和HDPE 双层防渗层等类型。

(1)黏土防渗层。城市垃圾卫生填埋场和部分工业固体废物填埋场可采用当地天然黏土或改良土壤并经过压实等处理后形成的黏土防渗层。此类防渗层要求天然黏土层土质良好并能够满足防渗性的要求,因为适合的土质较少,故在实际中很少应用。

(2)膨润土防渗层。在土质条件不太理想的情况下,采用适当的黏土添加一定比例的膨润土,均匀拌合后可按照一定的工艺进行施工形成防渗层。

(3)高密度聚乙烯(HDPE)防水层。采用高密度聚乙烯(HDPE)土工膜作为防渗层,是垃圾卫生填埋场应用较多且今后仍将占有较大比例的一类垃圾填埋场防水层。

(4)土工合成材料膨润土垫和 HDPE 双层防渗层。该法是我国垃圾填埋场施工的方向。

8.2　防渗系统构造层次

防渗系统工程应在垃圾填埋场的使用期内符合垃圾填埋场工程设计的要求,垃圾填埋场基础必须有足够的承载能力,场底和四周边坡必须满足整体及局部稳定性的要求,同时场底必须设置纵横坡度,保证渗沥液顺利导排,降低防渗层上的渗沥液水头,场底的纵、横坡度≥2%。

根据构筑渗沥液防渗屏障所选用的各种材料的空间层次结构,防渗结构的类型可分为单层防渗结构和双层防渗结构。

单层防渗结构的层次自上到下为:渗沥液收集导排系统、防渗层(含防渗材料及保护材料)、基础层、地下水收集导排系统。常见的单层防渗结构如图 8-1~图 8-4 所示。

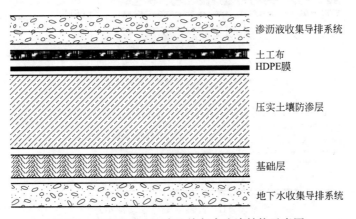

图 8-1　HDPE 膜+压实土壤复合防渗结构示意图

渗沥液收集导排系统

土工布
HDPE膜

压实土壤防渗层

基础层

地下水收集导排系统

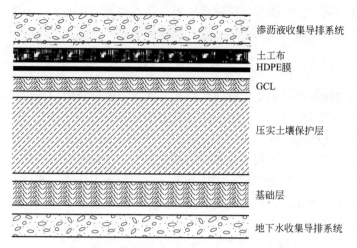

图 8-2　HDPE 膜＋GCL 复合防渗结构示意图

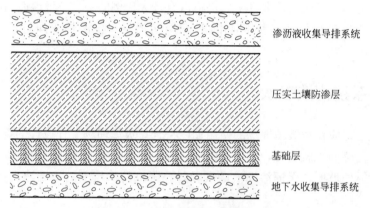

图 8-3　压实土壤单层防渗结构示意图

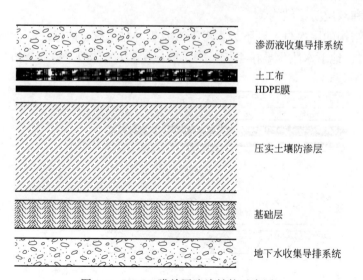

图 8-4　HDPE 膜单层防渗结构示意图

双层防渗结构的层次自上到下（图8-5）为：渗沥液收集导排系统、主防渗层（含防渗材料及保护材料）、渗漏检测层、次防渗层（含防渗材料及保护材料）、基础层、地下水收集导排系统。渗漏检测层是指用于检测垃圾填埋场防渗系统可靠性的材料层。

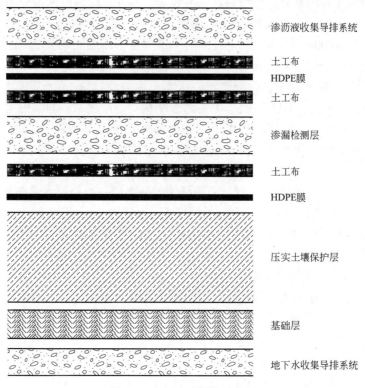

渗沥液收集导排系统

土工布

HDPE膜

土工布

渗漏检测层

土工布

HDPE膜

压实土壤保护层

基础层

地下水收集导排系统

图8-5　双层防渗结构示意图

1. 地下水收集导排系统

地下水收集导排系统是指位于防渗系统基础层下方，用于收集和导排地下水的设施。当地下水水位较高并对场底基础层的稳定性产生危害时，或者垃圾填埋场周边地表水下渗对四周边坡基础层产生危害时，必须设置地下水收集导排系统。地下水收集导排系统其主要形式有地下盲沟、碎石导流层、土工复合排水网导流层等，如采用地下盲沟或采用碎石导流层，其碎石层上、下宜铺设反滤层，以防止淤堵，碎石层的厚度则不应小于300mm；如采用土工复合排水网导流层，则应根据地下水的渗流量，选择相应的土工复合排水网，用于地下水导排的土工复合排水网应具有相当的抗拉强度和抗压强度。

2. 基础层

防渗材料的基础层应平整、压实、无裂缝、无松土，表面应无积水、石块、树根及尖锐杂物。防渗系统的场底基础层应根据渗沥液收集导排的具体要求设计纵、横坡度，且向边坡基础层过渡平缓，压实系数应≥93%；防渗系统的四周边坡基础层应结构稳定；其压实度≥90%，边坡坡度过大时，则应作出边坡稳定性分析。

3. 防渗层

在垃圾填埋场的防渗系统中，为构筑渗沥液防渗屏障，防渗层必须具备一定的物理力学性能、防腐蚀和抗老化能力，有效地保护地下水不受污染。

（1）单层防渗结构的防渗层。HDPE 膜和压实土壤的复合防渗结构，一般要求：HDPE 膜的厚度不应小于 1.5mm，HDPE 膜上应采用非织造土工布作为保护层，其规格 $\geqslant 600g/m^2$；压实土壤渗透系数不得大于 $1 \times 10^{-9}m/s$，厚度 $\geqslant 750mm$。

HDPE 膜和 GCL 的复合防渗结构，一般要求：HDPE 膜的厚度不应小于 1.5mm，膜上应采用非织造土工布作为保护层，其规格 $\geqslant 600g/m^2$，GCL 渗透系数不得大于 $5 \times 10^{-11}m/s$，规格 $\geqslant 4800g/m^2$，GCL 下应采用一定厚度的压实土壤作为保护层，其压实土壤的渗透系数不得大于 $1 \times 10^{-7}m/s$。

压实土壤单层的防渗结构，一般要求：压实土壤的厚度 $\geqslant 2m$，其压实土壤的渗透系数不得大于 $1 \times 10^{-9}m/s$。HDPE 膜单层的防渗结构，一般要求：HDPE 膜的厚度不应小于 1.5mm；HDPE 膜上应采用非织造土工布作为保护层，其规格 $\geqslant 600g/m^2$；HDPE 膜下应采用压实土壤作为保护层，压实土壤的渗透系数不得大于 $1 \times 10^{-7}m/s$，其厚度 $\geqslant 750mm$。

（2）双层防渗结构的防渗层。双层防渗结构的防渗层一般要求：主防渗层和次防渗层均应采用 HDPE 膜作为防渗材料，其膜的厚度不应小于 1.5mm；主防渗层 HDPE 膜上应采用非织造土工布作为保护层，规格 $\geqslant 600g/m^2$，HDPE 膜下宜采用非织造土工布作为保护层；次防渗层 HDPE 膜上宜采用非织造土工布作为保护层，HDPE 膜下应采用压实土壤作为保护层，压实土壤渗透系数不得大于 $1 \times 10^{-7}m/s$，其厚度不宜小于 750mm；主防渗层和次防渗层之间的排水层宜采用复合土工排水网。

4. 渗沥液收集导排系统

在防渗系统的上部，用于收集和导排渗沥液的设施称之为渗沥液收集导排系统，其包括导流层、盲沟和渗沥液排出系统。渗沥液收集导排系统要求其具有防淤堵能力，对防渗层造成破坏，保证收集导排系统的可靠性，能及时有效地收集和导排并汇集于垃圾填埋场场底和边坡防渗层以上的垃圾渗沥液。渗沥液收集导排系统中的所有材料应具有足够的强度，以承受垃圾、覆盖材料等荷载及操作设备施工荷载，防止淤堵。导流层应选用卵石或碎石等材料，铺设厚度不应小于 300mm，渗透系数不应小于 $1 \times 10^{-3}m/s$，在四周边坡上宜采用土工复合排水网等土工合成材料作为排水材料。

盲沟内的排水材料宜选用卵石或碎石等材料，盲沟内宜铺设排水管材，宜采用 HDPE 穿孔管，盲沟应由土工布包裹，土工布的规格 $\geqslant 150g/m^2$。

渗沥液排出系统宜采用重力流排出，如不能利用重力流排出时，则应设置泵井，渗沥液排出管需要穿过土工膜时，应保护衔接处的密封。泵井应具有防渗、防腐能力，应保证合理的井容积，合理配置排水泵，并应采取必要的安全措施。

5. 防渗系统工程材料的连接

防渗系统工程材料应合理布局每片材料的位置，力求接缝最少，合理选择其铺设的方向，减少接缝受力，接缝应避开弯角，在坡度大于 10% 的坡面上和坡脚向场底方向 1.5m 范围内不得有水平接缝，材料与周边自然环境的连接应设置锚固沟。

垃圾填埋场锚固沟的设置应符合实际地形状况。锚固沟的设计应符合如下要求：锚固沟距离边坡边缘宜 $\geqslant 800mm$，防渗系统工程材料转折处不得存在直角的刚性结构，均应做成弧形结构。锚固沟其断面应根据锚固形式，结合实际情况加以计算，宜 $\geqslant 800mm \times 800mm$，典型锚固沟的结构形式如图 8-6、图 8-7 所示。

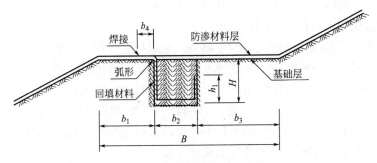

图 8-6 边坡锚固平台典型结构图

$b_1 \geqslant 800mm$；$b_2 \geqslant 800mm$；$b_3 \geqslant 1000mm$；$b_4 \geqslant 250mm$，$B \geqslant 3000mm$；

$H \geqslant 800mm$；$h_1 \geqslant H/3$

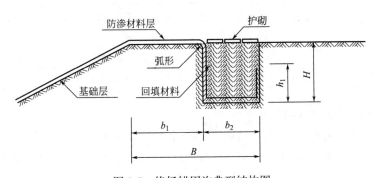

图 8-7 终场锚固沟典型结构图

$b_1 \geqslant 800mm$；$b_2 \geqslant 800mm$；$B \geqslant 2000mm$；$H \geqslant 800mm$；$h_1 \geqslant H/3$

8.3 防渗系统的工程材料

防渗系统工程材料是指应用于垃圾填埋场防渗系统工程中的各类土工合成材料的总称。土工合成材料是应用于岩土工程的，以聚乙烯（PE）、基乙烯（PER）、聚丙烯（PP）、聚氯乙烯（PVC）等合成材料为原材料所制成的，土工合成材料可分为土工织物、土工膜、土工复合材料和土工特种材料这四大类型。垃圾卫生填埋场防渗系统工程所使用的土工合成材料的主要品种有高密度聚乙烯（HEPE）膜、钠基膨润土防水毯（GCL）、土工布、土工复合排水网等。

1. 高密度聚乙烯（HDPE）膜

土工膜是一种薄的、柔韧的、连续的、不透水的合成材料，根据原材料的不同材料，可分为聚合物土工膜和沥青土工膜两大类，聚合物土工膜在工厂制造，沥青土工膜则大多在施工现场制造。应用于垃圾填埋场防渗系统工程的土工膜主要是高密度聚乙烯（HDPE）膜，其技术性能要求应符合《垃圾填埋场用高密度聚乙烯土工膜》（CJ/T 234—2006）行业标准。

2. 土工布

在垃圾卫生填埋场建设工程中经常使用非织造土工织物简称为土工布。非织造型土工织物根据其粘合方式的不同，可分为热粘合、化学粘合和机械粘合这三种，其中机械粘合法是采用不同的机械工具将纤维网加固。

土工布在垃圾卫生填埋场中应用的主要目的是保护土工膜，防止渗沥液收集渠被堵塞等，同时辅助应用渗沥液收集管、沼气管或用于最终密封层的排水等。

垃圾填埋场防渗系统工程中使用的土工布应结合防渗系统工程的特点，并应适应其使用环境，土工布应具有良好的耐久性能，若用做 HDPE 膜保护材料时，应采用非织造土工布，规格不应小于 $600g/m^2$；若用于盲沟和渗沥液收集导排层的反滤材料时，规格宜超过 $150g/m^2$。有关土工布的外观质量要求见表 8-1。

塑料扁丝编制土工布外观质量（GB/T 17690—1999）　　　　表 8-1

序号	项目	要求
1	经、纬密度偏差	在 100m 内与公称密度相比不允许缺 2 根以上
2	断丝	在同一处不允许有 2 根以上的断丝，同一处 2 根以内（包括 2 根），$100m^2$ 内不超过 6 处
3	蛛网	不允许有大于 $50mm^2$ 的蛛网，小于 $50mm^2$ 的蛛网，$100m^2$ 内不超过 3 个
4	布边不良	整卷不允许连续出现长度大于 2000mm 的毛边、散边

3. 钠基膨润土防水毯（GCL）

钠基膨润土防水毯简称 GCL，是以钠基膨润土为主要原料，采用针刺法、针刺覆膜法或胶粘法生产的一类土工合成材料。其适用于地铁、隧道、人工湖、垃圾填埋场、机场、水利和路桥、建筑等诸多领域的防水、防渗工程。

GCL 的主要组成部分是膨润土粉末层，其具有高膨胀性和高吸水能力，湿润时透水很低，裹在膨润土外面的土工合成材料一般为无纺土工织物，也有采用机织土工织物或土工膜的，主要起保护和加固作用，使其具有一定的整体强度。GCL 在垃圾填埋场防渗系统工程中，主要应用于 HDPE 膜下作为防渗层或保护层，其还应符合下列规定：

（1）其表面应平整、厚度均匀、无破洞、破边现象，针刺类产品的针刺应均匀密实，应无残留断针。

（2）单位面积总质量不应小于 $4800g/m^2$，其中单位面积膨润土质量不应小于 $4500g/m^2$。

（3）抗抗强度不应小于 800N/100mm，抗剥强度不应小于 65N/100mm。

（4）渗透系数应小于 $5×10^{-11}m/s$，抗静水压力 0.6MPa/h，无渗漏。

8.4　土工复合排水网

土工复合排水网主要用于渗沥液收集导排系统、渗沥液检测系统、地下水收集导排系统等处。应用于防渗系统工程的土工复合排水网应符合下列要求：

（1）土工复合排水网其技术性能指标应符合国家现行相关标准提出的要求。

（2）土工复合排水网中的土工网和土工布应预先粘合，粘合强度应大于 0.17kN/m。

（3）土工复合排水网中的土工网宜使用 HDPE 材质，纵向抗拉强度应大于 8kN/m，横向抗拉强度应大于 3kN/m。

（4）土工复合排水网的导水率选取应考虑其蠕变折减因素、土工布嵌入折减因素、生物淤堵折减因素、化学淤堵折减因素以及化学沉淀折减因素等。

8.5 防渗系统工程的施工

垃圾卫生填埋场的防渗系统工程施工应包括土壤层的施工各种防渗系统工程材料的施工及其防渗系统工程施工完成后应采取的有效保护措施。

1. 土壤层的施工

土壤层应采用黏性土，如当地土资源缺乏时，则可使用其他类型的土，并应保证渗透系数不大于 $1×10^{-9}$m/s 的要求。在土壤层施工之前，应对每种不同的土壤在实验室测定其最优含水率、压实度和渗透系数之间的关系。

土壤层施工应分层进行压实，每层压实土层的厚度宜为 150～250mm，各层之间应紧密地结合，各层压实土壤应每 500m² 取 3～5 个样品进行压实度测试。

2. 钠基膨润土防水毯（GCL）的施工

GCL 的储存应防水、防潮、防暴晒，其不应在雨雪天气下施工。

GCL 的施工必须在平整的土地上进行，GCL 之间的连接及其 GCL 与结构物之间的连接都很简便且接缝处的密封性也容易得到保证，GCL 不能在有水的地面及下雨时施工，在施工结束后要及时铺设其上层结构如 HDPE 膜等材料。

GCL 施工的辅助材料有两种：一种是膨润土粉；另一种是为浆状膨润土。大面积铺设采用搭接形式，一般不需要缝合，在搭接处可撒膨润土粉进行连接，其膨润土用量约0.4kg/m，搭接宽度一般要求 300mm，至少不应低于 150mm，局部施工如在排水管附近GCL 裁剪部位加强封口，即下铺膨润土粉上敷浆状膨润土。对 GCL 出现破损之处则应根据破损程度的大小用撒膨润土或加铺 GCL 的方法来进行修补。

GCL 施工结束后，应采取有效的保护措施，任何人员不得穿钉鞋等在 GCL 上踩踏，车辆亦不得直接在其上碾压。

GCL 的施工应符合以下要求：

GCL 应以品字形分布，不得出现十字搭接，边坡不应存在水平搭接。

GCL 铺贴时应自然松弛与基础层贴实，不应起皱、悬空，应随时检查外观有无破损、孔洞等缺陷，如发现缺陷时，应及时采取修补措施，修补范围宜大于破损范围 200mm 在管道或构筑立面等特殊部位施工时，应做加强处理。

3. 防渗层的施工

（1）高密度聚乙烯膜的施工

防渗土工膜的施工应由专业施工人员进行施工，其施工工序为：准备工作→土工膜的铺设→土工膜的焊接→焊接质量的检查。

1）准备工作。清除地面一切尖硬的物质，并挖好锚固沟，准备好土工膜，其进场应进行相关的性能检查。

2）土工膜的铺设。在平地上铺放，可采用机械或人工进行铺放，在坡面应从坡顶徐徐反铺至坡底，并将其固定。铺放应尽可能在干燥、温暖的天气进行；气温在 5℃ 以下禁止焊接施工，铺放应随铺随压重（铺设导流层）以防止被风刮起，其接缝应与最大受力方向平行，如发现损坏，则应及时修补，HDPE膜的铺设量不应超过一个工作日完成的焊接量。

3）土工膜的焊接。土工膜的焊接工艺有热熔法焊接和热压法焊接，大面积焊接一般都采用热压（热合）法工艺，局部焊接则可采用热熔法工艺。

自动爬行热熔焊机连接是由两块电烙铁供热，胶带轮通过耐热胶带施工，滚压塑膜，焊接成两条粗为10mm的焊缝，两条焊缝净距为50～80mm，焊机的操作施工人员应随时观察其焊接质量，并根据施工环境温度的变化调节焊接温度的行走速度，一般温度可调至250～300℃，速度1～2m/min。

4）焊接质量的检查。可以先做目测检查，在每次焊缝施工完成后，随即进行外观检查，即检查两条焊缝有无疏漏和烫损、有无褶皱和是否均匀，两条焊缝必须清晰、无夹渣、气泡、漏点、熔点或焊缝跑边等，然后可用仪器检漏，如用0.07～0.1MPa压力水针在双缝间注入彩色水，稳定1min后不漏为质量合格；如两条焊缝间有约10mm空隙未焊，则可将待检段两端封死，再往空腔内充气，待静置一段时间后，观察其压力有无下降，经仪器检测如发现漏缝，则应及时进行修补。对于较大的工程，还应取样检测，即割取部分焊缝试样做拉伸试验，要求其接缝的拉伸强度不低于母体。焊接质量需经施工方质检员自检合格，监理工程师复检确认方可进行下一步施工。

5）HDPE膜施工的要求

高密度聚乙烯（HDPE）膜施工时应符合下列要求：

在安装前，HDPE膜材料应正确地储存并应标明其在总平面图中的安装位置。

在安装HDPE膜之前，就检查其膜下保护层，每平方米的平整度误差不宜超过20mm。

铺设HDPE膜时应一次展开到位，不宜开后再拖动；铺设时应充分考虑到材料热胀冷缩的尺寸变化并留出伸缩量，铺放时应留足搭接长度，不可太紧以适应温度变化；应对膜下保护层取适当的防排水措施；铺设时应采取措施防止HDPE膜受风力影响而破坏。

HDPE膜展开铺设完成后，应及时进行搭接，其搭接宽度应符合表8-2的规定。

HDPE膜在铺设施工、焊接施工中均应按照相关标准提出的要求填写有关记录。

施工中应注意保护HDPE膜不受破坏，车辆不得直接在其上碾压，铺设人员应穿软底鞋，以免破坏土工膜，并密切注意防火。

HDPE膜在特设过程中必须进行搭接宽度和焊接质量控制，监理必须全过程监督膜的焊接和检验。

HDPE施工搭接宽度　　　　　　　　　　　　表8-2

材料	搭接方式	搭接宽度（mm）
织造土工布	缝合连接	75±15
非织造土工布	缝合连接	75±15
	热粘连接	200±25
HDPE土工膜	热熔焊接	100±20
	挤出焊接	75±20
GCL	自然搭接	250±50
土工复活排水网	工网要求捆扎，下层土工布要求搭接，上层土工布要求缝合	75±15

（2）土工布的施工

土工布可分为长纤和短纤两种类型，短纤产品更适合在填埋场应用，大面积应用的连接可采用简单缝合方式。

土工布的铺设基层应平整，不得有石块、土块和过多的灰尘进入土工布，土工布的缝合应使用抗软和抗化学腐蚀的聚合物，并应采用双线缝合，非织造土工布如采用热粘连接时，应使搭接宽度范围的重叠部分全部进行粘结。边坡上的土工布在施工时，应预先将土工布锚固在锚固沟内，然后再沿斜坡向下铺设，土工布不得折叠。土工布在边坡上的铺设方向应与其坡面一致，在坡面上宜整卷铺设，不宜有水平接缝。

土工布上如有裂缝和孔洞，应使用相同规格材料进行修补，修补范围应超过破损处周边 300mm。

（3）土工复合排水网的施工

土工复合排水网的排水方向应与水流方向相一致。土工复合排水网的施工中，土工布和排水网都应和同类材料相连接，相邻的部位应使用塑料或聚合物编织带连接，底层土工布应缝合搭接，上层土工布应搭接连接，连接部分应重叠，沿材料卷的长度方向，最小连接间距必须超过 1.5m。土工复合排水网中的破损处均应使用相同材料进行修补，其修补的范围应超过破损范围周边 300mm。在施工过程中，不得损坏已铺设好的 HDPE 膜，施工机械也不能直接在复合土工排水材料上碾压。

8.6　垃圾填埋场、人工湖防渗层的维修

1. 垃圾填埋场防止渗漏或修补方法

与建筑防水工程相比，垃圾填埋场防渗系统一旦破坏，很难修补。

（1）填埋初期

填埋初期大部分防渗系统暴露在外，修补相对来说容易。对于未填埋部分破坏的防渗系统可以根据不同的材料采取相应的修补方法。对于已经填埋部分的防渗系统，如能确定破损的部位，可以把破损处上方的垃圾挖除，进行修补。对于不能明确渗漏部位时，可以采用灌浆等方法修补。

（2）填埋后期

填埋后期随着垃圾填埋高度增加，大部分防渗系统已经被掩埋，不能直接看到，发生渗漏后很难确定渗漏位置，修补几乎不可能。因此需在施工时做好规划，对整个垃圾填埋场分区，并且预埋渗漏检测装置，便于确定渗漏位置。目前还没有很好的修补方法。

2. 人工湖防止渗漏或修补方法

根据水文地质、工程地质条件和搜集有关资料分析，从人工湖所处的地理位置和地理环境考虑操作性强的防治方法或修补措施。

（1）湖底渗漏处理

湖底出现渗漏问题较为常见，要想彻底处理湖水下渗，常规的处理湖底防渗的方式有浇筑防渗混凝土底板、铺设沥青防渗层、铺设防渗膜等。一般对湖底可做以下较为简便易行的防渗处理方法。

在湖底覆盖 20cm 左右厚的压实黏土，以修补土工膜出现的渗漏，起到一个准隔水层作用。

在黏土层上再覆盖一层 20cm 左右淤泥或淤泥质土，起到淤淀作用，以加强和保护隔水层又起到了适应水生动植物养殖的作用。

在湖内养殖鱼虾等水生物，其产生的排泄物，可以繁衍多种微生物，可不断施放有机物，促成生态循环。动植物产生的腐质物自然淤积，使湖底部逐渐形成一层有机质淤泥，淤泥质土中的细颗粒土在水压作用下，流渗到下部土工膜裂缝及下部大颗粒土空隙中，日久可以起到降低下部土层的渗透作用，自然隔离了渗水土层。

（2）立面渗漏处理

岸坡毛石砌体面上出现的渗漏水通道，采用以下处理方式。

在毛石砌体背后注浆。使用洛阳铲掏孔，把注浆管植入或打入土层内，用高压泥浆泵，将黏土浆液泵入土体内，最终形成厚度 1～2m、深 2～3m 的黏土帷幕墙，经过这样处理后，可以降低挡土墙背后土的渗透系数。

水泥砂浆补缝。对毛石砌体面的裂缝，首先要清除毛石表面裂缝中的土和杂物，然后注入水泥砂浆，进行修补。

沥青粘结裂缝。对伸缩缝和较大的裂缝采用改性沥青封闭。

8.7 常见质量问题

1. 搭接不良

土工膜一般采用高温加压焊接的方法连接土工膜，但是当温度不够高或加压不足时，土工膜的连接可能不牢固，在风的作用和紫外线的照射下，搭接性能下降，最终剥落。

2. 卷材预留长度不足

土工膜一般都为高分子材料，是典型的黏弹性材料，当环境温度下降时会产生很大的温度应力。垃圾填埋场的设计填埋年限都在 15 年左右，因此边坡部分的土工膜在铺设后长时间处于暴露状态，土工膜的温度随着外界温度变化。另外，垃圾在降解过程中产生较大热量，垃圾体内温度可达 60℃以上。

如防渗系统为夏期施工，随着季节的变化，当土工膜预留长度不足时，在综合应力作用下，土工膜端部固定物被拉动，造成土工膜滑落。因此施工时必须考虑土工膜的预留长度，以防事故的发生。

3. 卷材端部固定不合适

垃圾填埋场边坡部的上端部一般采用混凝土或金属固定土工膜，防止垃圾压缩时界面上产生的摩擦力使土工膜下滑失去防渗能力。因此设计时必须考虑垃圾压缩引起的土工膜张拉力、温度变化产生的温度应力以及基础沉降引起的土工膜张拉应力。混凝土或金属固定能力必须大于应力的合力。但是用金属条固定时，一般采用螺栓把金属条固定在底部混凝土上，土工膜的张拉力达到一定值后，金属条与土工膜之间的固定力无法满足，使得螺栓孔周围的土工膜应力集中，造成土工膜被拉破现象。

参考文献

[1] 中华人民共和国住房和城乡建设部.GB 50207—2012 屋面工程质量验收规范 [S].北京：中国建筑工业出版社，2012.

[2] 中华人民共和国住房和城乡建设部.GB 50345—2012 屋面工程技术规范 [S].北京：中国建筑工业出版社，2012.

[3] 中华人民共和国住房和城乡建设部.GB 50208—2011 地下防水工程质量验收规范 [S].北京：中国建筑工业出版社，2012.

[4] 中华人民共和国住房和城乡建设部.GB 50108—2008 地下工程防水技术规范 [S].北京：中国建筑工业出版社，2009.

[5] 中华人民共和国行业标准.JGJ/T 235—2011 建筑外墙防水工程技术规程 [S].北京：中国建筑工业出版社，2011.

[6] 深圳市建设工程质量监督总站.建设工程防水质量通病防治指南 [M].北京：中国建筑工业出版社，2014.

[7] 沈春林.建筑防水设计与施工手册 [M].北京：中国电力出版社，2011.

[8] 刘广文.屋面与防水工程施工 [M].北京：北京理工大学出版社，2013.

[9] 杨杨.防水工程施工 [M].北京：中国建筑工业出版社，2010.